直流配电系统振荡与控制

彭 克 著

科 学 出 版 社

北 京

内 容 简 介

直流配电系统是典型的电力电子化系统，其动态特性很大程度上由电力电子控制器而非传统电源的机械-电气动态特性决定，惯性低、阻尼弱。振荡问题是直流配电系统需要关注的重点。本书总结梳理了国内外直流配电系统的典型示范工程，围绕直流配电系统多时间尺度振荡特性建模、振荡机理分析、振荡抑制及控制参数优化等几个方面进行了详细的阐述，在降阶建模技术基础上揭示了直流配电系统的振荡机理，并提出了有源阻尼、虚拟惯量、鲁棒控制以及参数优化等抑制策略。

本书可供从事直流配电系统规划设计、运行控制和检验测试的高等院校及科研院所的科研人员参考，也可作为从事相关领域研究和产品开发的专业技术人员的参考用书。

图书在版编目(CIP)数据

直流配电系统振荡与控制 / 彭克著. -- 北京 : 科学出版社, 2025. 3.
ISBN 978-7-03-081522-4

Ⅰ. TM727

中国国家版本馆CIP数据核字第20252VA049号

责任编辑：范运年　王楠楠 / 责任校对：王萌萌
责任印制：师艳茹 / 封面设计：陈　敬

科学出版社出版
北京东黄城根北街16号
邮政编码：100717
http://www.sciencep.com
北京中石油彩色印刷有限责任公司印刷
科学出版社发行　各地新华书店经销
*
2025年3月第　一　版　开本：720 × 1000　1/16
2025年3月第一次印刷　印张：14 3/4
字数：297 000

定价：138.00 元

（如有印装质量问题，我社负责调换）

前 言

直流配电系统可以更为灵活地接纳分布式电源与直流负荷，减少电能变换环节，提升供配电效率，能够有效提高供电质量，保障供电可靠性，已成为现代配电系统发展的重要趋势。未来电网发展将形成以大电网为主导、多种电网形态相融并存的格局，微电网、分布式能源、储能和局部直流电网将快速发展，与大电网互通互济、协调运行，支撑各种新能源高效开发利用和各类负荷友好接入。直流配电系统作为一种新的配电网形态可以为构建新型电力系统提供有效的解决方案，目前国内已开展了一系列示范工程，如深圳宝龙工业城示范工程、苏州工业园示范工程、杭州江东新城示范工程以及贵州大学示范工程等，实现了我国直流配电系统关键技术的突破与应用。

直流配电系统大多采用电力电子设备与交流系统互联、接纳分布式电源与负荷，呈现低惯性、弱阻尼特性，其动态特性很大程度上由电力电子控制器而非传统电源的机械-电气动态特性决定，振荡机理复杂。针对其呈现的多时间尺度振荡问题，如何构建有效的多时间尺度动态模型进行机理分析；针对其固有的低惯性、弱阻尼问题，如何提高系统的鲁棒稳定性，都是业界关注的问题。在国家重点研发计划课题(编号：2016YFB0901303)、国家自然科学基金项目(编号：51807112)以及多个国家电网有限公司、中国南方电网有限责任公司科技项目的支持下，作者团队围绕直流配电系统的振荡问题，从振荡特性建模、振荡机理分析、振荡抑制以及控制参数优化等方面开展了系统的研究，从而促成了本书成果。

作者团队已经培养了数十名相关方向的研究生，本书的部分内容直接引自这些研究生的学位论文，在此对做出贡献的赵学深、张聪、王琳、魏智宇、李海荣、姚广增、李喜东、张浩、姜淞瀚、巩泉役、刘盈杞、李云利、邢琳、石博、姜妍、刘雨昕、蔡元鑫等同学表示衷心的感谢。本书撰写过程中得到了张新慧、陈羽、陈佳佳、冯亮、肖传亮、王玮等诸位老师的大力支持，在此一并表示感谢。特别感谢徐丙垠教授对本书相关工作的指导和帮助。

本书共分 6 章，姜淞瀚博士执笔第 1 章，其余章节由本人执笔统稿。

第 1 章为绪论，主要介绍直流配电系统的驱动因素、直流配电系统的优势，并结合国内外 10 个典型直流配电系统示范工程，分析直流配电系统的发展现状，最后阐述直流配电系统存在的振荡问题。

第 2 章为直流配电系统拓扑结构与控制策略，总结梳理直流配电系统常见的辐射型、双端、环状供电拓扑结构及控制策略，为后续振荡特性建模及机理分析奠定基础。

第 3 章为直流配电系统建模，目前针对直流配电系统振荡特性的建模，大多研究采用状态空间模型或者阻抗模型，模型维数较高，难以解析振荡机理。第 3 章介绍直流配电系统的多时间尺度动态特性，建立低频、中高频不同时间尺度的微分方程模型，推导出低频及高频振荡的解析表达形式，通过灵敏度分析建立低频、中高频振荡频率的降阶二阶模型。

第 4 章为直流配电系统多时间尺度振荡机理分析，目前针对直流配电系统的振荡特性，大多研究采用特征根分析法或者频域分析法进行定量分析，难以通过解析的方式定性阐述振荡机理。第 4 章基于降阶后的二阶模型，通过解析的方式分析低频、高频振荡频率与关键参数间的关系，揭示直流配电系统低频及高频的振荡机理。

第 5 章为直流配电系统振荡抑制策略，首先介绍基于附加阻尼补偿的低频及中高频抑制策略，通过阻性补偿、感性补偿和复合补偿等形式有效抑制低频及中高频振荡。其次针对分布式电源、直流负荷等不确定性扰动，介绍基于 H_∞ 回路成形法的鲁棒控制方法，设计低频及中高频鲁棒控制器，只需建立系统的标称模型，无须对依赖于问题的不确定性进行建模，能够实现随机扰动下的低频及中高频振荡抑制。最后针对电动汽车随机接入引起的振荡问题，介绍电动汽车恒流、恒压、恒功率充放电模式的统一虚拟惯量控制方法，进一步介绍系统级、就地级分层虚拟惯量控制，提高了系统阻尼及系统动态特性。

第 6 章针对直流配电系统中下垂系数与系统参数不匹配引起的直流电压振荡问题，首先介绍基于解析关系的下垂系数优化设计方法，依据振荡频率自适应设计下垂系数，提高了直流配电系统稳定性。其次介绍基于矩阵摄动理论的下垂系数优化方法，建立了综合考虑小扰动稳定性、阻尼比和稳定裕度等的优化目标函数，在提升系统的稳定性的同时，能够增强系统的阻尼特性，提高系统稳定裕度。

直流配电系统仍在不断发展，作者期望通过本书的内容达到抛砖引玉的效果。限于作者水平，书中难免存在不妥之处，恳请专家和读者指正。

彭　克

2024 年 5 月

目　录

第1章 绪 论

随着光伏、电动汽车和LED照明等直流设备的大规模接入，以及用户对电能质量要求的不断提高，传统交流配电系统正面临着电源类型多样化、负荷需求多元化、变换环节多级化等一系列复杂问题，供电质量、供电可靠性以及供配电效率所受影响日益严重。基于柔性直流技术的交直流混合配电系统可以更为灵活地接纳分布式电源与直流负荷，减少电能变换环节，提升供配电效率，尤其是柔性直流技术，可以实现换流站有功、无功功率的独立解耦控制，以及交直流系统互联功率的灵活转供，能够有效提高供电质量，保障供电可靠性，更加适合现代配电系统的发展。为此，国家先后启动了一批重大科技项目，在深圳、北京等地建设柔性直流配电系统示范工程。2018年1月，由国网冀北电力有限公司建设运营的世界首个柔性变电站（小二台柔性变电站）在张北阿里巴巴数据港成功并网运行，交直流混合配电技术从理论变为现实。

1.1 直流配电系统的驱动因素与优势

与交流配电系统相比，直流配电系统具有更大的供电容量、更高的供电可靠性以及更好的分布式电源接纳能力。光伏、风电等新能源发电的快速发展和负荷多元化变化等对直流配电系统推广和发展有着至关重要的驱动作用[1,2]。

1.1.1 直流配电系统的驱动因素

1. 分布式电源对直流配电系统的推动

光伏、风机、燃料电池等，作为常见的分布式发电方式，产生的电能通常都是直流电或经整流后变为直流电，再通过直流/交流（DC/AC）换流器才能并入交流电网，大量的逆变器并网会在系统内产生谐波，降低系统效率，影响系统的安全运行和继电保护装置的正确动作。如果采用直流配电系统，可大大减少DC/AC换流环节，且无须考虑频率和相位的影响，减少分布式发电并网的成本和换流环节产生的损耗。

2. 负荷变化对直流配电系统的推动

随着电力电子技术的快速发展和大功率半导体装置的普及，负荷侧整体结构也发生着巨大变化。以常见的电动汽车、计算机、手机等设备为例，充电器需要装设交流/直流(AC/DC)装置进行供电，而直流配电系统可直接或经过直流/直流(DC/DC)装置向这些设备供电，无须经过AC/DC装置，减少了损耗、降低了成本。

1.1.2 直流配电系统的优势

1. 供电半径大

城市规模的快速扩大与用电负荷的急速增长，对配电系统的规模和传输容量提出了更高的要求。在原有配电系统上进行直接扩建的成本太高，因此需要在有限的线路走廊上输送更大的容量。双极直流线路与三相交流线路的供电容量大致相等，即在原有交流配电电缆线路上改用直流配电系统供电，能够节省一条线缆线路的供电走廊，或者在相同供电走廊占有情况下提高50%的供电容量。因此，采用直流配电系统可以提高供电容量，缓解城市发展速度与配电网规模不匹配的问题。

2. 传输效率高

目前交流变压器的效率普遍在98%以上，即交流配电系统在进行电压变换时的电能损耗很小。但每经过一次AC/DC(或DC/AC)电力电子变换，电能损失约为2.4%，因此，直流配电系统直接向直流负荷供电可降低由电能变换产生的能量损失，提高传输效率。另外，目前已经出现效率高达99%的直流变压器，随着电力电子技术的发展，电力电子变换器的通态损耗和开关损耗会进一步降低，总体效率仍存在上升的空间。

3. 供电可靠性高

直流配电系统的线路只需要两根导线，相比交流线路的供电可靠性更高。对于占线路故障80%～90%的单极瞬时接地故障，与三相交流配电系统发生单相短路不同，直流配电线路非故障极可与大地形成新的供电回路，维持部分甚至全部的功率输送，极大地提高了供电可靠性。而且直流配电系统相比于交流配电系统具有响应快、恢复时间短的优点，可通过多次再启动或降压运行消除故障、恢复正常运行。此外，DC/DC换流器的存在，使得直流配电系统的故障范围缩小，区域内的故障不会引起外部继电保护装置的误动而导致故障范围扩大，超级电容器等储能装置的接入，更加有效地提高了直流配电系统的供电可靠性和故障穿越能力。

4. 输电损耗小

交流配电系统存在电缆金属护套的电阻损耗和涡流损耗、无功损耗等，而直流配电系统没有无功功率传输引起的损耗，也没有集肤效应产生的有功损耗，其线路损耗仅为交流配电系统的 15%～50%。尽管交流配电系统可以通过无功补偿等措施来降低线路损耗，但这将大大增加系统的建设成本和复杂性。在输送相同有功功率的情况下，单相交流系统的输电损耗大于单极直流系统的输电损耗，如果直流系统为双极，则线路电流将变为原来的 1/2，线路损耗变为原来的 1/4，这将远远小于交流三相系统。

5. 电源易接入

能源危机和环境污染问题已受到普遍关注，以光伏、风机为代表的分布式发电方式已然是未来电网的发展趋势。但分布式发电的输出功率受环境影响较大，光伏发电、风力发电等受气象条件影响严重，有时还需要配置相应的整流装置和储能装置，再经过 DC/AC 换流器才能并入交流电网。以超级电容器为代表的储能装置和作为分布式储能单元的电动汽车充电站等，本身均以直流电的形式工作，并入交流系统时需要装设双向 DC/AC 换流器和复杂的控制装置，增加了并网成本，不利于分布式发电的推广和发展。若采用直流系统，分布式发电和储能装置的并网及控制会简单很多，可降低设备故障率、减少并网成本。

6. 电磁影响小

直流线路的电晕损耗和电磁干扰问题都比交流线路小，产生的电磁辐射也小，直流电缆附近磁场强度远低于国际非电离辐射防护委员会(ICNIRP)和电气电子工程师学会(IEEE)规定的人体暴露极限[3]，与地球磁场强度具有相同的数量级。因此，即使直流电缆的埋深相对较低，也不会产生明显的电磁影响。

1.2 直流配电系统发展现状

1.2.1 国外发展现状

近年来，美国、德国、丹麦、日本、韩国等国都逐渐开展了直流配电系统的相关研究，从电压等级、应用场景、控制架构和继电保护方案等方面进行理论研究和示范验证[2]。国外相关示范项目大都集中在直流建筑、海岛微电网、数据中心等类型，电压等级较低且容量较小，在配电网、微电网的基础上进一步细化，提出了纳米网、分布式智能电网(distributed grid intelligence，DGI)等概念，并根据工程需要研发了直流配电系统的关键设备，如 DC/DC 换流器、能量管理设备、储能装置、故障管理装置等，具体如表 1-1 所示。

表 1-1　国外直流配电系统工程

项目名称	年份	电压等级	供电容量	项目特色
美国 SBI 示范项目	2007	380V、48V	33.5kW	三相交错双向 DC/DC 换流器、微电网、纳米网
美国 FREEDM 项目	2011	12kV	1MW	即插即用接口、DGI、IEM 装置、IFM 设备
德国亚琛工业大学 City of Tomorrow	2011	±5kV	15.5MW	环网、城市配电网
日本仙台直流配电系统	2008	0.4kV	4MW	PDU
韩国巨次岛直流配电系统项目	2017	750V	3MW	海岛微电网

1. 美国 SBI 示范项目

美国弗吉尼亚理工大学的电力电子中心(center for power electronics system，CPES)在 2007 年便提出了基于直流配电的 SBI(sustainable building initiative)研究计划。该计划采用分层式母线结构，其直流配电系统设有两个电压等级：直流 380V 母线，用于驱动空调、烘干机、电热炉等大功率负载；直流 48V 母线则通过 DC/DC 换流器与直流 380V 母线连接，主要为电视、电脑、LED 灯等小功率负载供电，提高了供电的安全性[4]。随着研究的深入，CPES 在 2010 年将 SBI 项目拓展为 SBN(sustainable building and nanogrids)计划，在家居用电基础上提出了交直流混合供电网络，将光伏发电、风力发电、储能装置、电动汽车等接入直流 380V 母线，以实现能量管理和零排放，可以形成独立的微电网，具有较强的故障穿越能力，具体结构如图 1-1 所示。

SBN 项目采用两级脉冲宽度调制(PWM)变换器作为能量控制中心(energy control center，ECC)对直流系统进行控制，可以显著减少直流链路电容和电压纹波，实现短路保护、直流母线电压快速调节和软启动，并具有直流侧高频漏电流消除功能。此外，为减少储能装置充放电产生的开关损耗，CPES 设计了三相交错双向 DC/DC 换流器，相比双开关 DC/DC 换流器，可以减少开关通断和二极管反向恢复带来的损耗，损耗降低约 22.5%，并且具有较高的开关频率，输入输出电流的纹波较低，大大简化了滤波器的设计。针对三相交错变流器在轻负载下效率低的问题，SBN 项目的三相变流器采用了断续电流模式(discontinuous current mode，DCM)运行，与电路恒流模式(constant current mode，CCM)运行相比，DCM 可以显著降低关断损耗和导通损耗，有助于提高效率。

SBN 项目由于提出较早，换流器、直流变压器等设备的技术相对不成熟，且局限于当时配电网构架的原因采用分层单母线结构，供电可靠性较差。但 SBN 项目在配电网、微电网的基础上提出了纳米网等概念，将直流配电系统细化、直流

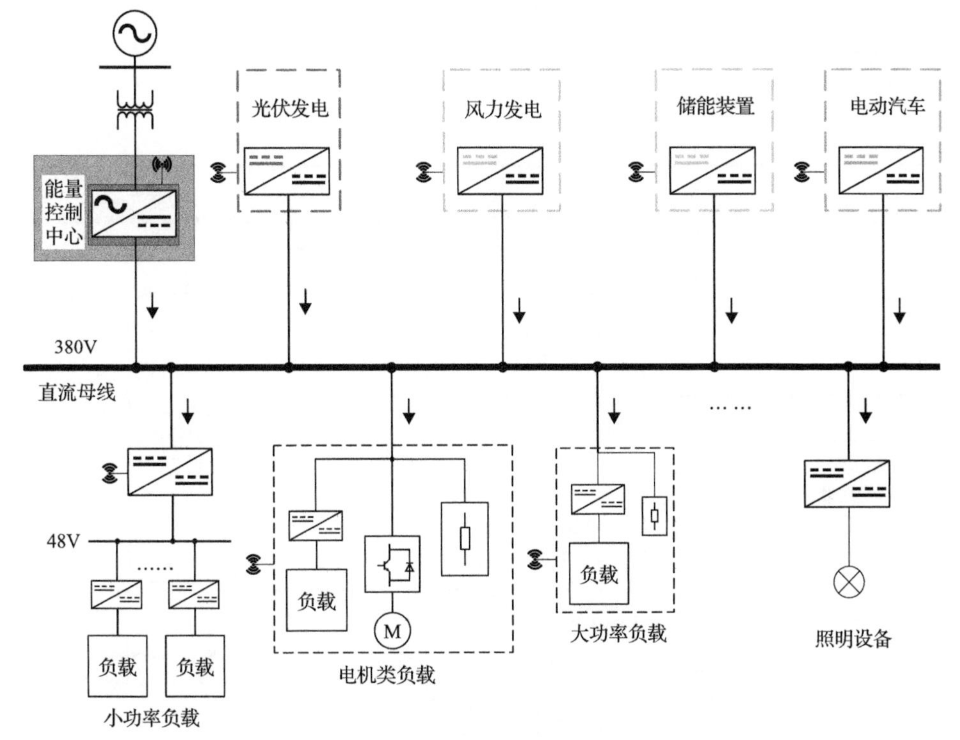

图 1-1　SBN 项目结构图

负荷模块化，有利于保护分区和即插即用功能的实现，对直流配电系统的控制研究和拓展有重要意义，而且这种模块化的分类方式被后续的许多工程借鉴。

2. 美国 FREEDM 项目

美国北卡罗来纳大学在对船舰直流配电系统进行分析与研究的基础上，于 2011 年提出了未来可再生电能传输管理(future renewable electric energy delivery and management，FREEDM)系统，其交流母线电压等级采用 12kV，实现了交直流混合供电和即插即用功能，如图 1-2 所示。

FREEDM 系统包含三个关键技术[5]。

(1)即插即用接口。系统含一个直流 400V 和一个交流 120V 总线接口，可以实现含分布式发电和储能装置的直流系统并网。

(2)智能能量管理(intelligent energy management，IEM)装置。系统的 12kV 母线通过三个 IEM 装置分别连接 69kV 外部电网、120V 交流系统和 400V 直流系统，在电压转换和交直流变换的基础上实现了能量控制，并具有局部电源管理功能，如低压交流和直流电压的调节、电网侧电压暂降穿越、负载侧故障电流限制等。

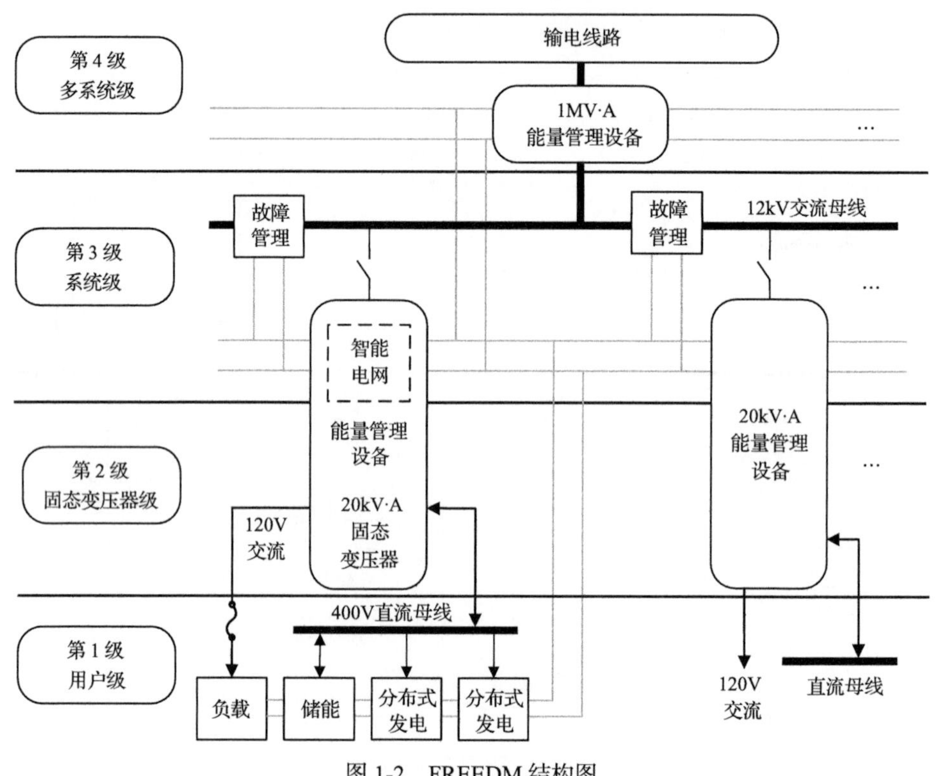

图1-2　FREEDM结构图

(3)标准化操作系统DGI。该系统嵌入IEM装置中，利用通信网络协调系统管理装置与其他能源路由器。

另外，FREEDM系统安装了智能故障管理(intelligent fault management，IFM)设备用以隔离电路中的潜在故障，提高用户侧的故障恢复能力和电能质量。

FREEDM系统的环状供电结构具有自身独特的优势，在保证系统供电可靠性的前提下具有良好的拓展能力，并且由于IEM装置和IFM设备的存在，用户侧的负荷变动对直流配电网的影响大幅降低，满足了即插即用的需求。此外，FREEDM系统采用了基于智能电网设备的DGI系统，在维持系统稳定性的前提下考虑市场状况和用户需求，实现实时电价和能量管理。FREEDM系统的提出代表了一种新理念，可以在原有设备的基础上通过有效的能源管理措施实现分布式发电的广泛接入和环境保护。

3. 德国亚琛工业大学City of Tomorrow

德国亚琛工业大学提出了City of Tomorrow城市供电方案，并在亚琛工业大学内建造了±10kV直流配电示范工程，城市配电系统采用中压直流环网供电，通过大功率AC/DC换流器和DC/DC换流器进行电能转换与传输。

中压直流配电系统由外部20kV交流变电站供电，经AC/DC变换后为亚琛工业大学新校区的几个大功率测试台提供电能，总功率为15.5MW。该直流配电系统采用电缆双极环网方式供电，如图1-3所示，每个装置通过DC/DC换流器或DC/AC换流器连接到直流母线上。其中，双向AC/DC换流器A连接直流配电系统和外部交流电网，在正常工作时以整流方式为直流配电系统供电，必要时反转潮流方向，以逆变模式运行为外部交流电网供电。该直流配电系统采用主从控制策略，换流器A为主控制单元，换流器C、D、E分别控制各自负载的电压和频率。DC/DC换流器B作为储能装置的控制单元，负责蓄电池组的充放电控制。

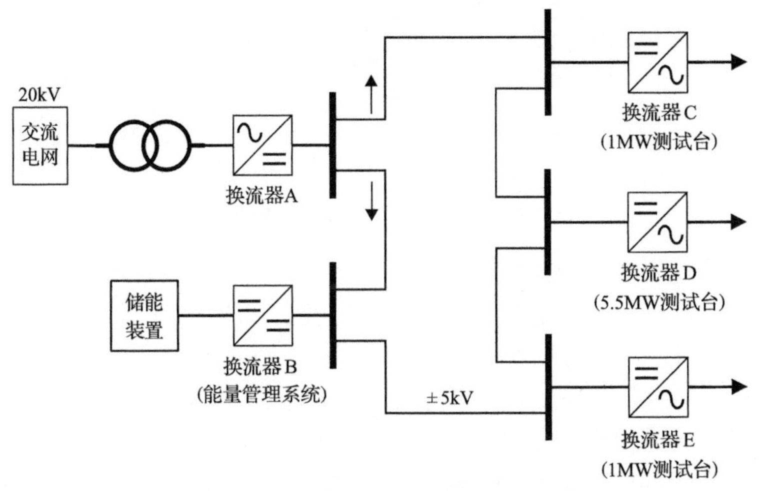

图1-3 City of Tomorrow结构图

作为城市直流配电网的示范工程，City of Tomorrow并未考虑新能源并网问题，系统的能量供应仅有外部交流电网和储能装置，由于未接入分布式发电装置，在外部交流电网发生故障时，储能装置很难维持需要的持续供电，故障穿越能力较差。但该示范项目为城市直流配电系统的实际应用提供了经验，同时也为未来大功率DC/DC换流器、直流断路器、高温超导电缆技术等设备的测试提供了实验场地。

4. 日本仙台直流配电系统

日本电报电话株式会社(Nippon Telegraph & Telephone，NTT)受新能源与工业技术开发组织(New Energy and Industrial Technology Development Organization，NEDO)委托，在日本仙台市启动了日本首个直流配电系统的示范工程[6]。该工程采用两极三线制母线结构，如图1-4所示，交流侧电压为400V，直流侧母线电压为430V，储能装置和光伏电池通过DC/DC换流器与直流母线相连，再经过DC/DC

换流器连接 300V 直流母线，可直接向数据中心的高压直流(high-voltage direct current，HVDC)输电服务器供电。负荷单元电压等级为 48V，由 300V 直流母线通过 5kW DC/DC 换流器供电。

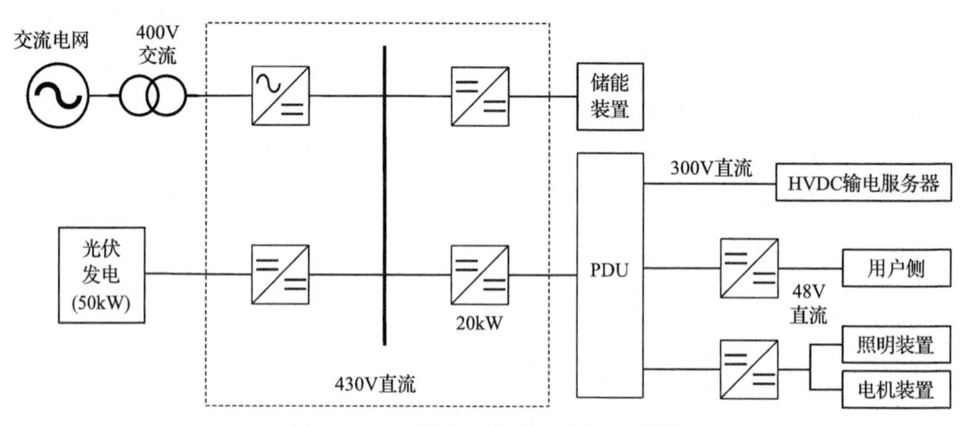

图 1-4　日本仙台直流配电系统结构图

为提高直流配电系统的效率，NTT 公司开发了一个 400V 整流器，其具有良好的功率因数校正、高频隔离和输出稳压等功能，并在低负荷因数中实现了超过 95%的效率。同时，为提高电能质量，该示范项目将电压补偿器(voltage compensator，VC)、电池充电器与整流器配合使用。如果负荷对运行电压要求较高，400V 直流母线可在不停运的情况下，采用 VC 进行系统配置，提高供电质量。另外，该项目在 300V 直流系统安装了带有保险丝和塑壳开关的配电装置(power distribution unit，PDU)。该 PDU 的特点是安装有电容器组和联合断路器，防止系统中的电压振荡，隔离不同的电力系统，有效提高系统的供电可靠性，防止故障范围扩大。380V 直流供电系统主要采用高阻接地方式。该接地系统的优点是将人体内的接地故障电流限制在无害的范围内，保障了人身安全，消除了单次接地故障时产生闪弧的危险。

该项目的 PDU 主要用于不同负荷之间的故障隔离，相比于全线安装直流断路器，PDU 的提出和使用降低了系统成本和占地面积。由于光伏发电和储能装置的存在，日本仙台直流配电系统对负荷的电力分配可以在互联状态和孤岛运行状态之间无缝切换。作为应对信息技术(information technology，IT)设备普及带来的供电形式多样性以及消费者对电能质量不同要求的解决方案，日本仙台直流配电系统引入分布式发电和储能装置替代商用电源，具有效率高、可靠性高、易于控制、对继电器要求低等优点，缓解了大量负荷并网给电能质量和系统控制带来的不利影响，降低了高电能质量负荷的运行成本。2011 年，在外部交流电网因地震停电三天的情况下，该示范工程仍持续供电，为极端情况下不间断供电和高电能质量供电提供了丰富的经验，可作为家用直流微电网系统进行推广。

5. 韩国巨次岛直流配电系统项目

巨次岛直流配电系统示范项目由韩国电力公司(Korea Electric Power Corporation，KEPCO)设计建造，该项目旨在通过一个独立的直流配电系统证明直流供电的优势，并建立商业化模式[7]。图 1-5 为巨次岛直流配电系统的拓扑结构，其中分布式能源包括光伏、风机和储能装置，功率转换设备包括连接分布式发电的 DC/DC 换流器、连接负荷的 DC/DC 换流器、连接交流系统的 AC/DC 换流器。负荷分为 AC/DC 混合负荷、DC 家庭负荷、DC 路灯负荷和 DC V2G (vehicle-to-grid)负荷。在直流配电系统中，用于风力发电和光伏发电的变流器和电池充电器都并联到一条 750V 的直流线路上，由变流器进行功率控制，并通过双极线向用户供电。

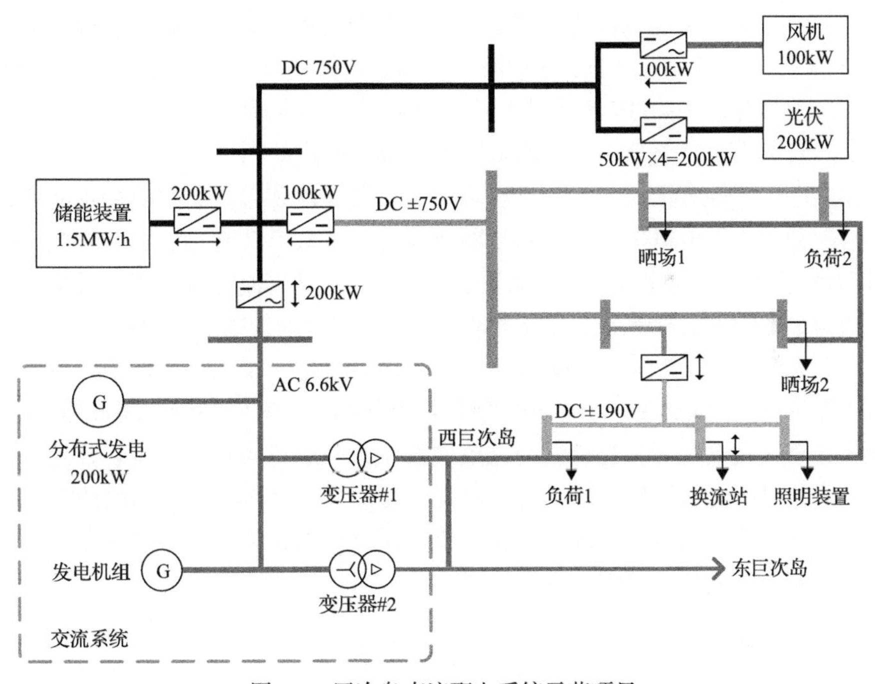

图 1-5 巨次岛直流配电系统示范项目

直流配电系统可由操作员根据储能装置(energy storage system,ESS)的状态进行管理，ESS 从分布式电源中吸收电能，当发生过充时，运营商可以通过设置 ESS 的最大荷电状态(state of charge，SOC)来限制分布式发电的输出功率。如果 ESS 的 SOC 不足，则通过调整柴油发电机的输出功率给 ESS 充电。为实现整个系统的优化运行，KEPCO 开发并采用了集中式的能源管理系统(energy management system，EMS)对直流配电系统的运行进行优化。

6. 国外示范工程的特点与差异

目前国外的示范项目主要集中在直流建筑、数据中心、海岛供电等低压、小范围等特定供电场景，大多配备储能装置对系统进行调节，但系统结构各不相同，供电可靠性等方面有所差异[2]。

在关键设备方面，各示范工程的项目特色大多集中在能量管理装置、直流变压器、断路器等方面。美国 SBN 项目采用两级 PWM 变换器作为能量控制中心(energy control center，ECC)对直流系统进行控制，可有效平抑电压波动，并具有短路保护功能，消除直流侧高频漏电流，为减少储能装置充放电产生的开关损耗而设计的三相交错双向 DC/DC 换流器，在降低损耗的同时简化了系统结构。美国 FREEDM 项目为实现即插即用功能，设计安装了 IEM 装置，在电压转换和交直流变换的同时实现了能量控制，并具有局部电源管理功能，在故障管理方面安装了 IFM 设备以隔离电路中的潜在故障，提高用户侧的故障恢复能力和电能质量。日本仙台项目开发了 400V 整流器，并将 PDU 用于不同负荷之间的故障隔离，避免了全线安装直流断路器，有效降低了系统成本和占地面积。

在供电可靠性方面，各示范工程均通过安装储能装置提高故障穿越能力，且大多引入分布式发电以保证在外部电网故障时维持系统供电。从系统结构上而言，美国 SBN 项目、日本仙台直流配电系统、韩国巨次岛直流配电系统项目均采用辐射型结构，在母线故障情况下会极大地影响供电情况。美国 FREEDM 项目、德国亚琛工业大学 City of Tomorrow 项目则采用环状供电，供电可靠性相对更高，但德国亚琛工业大学 City of Tomorrow 项目仅由外部交流电网和储能装置提供电能，未安装分布式发电装置，在外部交流电网发生故障时，受限于储能装置的容量，很难维持长时间的持续供电。相比较而言，2011 年，外部交流电网因地震停电三天的情况下，日本仙台直流配电系统仍维持系统供电，证明了分布式发电的引入可以更加有效地提高系统供电可靠性。

1.2.2 国内发展现状

自 2008 年开始，国内相关单位逐步对直流配电网展开相关研究。2016 年发布的《能源技术革命创新行动计划(2016—2030 年)》，将直流输配电技术作为现代电网建设的重要发展方向。国内对直流配电系统的研究起步较晚，在 863 计划和国家重点研发计划项目的推动下才逐渐开展，目前针对直流配电系统的研究仍处于理论研究和示范验证阶段，国内相关的直流配电示范工程也大多是基于实际需要，为解决目前电网存在的诸多问题而建设的。例如，为解决工业园区供电可靠性和高电能质量要求等问题所建设的深圳宝龙工业城示范工程和苏州工业园示范工程，为探索能源互联网和能源转型问题所建设的珠海唐家湾示范工程和杭州江东新城示范工程，为解决新能源就近消纳问题所建设的贵州大学示范工程等，上述示范工程中根据实际需要开发了一系列直流配电系统的关键设备，并在示范工程中得到工程验证，具体如表 1-2 所示。

表 1-2 国内示范工程介绍

项目名称	年份	电压等级	供电容量/MW	项目特色
深圳宝龙工业城示范工程	2017	±10kV	20	全固态混合式直流断路器、15kV/200kW 直流变压器样机
珠海唐家湾示范工程	2017	±10kV、±375V、±110V	40	三端直流断路器
贵州大学示范工程	2018	±10kV	4	五端、城市配电网、分层分布式控制构架
苏州工业园示范工程	2020	±10kV、750V、375V	20	非对称主站换流阀
杭州江东新城示范工程	2018	±10kV	30	无变压器结构、DSM

1. 深圳宝龙工业城示范工程

深圳电网是全国供电负荷密度最大的特大型城市电网。近年来随着宝龙工业城的建设和发展，园区负荷出现敏感负荷增多、分布式发电和储能设备丰富、直流负荷增加等特点，适合作为直流配电系统示范工程的建设落点。

在综合考虑宝龙工业城的地理位置和不同供电需求的背景下，该示范工程将负荷分为 4 类，采用双电源“手拉手”的网络拓扑结构，如图 1-6 所示。两端的 110kV 碧岭换流站和 110kV 丹荷换流站作为主电源，采用电压源换流器(voltage source converter，VSC)从 2 座变电站的 10kV 母线侧接收电能，满足直流配电系统供电负荷的用电需求。为提高与直流配电系统相连的交流配电网的电能质量，两端交流系统与中压直流配电母线之间均通过全控型 VSC 相连[8]。

该示范工程通过使用不同的设备模块，在满足不同负荷用电要求的基础上，保证了供电可靠性，解决了分布式发电的就地消纳问题，并且降低了系统成本。其中直流变压器采用多重化结构输入串联输出并联(input-series output-parallel，ISOP)模式，即在高压端采用串联方式以提高电压等级，在低压端采用并联方式以提高功率等级。每个直流变压器均采用相同结构的双主动全桥(dual active bridge，DAB)结构，具备双侧定直流电压控制和功率双向传输功能，可通过近端储能站控制 2 个交流源的相移来调节功率流动的大小和方向。

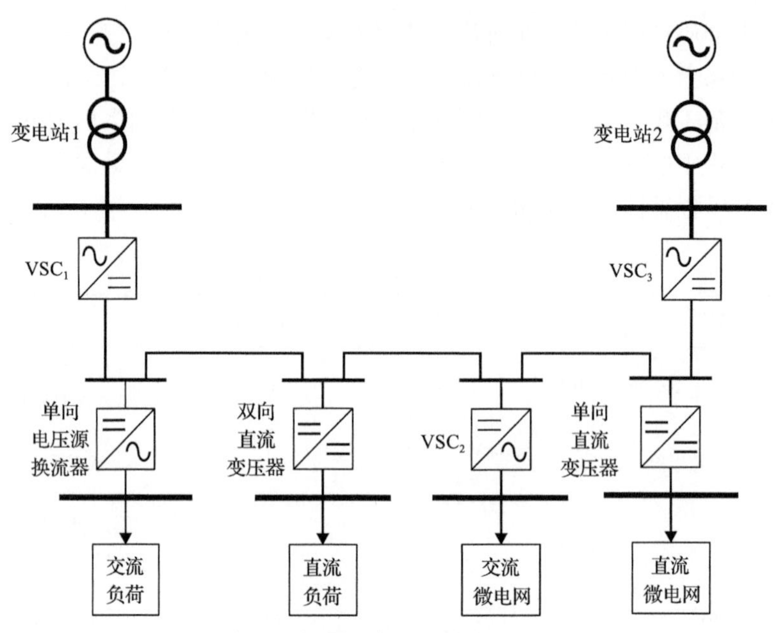

图 1-6　深圳宝龙工业城示范工程

此外，该示范工程中采用国内外直流配电系统较少采用的双端“手拉手”的网络结构，研发了无机械开关结构、高可靠性、低成本的全固态混合式直流断路器，其电流开断速度快、可靠性高，降低了对限流电抗的要求，可实现故障电流多次开断。该直流断路器由主通流支路、转移支路、吸收支路并联构成。其中主通流支路采用 3 只绝缘栅双极型晶体管(insulated gate bipolar transistor，IGBT)反向串联以承担系统关断电压，每个 IGBT 反并联 1 个二极管，在换流过程中，强迫电流向转移支路换流，完成快速换流过程。转移支路采用 5 只压接式 IGBT 串联，并配有剩余电流装置(residual current device，RCD)，包括动态吸收电路和静态均压电路。吸收支路采用金属氧化物压敏电阻(metal oxide varistor，MOV)作为吸收限压元件，在关断瞬间限制电压尖峰，同时吸收系统中残余的能量，完成电流的开断过程。

该示范工程有助于缓解目前深圳配电网存在的供电可靠性、电能质量需求、分布式发电就地消纳等问题，采用的设备模块化技术为直流配电系统负荷供电需求多样化、降低系统成本等问题提供了有效的解决方案。此外，深圳宝龙工业城示范工程设计了 5 种运行方式，通过运行方式切换有效发挥了直流配电系统的削峰填谷和潮流调节作用。该工程对直流配电系统的电气主接线方案、主设备选型、保护控制等关键技术的深入研究，为我国中压直流配电系统的研究和工程实施提供了参考。

2. 珠海唐家湾示范工程

为积极探索能源互联网的建设新方向，中国南方电网广东电网有限责任公司自 2017 年开始，在珠海唐家湾建设支持能源消费革命的城市-园区双级互联网+智慧能源示范项目，该项目于 2018 年 12 月建成投运。

珠海唐家湾示范工程是典型的多层级直流配电工程，如图 1-7 所示，该系统采用三端交流供电的拓扑结构，可实现实时功率互补互济，其中鸡山换流站Ⅰ段、Ⅱ段和唐家换流站的 VSC 出口通过±10kV 直流母线互联，组成三端互联直流配电母线为低压直流系统供电，光伏装置、储能装置、充电桩、直流负荷等组成±375V 低压直流系统，并通过 DC/AC 换流器为 110V 交流负荷供电，±375V 低压直流母线则经过直流变压器与中压直流母线相连，从而形成多级直流配用电网络[9]。

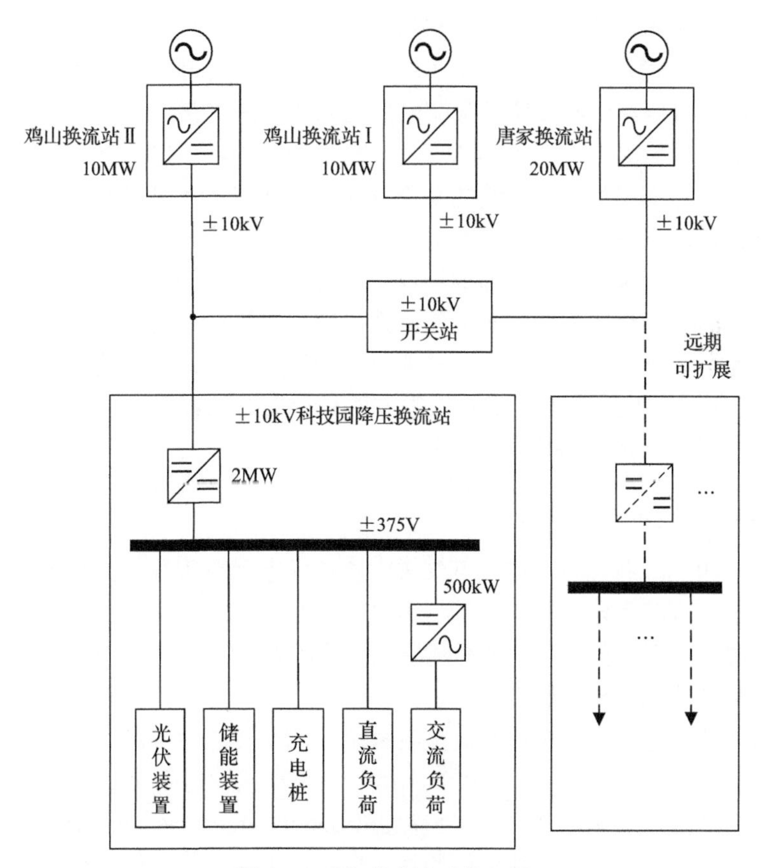

图 1-7　珠海唐家湾示范工程

为实现多端功率转供以及提高系统的供电可靠性，该示范工程采用星形网络拓扑结构和单极对称的主接线形式。由于在多端直流系统中通常存在多个线路交汇点，若在交汇点均安装混合式直流断路器将极大地增加系统成本。为此，在保证可以清除任一线路故障的情况下，珠海唐家湾示范工程采用三端口耦合负压型混合式直流断路器，在提高系统经济性的同时可实现多路协调关断，为解决多端直流系统断路器设置问题提供了宝贵经验。

该三端口耦合负压型混合式直流断路器包含 3 个快速机械开关、2 个双向电力电子开关以及 2 个能量吸收支路。其中，任意一条直流线路通过 2 个快速机械开关分别与相邻的 2 条直流线路相连，用于承载正常电流；任意一条直流线路与双向电力电子开关相连，用于双向承载并切断故障电流；每个双向电力电子开关均与能量吸收支路并联，用于吸收故障线路中储存的能量，限制双向电力电子开关动作时的过电压。该三端口耦合负压型混合式直流断路器包含 3 条主支路，其中支路 1 和 2 均是一个完整的耦合负压型混合式直流断路器。每个三端口耦合负压型混合式直流断路器由 3 条并联支路组成，包括用于导通直流系统电流的主支路、用于短时承载并关断直流系统短路电流和建立瞬态开断电压的转移支路、用于抑制开断过电压和吸收线路及限流电抗储能的耗能支路。

该示范工程为国际首个±10kV、±375V、±110V 多电压等级交直流混合配电网示范工程，不仅可以对系统的潮流方向进行调节，还可以对母线电压进行有效的控制，实现了对系统内各节点电压的调控。该示范工程的建成与深化应用，为不同结构换流阀和直流断路器的设计运行提供了丰富的经验，促进了中低压柔性直流设备的标准化进程，为直流配电系统规划、设计、运维、推广等方面提供了重要的参考数据，并具有重要的参考价值和示范效应，在构建柔性直流配电网技术体系、节约土地资源和能源投入等方面具有良好的经济社会效益，为粤港澳大湾区能源互联网的发展提供了支撑。

3. 贵州大学示范工程

2018 年 9 月，我国首个中压五端柔性直流配电示范工程在贵州大学新校区建成投运，该示范工程作为一种多端、多电压的配电系统，涵盖了交直流微电网、分布式电源、交直流负荷等多种系统单元，并作为 DGI 产学研协同创新平台，用于对直流配电系统的相关研究。

贵州大学示范工程由中压直流配电系统、低压交流微电网、低压直流微电网 3 个子系统组成，如图 1-8 所示[10]。其中中压直流配电系统的直流母线电压为±10kV，并通过 3 个模块化多电平换流器（modular multilevel converter，MMC）与 10kV/10kV 隔离变压器及 10kV 开闭所为低压微电网提供电能。低压交流微电网包含储能装置、充电桩等设备，直接并联或经换流器并联在 380V 交流母线上。低压直流微电网由储能装置、光热发电、充电桩等直流设备组成，其直流母线电压为±375V，并可通过DC/AC换流器向380V低压交流微电网供电。储能装置作为能量平衡单元用于维持微电网稳定，并可根据需要提供削峰填谷功能。低压交流微电网和直流微电网分别通过MMC#4和直流变压器连接在±10kV直流母线上，实现中压直流配电系统与低压交流微电网和直流微电网的柔性互联。MMC和直流变压器具有功率双向流动功能，可实现低压交直流微电网和中压直流配电系统之间的功率控制以及相互支撑。

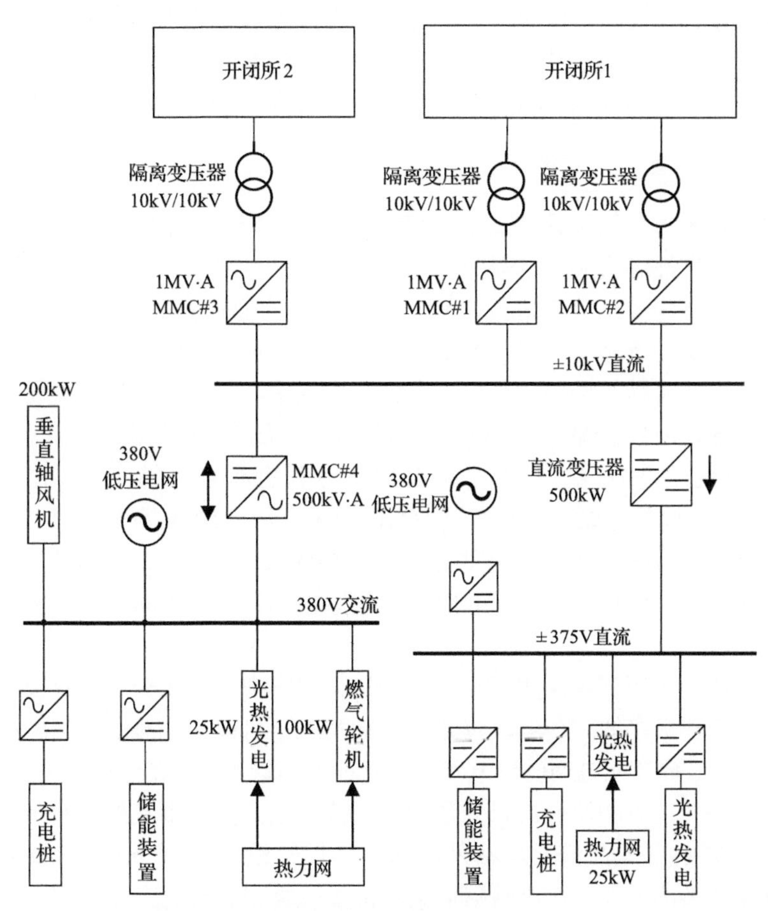

图1-8 贵州大学示范工程

该示范工程采用分层分布式运行控制架构，可根据交流配电网状态和各微电网子系统内平衡单元运行状态进行控制，满足各子系统就地控制和负荷即插即用的需求，无须通过上层控制和通信，可根据实际运行情况自主实现直流配电系统紧急情况下的多运行模式平滑切换及各子系统快速相互支撑。

不同于工业园区直流配电网，贵州大学示范工程考虑了城市热力网的发电设备和大学园区的交直流负荷，并对当地高渗透率的分布式发电具有良好的接纳能力，为城市直流配电网的运行及规划提供了示范。该直流配电系统也具有三端供电结构，但在±10kV 母线侧未采用类似于珠海唐家湾示范工程的三端直流断路器设备，在一定程度上增加了系统成本。但该柔性直流配电系统示范工程作为一种交直流混合的城市直流配电网，在考虑光伏、风力等分布式发电的基础上，增加了对来自城市热力网的能量接收，并且通过多个换流器和直流变压器可实现多配电系统的功率控制和能量交换，提高了城市配电网运行的经济性和可靠性。系统采用开放式设计，对交直流负荷的增加和分布式电源的接入具有良好的灵活性。目前国内外对多端直流系统的相关研究较少，直流配电系统大多采用环网或辐射型供电方式，该示范工程的建成为构建未来新型城市配电系统提供了新的思路。

4. 苏州工业园示范工程

苏州工业园示范工程具有直流 10kV、750V、375V 3 个电压等级，可满足不同用户的高可靠性和直流供电需求。该工程分为主网侧、配电侧、用户侧 3 个部分，其中主网侧为庞东中心站和九里中心站 2 座直流中心站，配电侧包括 7 座配电房与 2 座光伏升压站，工程总容量约为 20MW。该直流配电系统示范工程含有工业负荷、商业负荷、居民负荷、充电桩、数据中心等典型直流用电场景，并在考虑当地的地理环境情况、直流负荷分布情况、分布式发电情况等因素的基础上，共设九里换流站（H_1，主变容量为 50MV·A）和庞东换流站（H_2，主变容量为 50MV·A）2 座直流换流站，分别通过 MMC 引出 2 回±10kV 直流母线，采用开闭所 K_1、K_2 单母线分段、双电源进线方式的双端环状主接线形式，满足分布式电源的接入与直流负荷的用电需求，并解决光伏电站的就近消纳问题，其网架结构如图 1-9 所示[11]。

苏州工业园示范工程采用双端拓扑结构，其中中压母线采用伪双极接线，低压母线采用真双极接线，在满足 N–1 要求的情况下可以实现对配电网电源和负荷的调节和控制，提高配电网的供电水平和新能源消纳水平。在分析国内外换流器、直流变压器等关键设备研究成果的基础上，该示范工程提出并采用非对称主站换流阀的设计方案，即九里换流站采用基于半桥子模块（half bridge submodule，HBSM）的拓扑结构，庞东换流站则采用全桥子模块（full bridge submodule，FBSM）与半桥子模块构成的混合型模块化多电平换流器（hybrid modular multilevel converter，HMMC）拓扑结构，通过 FBSM 的故障自清除能力可有效缩短换流站的供电恢复时间，在保证负荷供电可靠性的情况下，避免了双 HMMC 带来的高昂成本。此外，双端环状的网架结构具有良好的拓展性，可以根据需要拓展为多端环状，保证沿途负荷的双电源供电。由于直流配电系统的网络架构较为复杂，且含有不同形式的电源、负荷等单元，因此苏州工业园示范工程的运行方式较多，且模式转换比较复杂，其日常运行方式可分为单端供电、双端环网供电、双端隔

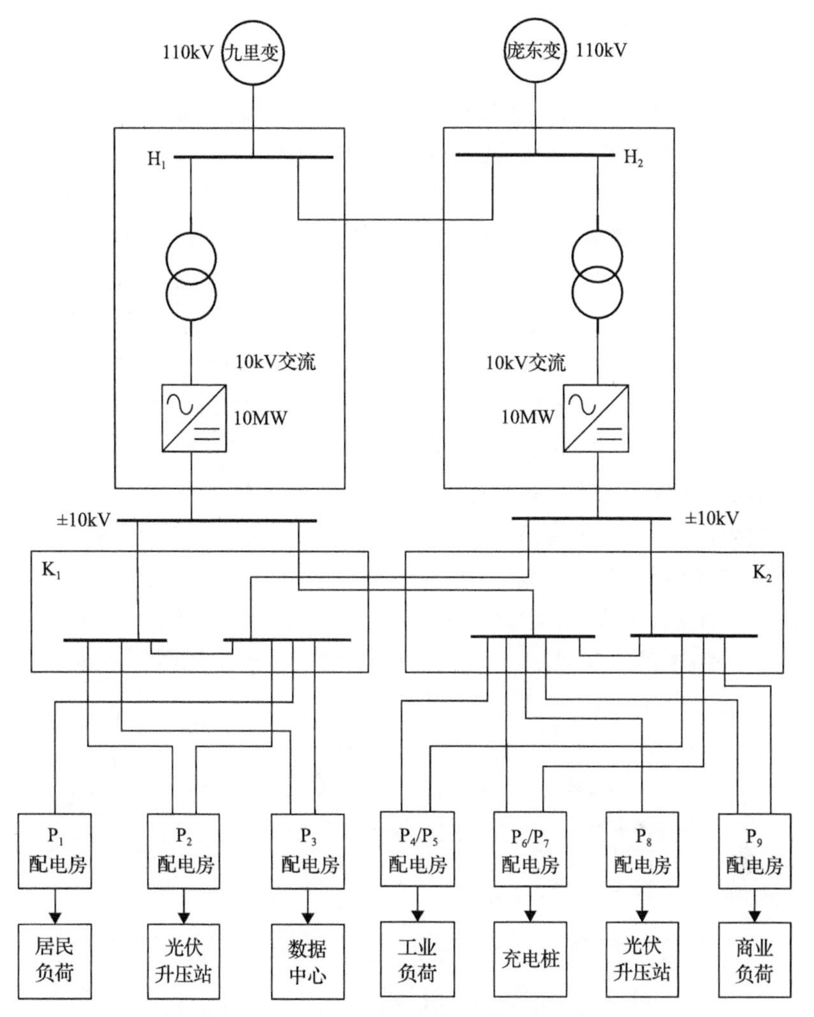

图 1-9 苏州工业园示范工程结构示意图

离运行 3 种，故障情况下又分为闭锁型限流和直流穿越运行 2 种故障处理方式。

相较于深圳宝龙工业城示范工程，苏州工业园示范工程虽然也采用双端供电模式，但由于中低压系统分别采用伪双极和真双极接线方式，换流站采用的非对称主站换流阀的设计方案，在降低建设成本的情况下，提高了系统的供电可靠性，为双端直流配电系统提供了一种新思路。

在该示范工程的推动下，苏州市以光伏为代表的分布式清洁能源发展迅速，2019 年全市光伏发电装机容量增长 25%，光伏发电量增长 30.9%。苏州工业园示范工程多项自主创新核心技术持续保持国际领先，目前已成为全球相关领域的典范和标杆工程，具有广泛的国际影响力。

5. 杭州江东新城示范工程

“十四五”期间，随着“数智杭州·宜居天堂”蓝图落地，新能源汽车充电、5G 通信、大数据中心等新基建持续升温，预计“两新一重”新基建用电需求将占杭州“十四五”负荷增长的 65%。针对这一特征，国网杭州供电公司投资 350 亿元，持续推动清洁低碳高效能源服务，在浙江杭州江东新城建立了智能柔性直流配电网示范工程。该示范工程将配电网从传统的辐射型结构转变成多端互联系统，使系统可以快速隔离故障并恢复供电，提高了杭州电网的供电可靠性。杭州江东新城示范工程额定电压为±10kV，总换流容量为 30MW，拓扑结构如图 1-10 所示。系统采用 2 台 10kV HMMC 和 1 台 10kV 全桥型模块化多电平换流器(full-bridge modular multilevel converter，FMMC)将 2 座 10kV 交流换流站和 1 座 20kV 交流换流站与±10kV 直流母线相连，3 台 MMC 均未使用变压器[12]，大幅减少了项目的占地面积。±10kV 直流母线配备一套±10kV 混合型直流断路器，并通过 ISOP 结构的直流变压器将直流电压变换为±375V 为负荷供电。由于系统未安装变压器设备，当直流侧发生单极接地故障时，交流侧会产生较大的直流偏置电流，导致交流断路器不能正常开启。因此，在 HMMC 中采用阻尼子模块(damping

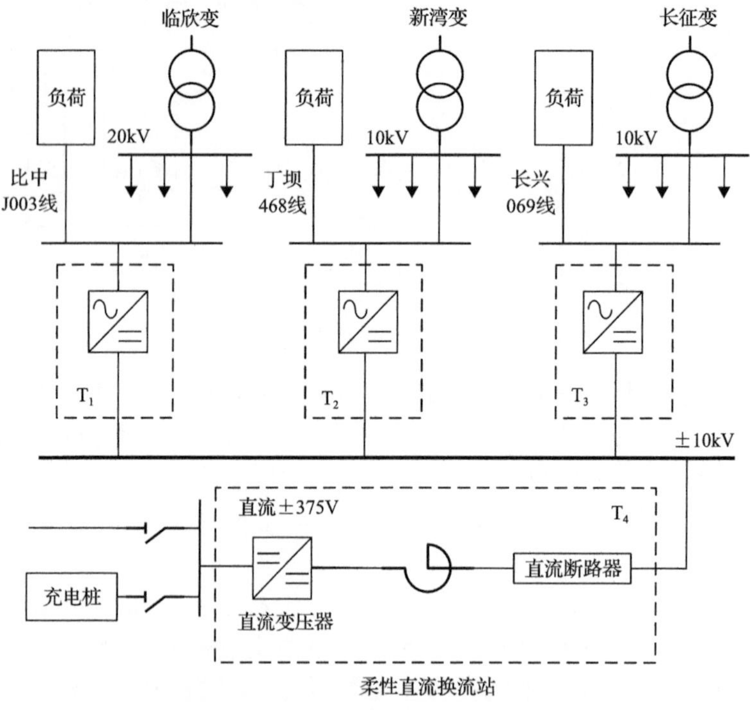

图 1-10　杭州江东新城示范工程拓扑结构

submodule，DSM）抑制直流偏置电流使其达到过零点，实现交流断路器的可靠分断，确保在任一电源故障情况下负荷的有效供电。

该示范工程采用的智能配电柔性多状态开关是国内相关设备研制的一大突破。该设备的投运增加了系统功率连续可控状态，能够预防倒闸操作引起的供电中断等问题，还能减缓电压骤降、三相不平衡等问题，促进馈线带载的均衡化与电能质量提升。

该示范工程的安全稳定运行验证了无变压器设备的直流配电系统的可行性以及 DSM 对交流断路器可靠分断的有效性，FMMC 结构的换流器可用于连接两个不同电压等级的交直流系统，推动了直流配电系统的发展和应用。将不同供电区域通过直流配电系统互联，在提高供电可靠性的基础上，还可以控制系统潮流、接纳分布式发电，有力撑持了杭州大江东配电网的可靠、优良、安全运行，加快了浙江省建设风光储能、满足客户多元需求的新一代电力系统的进程，保障了清洁能源消纳，强化了新能源并网管理，有效推进了《杭州市能源发展“十三五”规划》提出的清洁能源占比达到 60%以上目标的实现。

6. 国内示范工程特点与差异

与国外示范工程不同，国内各示范工程主要为解决城市发展和分布式发电问题提出新思路，集中在工业园区等区域性的直流配电系统[2]。

在关键设备方面，与国外示范工程相似，国内各示范工程的关键设备大多集中在直流变压器、断路器等装置。深圳宝龙工业城示范工程中研制了 15kV/200kW 直流变压器样机，具备双侧定直流电压控制和功率双向传输功能，研制的全固态混合式直流断路器无机械开关结构、可靠性高，降低了对限流电抗的要求，可实现故障电流多次开断。珠海唐家湾示范工程针对星形网络拓扑结构的特点，采用三端口耦合负压型混合式直流断路器和集成门极换流晶闸管（integrated gate-commutated thyristor，IGCT）技术，在提高系统经济性的同时可实现多路协调关断。苏州工业园示范工程中提出并采用非对称主站换流阀的设计方案，通过 FBSM 的故障自清除能力缩短换流站的供电恢复时间，在保证负荷供电可靠性的情况下，避免了双 HMMC 带来的高昂成本。杭州江东新城示范工程采用 2 台 HMMC 和 1 台 FMMC 将 2 座 10kV 交流换流站和 1 座 20kV 交流换流站与±10kV 直流母线相连，3 台 MMC 均未使用变压器，减少了项目的占地面积，智能配电柔性多状态开关增加了系统功率连续可控状态，能够预防倒闸操纵引起的供电中断等问题。

在供电可靠性方面，深圳宝龙工业城示范工程采用双电源“手拉手”的网络拓扑结构，从两端的换流站接收电能，供电可靠性相对较高。珠海唐家湾示范工程采用星形三端交流供电的网络拓扑结构和单极对称的主接线形式，可通过±10kV 中压直流母线实现实时功率支援，低压直流母线则经过直流变压器与中压直流母线相连，从而形成多级直流配用电网络，供电可靠性较高。类似于珠海唐家湾示范工程，贵州大学示范工程作为国内首个五端柔性直流配电系统，3 座变电站交流母线经过 MMC 和隔离变压器连接到±10kV 中压直流母线上，再通过换流装置向低压交流微电网和低压直流微电网供电。苏州工业园示范工程采用开闭所单母线分段、双电源进线方式的双端环状主接线形式，中压母线采用伪双极接线，低压母线采用真双极接线。杭州江东新城示范工程采用三端供电系统，通过 MMC 装置将 2 座 10kV 交流换流站和 1 座 20kV 交流换流站与±10kV 直流母线相连，再通过柔直换流站为直流负荷供电。

在分布式发电和储能装置方面，国内各示范工程均是基于实际需要，旨在解决负荷变化和分布式发电就近消纳等问题，大多考虑了分布式发电和储能装置等问题。深圳、珠海、贵州的示范工程均是将分布式发电和储能装置先并入低压交直流微电网中，再经过双向变换器并入中压母线；苏州的示范工程没有安装储能装置，光伏电站的电能经配电房直接并入中压直流母线；杭州的示范工程则没有考虑分布式发电和储能装置。

1.3　直流配电系统的振荡问题

柔性直流配电系统无论是与交流系统互联，还是接纳分布式电源与负荷，大多采用电力电子装置，呈现低惯性弱阻尼特性，易引发振荡甚至诱发失稳，而其作为直接向负荷供电的载体，电压稳定性又尤为重要。图 1-11 给出了一个中压多端直流配电系统典型的拓扑结构，可以看出，直流配电系统结构复杂，柔性互联装置、光伏、直驱风机、储能、电动汽车等多个设备通过直流网络进行有功功率交互，相互动态作用跨越高频、中频以及低频等多个时间尺度。低压直流配电系统多以辐射状直流配电网或者直流微电网的形式接入系统，如图 1-12 所示，其稳

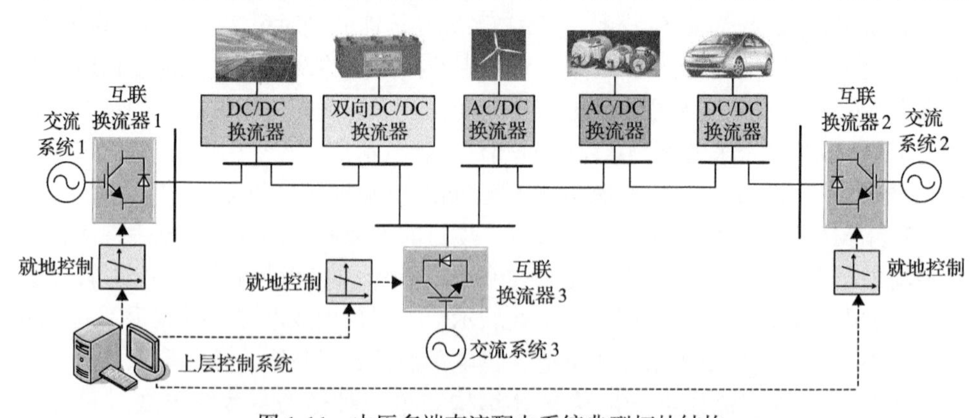

图 1-11　中压多端直流配电系统典型拓扑结构

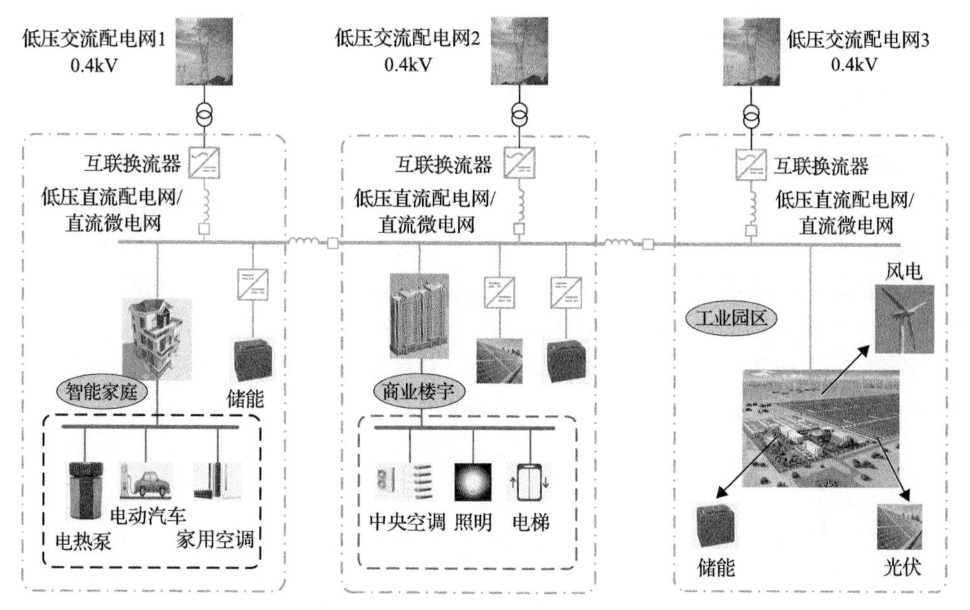

图 1-12 低压直流配电系统拓扑结构

定性由电力电子控制器主导，本质与中压配电系统相同，影响振荡与稳定的因素众多，稳定机理复杂[13]。

直流配电系统中存在诸多的电力电子装置，传统交流电网的时间尺度分类方法已难以适用[14]，其多时间尺度特性目前已引起众多学者的关注，总结目前直流配电系统相关的研究成果，直流配电系统的时间尺度划分如图 1-13 所示。

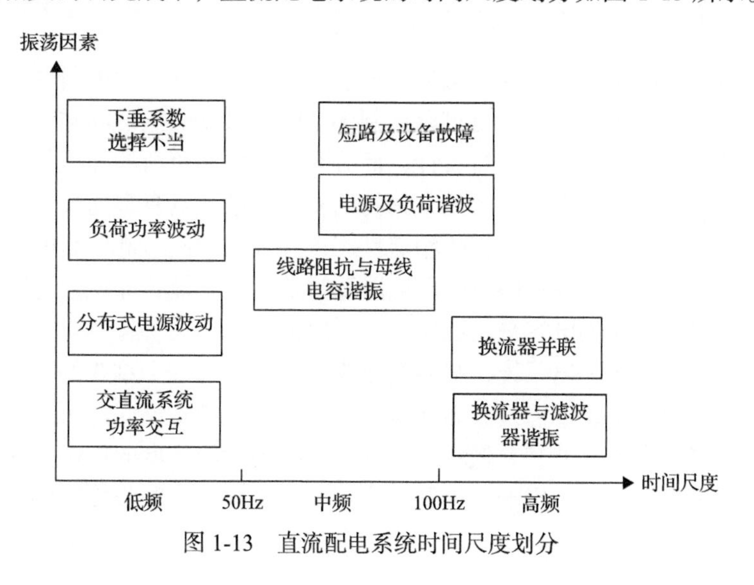

图 1-13 直流配电系统时间尺度划分

在直流配电系统振荡方面，需关注以下三个关键问题[15]。

1. 多时间尺度动态特性与建模

目前针对直流配电系统的稳定性分析大多采用电磁时间尺度的模型，规模稍大的系统存在拓扑结构复杂与状态变量激增的问题，无论频域还是时域建模都将非常复杂，易产生维数灾难问题，而且机理分析困难，而采用机电时间尺度的模型又过于简单，忽略了电感、电容以及电力电子开关器件的动态，无法计及网络设备之间的振荡，尤其是高中频段的振荡无法准确模拟，因此，需要根据振荡分析的需求，针对其多时间尺度特性建立适用于高中低频段的子系统模型，通过降低状态矩阵维数，简化振荡与稳定机理分析。

2. 多时间尺度振荡机理

目前，已有学者发现了直流微电网的高频及低频振荡问题，并分析了影响系统稳定性的因素，但针对直流配电系统的研究仍处于探讨阶段，直流配电系统中存在着柔性互联装置、较长距离的直流配电线路、滤波电容、光伏、直驱风机、储能装置、电动汽车、恒功率负荷等多种类型的设备及其控制系统，存在多端互联的复杂拓扑结构，各个设备之间的相互动态作用跨越多个时间尺度，仍有诸多问题需要解答，如哪些设备之间存在振荡、为什么会发生振荡、什么情况下会诱发系统失稳。因此，需要进一步揭示不同时间尺度下的振荡与稳定机理，为控制系统设计与参数优化提供理论依据。

3. 多时间尺度鲁棒稳定控制方法

针对直流微电网的高频与低频稳定控制已有学者开展了相关研究，如采用有源阻尼附加控制器等策略，但是难以抑制多个时间尺度的振荡问题，而且大多根据某一平衡点的线性化模型进行设计，而分布式电源与负荷的随机扰动会导致系统平衡点反复变化，多端互联的复杂拓扑结构致使潮流具有多向性，直流配电系统具有时变运行特性，系统的鲁棒稳定性难以保证，因此，需要研究多时间尺度鲁棒稳定控制方法，提高不同时间尺度以及时变运行场景的鲁棒稳定性。

直流配电系统在供电容量、线路损耗、电能质量、无功补偿以及适用范围等方面都明显优于交流配电系统，势必会成为电力领域的一个重要的发展方向。但是，大量的电力电子装置以及分布式电源的接入，也给直流配电系统的运行控制带来了很多复杂影响，尤其是低频、中高频等不同时间尺度的振荡问题，会给用户的供电质量带来直接的影响，因此，直流配电系统的振荡与控制问题需要密切关注。

参 考 文 献

[1] 宋强, 赵彪, 刘文华, 等. 智能直流配电网研究综述[J]. 中国电机工程学报, 2013, 33(25): 9-19.

[2] 姜淞瀚, 彭克, 徐丙垠, 等. 直流配电系统示范工程现状与展望[J]. 电力自动化设备, 2021, 41(5): 219-231.

[3] Mura F, de Doncker R W. Design aspects of a medium-voltage direct current (MVDC) grid for a university campus[C]. 8th International Conference on Power Electronics-ECCE Asia, Jeju, 2011.

[4] Igor C, Dong D, Wei Z, et al. A testbed for experimental validation of a low-voltage DC nanogrid for buildings[C]. 2012 15th International Power Electronics and Motion Control Conference (EPE/PEMC), Novi Sad, 2012.

[5] Gerald T, Heydt. Future renewable electrical energy delivery and management systems: Energy reliability assessment of FREEDM systems[C]. IEEE PES General Meeting, Providence, 2010.

[6] Hirose K. DC power demonstrations in Japan[C]. 8th International Conference on Power Electronics-ECCE Asia, Jeju, 2011.

[7] Cho J, Kim H, Cho Y, et al. Demonstration of a DC microgrid with central operation strategies on an island[C]. 2019 IEEE Third International Conference on DC Microgrids (ICDCM), Matsue, 2019.

[8] 刘国伟, 赵宇明, 袁志昌, 等. 深圳柔性直流配电示范工程技术方案研究[J]. 南方电网技术, 2016, 10(4): 1-7.

[9] 曾嵘, 赵宇明, 赵彪, 等. 直流配用电关键技术研究与应用展望[J]. 中国电机工程学报, 2018, 38(23): 6790-6801.

[10] 班国邦, 徐玉韬. 国内首个五端柔性直流配电示范工程进入试运行(之二)[J]. 电力大数据, 2018, 21(10): 93.

[11] 苏麟, 朱鹏飞, 闫安心, 等. 苏州中压直流配电工程设计方案及仿真验证[J]. 中国电力, 2021, 54(1): 78-88.

[12] 黄堃, 郝思鹏, 宋刚, 等. 含三端口电力电子变压器的交直流混合微网分层优化[J]. 电力自动化设备, 2020, 40(3): 37-43.

[13] 张聪, 彭克, 徐丙垠, 等. 直流配电系统潮流解与电压稳定性分析方法[J]. 电力系统自动化, 2018, 42(14): 48-53.

[14] Chen J J, Qi B X, Rong Z K, et al. Multi-energy coordinated microgrid scheduling with integrated demand response for flexibility improvement[J]. Energy, 2021: 217119387.

[15] 彭克, 陈佳佳, 徐丙垠, 等. 柔性直流配电系统稳定性及其控制关键问题[J]. 电力系统自动化, 2019, 43(23): 90-98, 115.

第 2 章　直流配电系统拓扑结构与控制策略

本章介绍直流配电系统拓扑结构与控制策略，总结梳理了直流配电系统常见的供电拓扑结构及常规控制策略，为后续振荡特性建模及机理分析奠定基础。

2.1　直流配电系统的拓扑结构

拓扑结构是直流配电系统运行控制与规划设计最基础的问题，相较于交流配电系统，直流配电系统的拓扑结构更为复杂，根据直流配电系统不同运行场景的需求，其拓扑结构也具有多样性。本节将介绍直流配电系统三种经典的拓扑结构，即辐射型拓扑结构、双端供电型拓扑结构和环状供电拓扑结构[1-4]。

2.1.1　辐射型拓扑结构

辐射型拓扑结构又称放射型和树状结构，结构较为简单，如图 2-1 所示，是直流配电系统最基本的拓扑结构。公共直流母线通过 AC/DC 换流器、DC/DC 换流器分别从交流系统、直流系统以及分布式电源汇集电能，负荷通过换流装置连接到公共直流母线上供电。单向型负荷如交直流负荷、下一级配电网等仅从公共

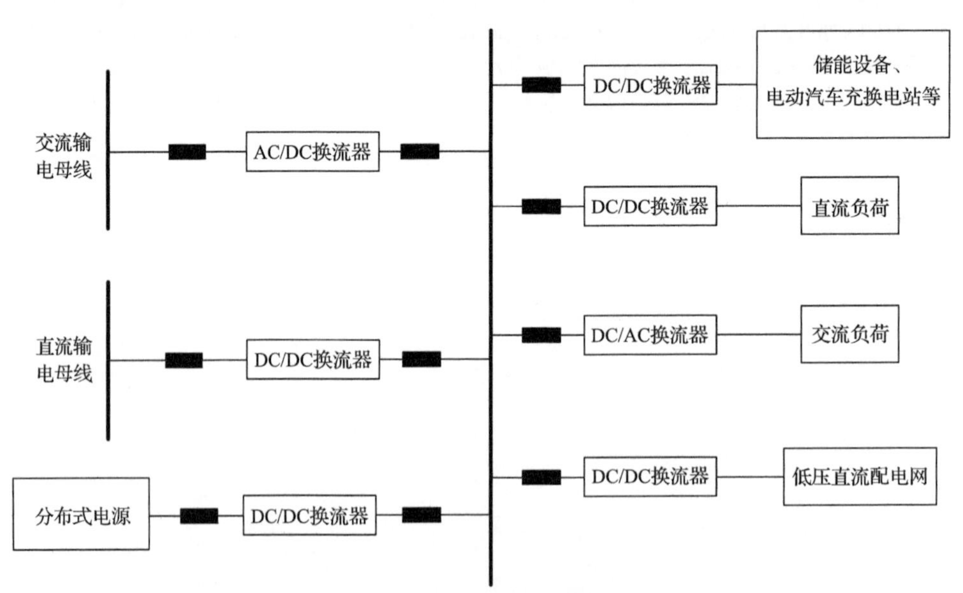

图 2-1　辐射型拓扑结构

直流母线汲取电能，双向型负荷如储能设备、电动汽车等不仅可以吸收电能，当供电线路发生故障时，还可以作为紧急电源通过公共直流母线向其他负荷供电。

由图 2-1 可以看出，当某一线路出口处换流装置出现故障时，整条线路会停止供电，而当公共直流母线或者更高一级的输电线路发生故障时，整个直流配电系统都将停止供电，不满足 *N*–1 原则，所以辐射型配电系统供电可靠性较低，适用于配电系统建设初期以及对供电可靠性要求不高、供电距离较近的低压配电网。如果低压配电网中的负荷有大数据中心、医院等一级负荷，则不适合采用辐射型拓扑结构。

2.1.2　双端供电型拓扑结构

双端供电型拓扑结构如图 2-2 所示。图中公共直流母线采用单母线分段接线方式，也可依据实际情况采用其他母线接线方式。当某一供电端出现故障而无法继续供电时，断路器迅速动作切除故障，分段断路器处于闭合状态，正常运行的供电端在保证本端供电的同时，还能通过分段断路器为故障端供电，从而保证故障端重要负荷的持续供电，减少了不必要的经济损失。相较于辐射型拓扑结构，双端供电型拓扑结构供电可靠性更高。

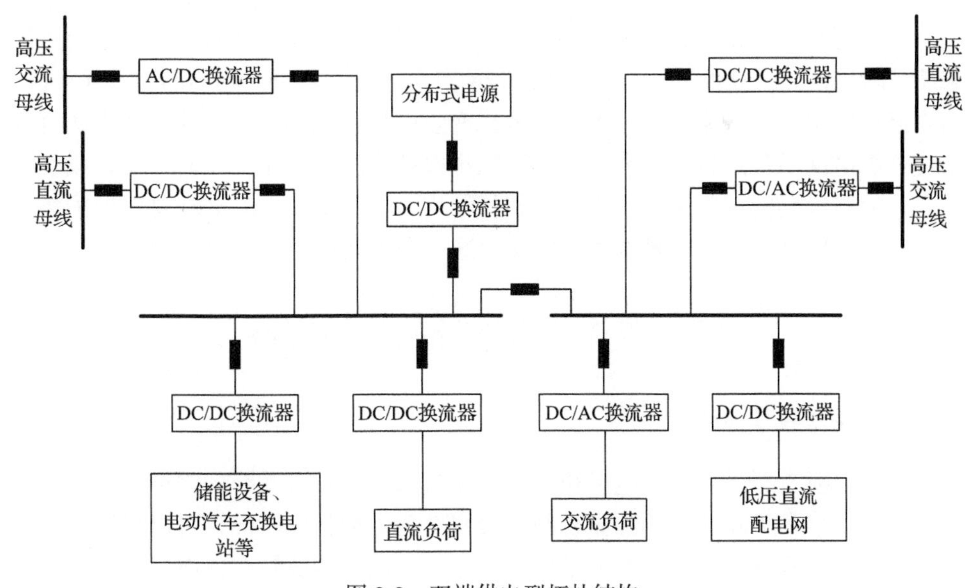

图 2-2　双端供电型拓扑结构

2.1.3　环状供电拓扑结构

环状供电拓扑结构也称为网状拓扑结构，如图 2-3 所示。该拓扑结构具有多个供电端，交直流负荷、储能设备、低压配电网等根据实际情况分别接入各段母线上。

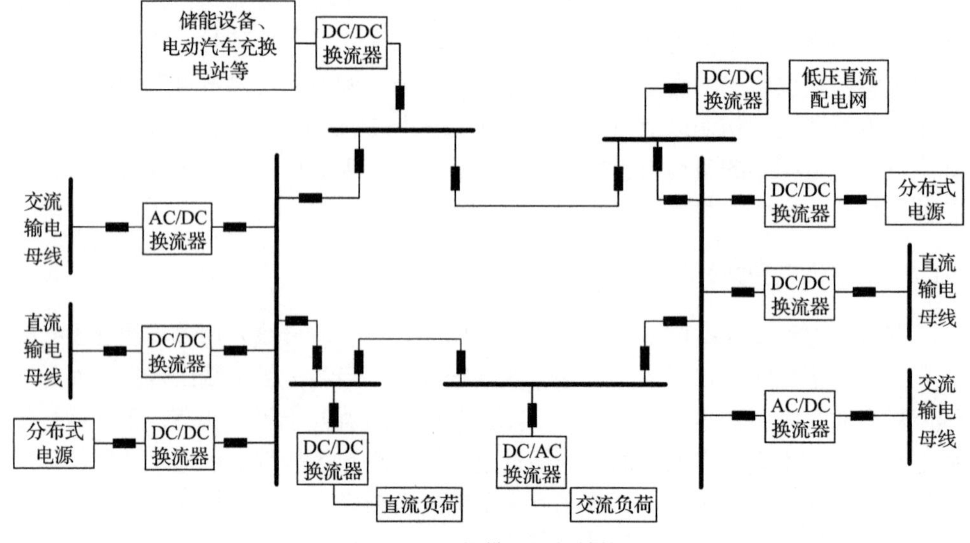

图 2-3　环状供电拓扑结构

供电可靠性高是环状供电拓扑结构的一大特点。传统的环状交流配电网一般采用“闭环设计，开环运行”的原则，若两点电压相角不同，则不满足闭环条件。而直流系统不存在频率问题，即不用考虑两点电压的同期问题，这一因素使得环状直流配电网闭环运行更加简便。当环状供电拓扑结构发生故障时，故障段切除后，非故障段仍能正常工作，因而该拓扑结构可靠性更高。其缺点是对保护装置要求较高，但随着继电保护技术的发展，这一约束条件也将不再苛刻。

2.2　直流配电系统的控制策略

2.2.1　换流器数学模型

电压源换流器是直流配电系统中连接交流系统和直流系统的关键设备，可以实现有功功率和无功功率的独立控制。按照交流侧相数的不同，可以将换流器分为单相和三相两种，按照其典型结构又可分为两电平换流器、三电平换流器及多电平换流器。本节主要介绍三相两电平换流器，其结构图如图 2-4 所示。

VSC 由三个桥臂构成，每个桥臂由全控型绝缘栅双极型晶闸管和续流二极管两部分构成，采用绝缘栅双极型晶闸管可以实现交流电和直流电的相互转化。设 j=a，b，c，则 u_{sj} 和 i_j 分别为交流电压和交流电流，u_{cj} 为换流器交流侧三相桥臂中点的对地电压，i_{dc} 为换流器直流侧输出电流，直流侧并联电容主要用来稳定直流电压和滤除高次谐波，交流侧串联电感，可以滤除交流谐波。U_{dc} 表示直流侧电压值，交流侧电抗 $X_l=\omega L$（ω 为系统电源角频率），将 VSC 的开关损耗等效电阻 R_s 与交流滤波电感等效电阻 R_l 合并，令其表示为 $R=R_s+R_l$，根据图 2-4 所示拓扑结构，利用基尔霍夫电压定律得到 VSC 三相动态微分方程为

$$\begin{bmatrix} u_{sa} \\ u_{sb} \\ u_{sc} \end{bmatrix} = L\frac{d}{dt}\begin{bmatrix} i_a \\ i_b \\ i_c \end{bmatrix} + R\begin{bmatrix} i_a \\ i_b \\ i_c \end{bmatrix} + \begin{bmatrix} u_{ca} \\ u_{cb} \\ u_{cc} \end{bmatrix} \tag{2-1}$$

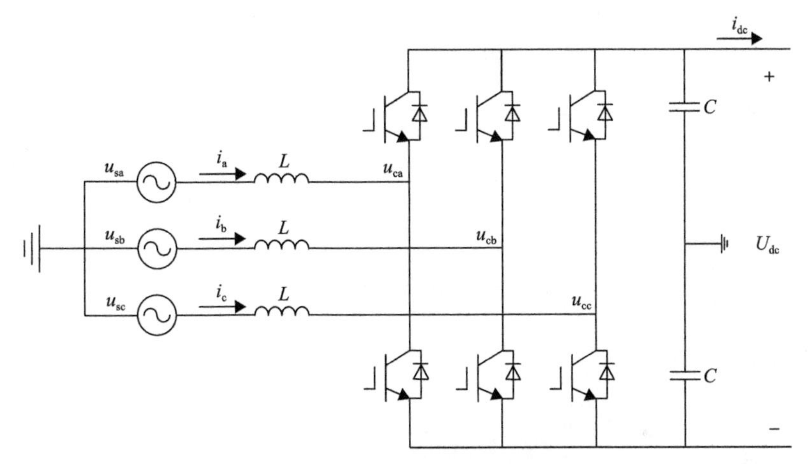

图 2-4　三相两电平换流器结构图

其向量形式为

$$\boldsymbol{U}_{sabc} = L\frac{d\boldsymbol{I}_{abc}}{dt} + R\boldsymbol{I}_{abc} + \boldsymbol{U}_{cabc} \tag{2-2}$$

式中

$$\boldsymbol{U}_{cabc} = \frac{MU_{dc}}{2}\begin{bmatrix} \sin(\omega t + \delta) \\ \sin(\omega t + \delta - 120°) \\ \sin(\omega t + \delta + 120°) \end{bmatrix} \tag{2-3}$$

其中，M 为调制度；δ 为 PWM 初始相位角。

式(2-2)可以变形为

$$L\frac{d\boldsymbol{I}_{abc}}{dt} = -R\boldsymbol{I}_{abc} + (\boldsymbol{U}_{sabc} - \boldsymbol{U}_{cabc}) \tag{2-4}$$

2.2.2 换流器控制器设计

式(2-4)是三相静止坐标系下 VSC 交流侧的基频动态数学模型，具有物理意义清晰、直观的特点。但是，稳态运行时，基于此模型的 VSC 一次侧电压和电流均为正弦形式的交流量，不利于控制器的设计。为了得到易于控制的直流量，常用的方法是对式(2-4)进行坐标变换，将三相静止坐标系下的正弦交流量变换到两轴同步旋转 dq0 坐标系下的直流量[5]，从而利于控制器的设计。

坐标变换通常采用经典的派克变换，派克变换矩阵 $\boldsymbol{P}$ 及其逆矩阵 $\boldsymbol{P}^{-1}$ 分别为

$$\boldsymbol{P}=\frac{2}{3}\begin{bmatrix}\cos\omega t & \cos\left(\omega t-2\pi/3\right) & \cos\left(\omega t+2\pi/3\right)\\ \sin\omega t & \sin\left(\omega t-2\pi/3\right) & \sin\left(\omega t+2\pi/3\right)\\ \dfrac{1}{2} & \dfrac{1}{2} & \dfrac{1}{2}\end{bmatrix} \tag{2-5}$$

$$\boldsymbol{P}^{-1}=\begin{bmatrix}\cos\omega t & \sin\omega t & 1\\ \cos\left(\omega t-2\pi/3\right) & \sin\left(\omega t-2\pi/3\right) & 1\\ \cos\left(\omega t+2\pi/3\right) & \sin\left(\omega t+2\pi/3\right) & 1\end{bmatrix} \tag{2-6}$$

式(2-4)可变换为

$$\frac{\mathrm{d}\boldsymbol{I}_{\mathrm{dq0}}}{\mathrm{d}t}=-\frac{R}{L}\boldsymbol{I}_{\mathrm{dq0}}+\frac{1}{L}\left(\boldsymbol{U}_{\mathrm{sdq0}}-\boldsymbol{U}_{\mathrm{cdq0}}\right)-\boldsymbol{P}\frac{\mathrm{d}\boldsymbol{P}^{-1}}{\mathrm{d}t}\boldsymbol{I}_{\mathrm{dq0}} \tag{2-7}$$

当系统处于三相对称稳态运行时，派克变换后的零轴分量为零，依此可以得到式(2-8)。其中 i_{sd} 和 i_{sq} 为 VSC 一次侧电流；在同步旋转 dq0 坐标系下 u_{sd} 和 u_{sq} 分别为电源电压在 d 轴和 q 轴上的分量；u_{cd} 和 u_{cq} 为换流器交流侧电压。

$$L\frac{\mathrm{d}}{\mathrm{d}t}\begin{bmatrix}i_{\mathrm{sd}}\\ i_{\mathrm{sq}}\end{bmatrix}=\begin{bmatrix}-R & \omega L\\ -\omega L & -R\end{bmatrix}\begin{bmatrix}i_{\mathrm{sd}}\\ i_{\mathrm{sq}}\end{bmatrix}+\begin{bmatrix}u_{\mathrm{sd}}\\ u_{\mathrm{sq}}\end{bmatrix}-\begin{bmatrix}u_{\mathrm{cd}}\\ u_{\mathrm{cq}}\end{bmatrix} \tag{2-8}$$

根据瞬时无功功率理论，三相 abc 坐标系下 VSC 一次侧与交流系统交换的有功功率 P_{s} 和无功功率 Q_{s} 分别为

$$P_{\mathrm{s}}=u_{\mathrm{sa}}i_{\mathrm{sa}}+u_{\mathrm{sb}}i_{\mathrm{sb}}+u_{\mathrm{sc}}i_{\mathrm{sc}} \tag{2-9}$$

$$Q_{\mathrm{s}}=\left[\left(u_{\mathrm{sa}}-u_{\mathrm{sb}}\right)i_{\mathrm{sc}}+\left(u_{\mathrm{sb}}-u_{\mathrm{sc}}\right)i_{\mathrm{sa}}+\left(u_{\mathrm{sc}}-u_{\mathrm{sa}}\right)i_{\mathrm{sb}}\right]/\sqrt{3} \tag{2-10}$$

在稳态情况下，当 d 轴以电网电压向量定位，即 $u_{\mathrm{sd}}=|u_{\mathrm{s}}|$，$u_{\mathrm{sq}}=0$ 时，在 dq0 坐

标系下 P_s 和 Q_s 分别为

$$P_s = \frac{3}{2}\left(u_{sd}i_{sd} + u_{sq}i_{sq}\right) = \frac{3}{2}u_{sd}i_{sd} \tag{2-11}$$

$$Q_s = \frac{3}{2}\left(u_{sq}i_{sd} - u_{sd}i_{sq}\right) = -\frac{3}{2}u_{sd}i_{sq} \tag{2-12}$$

由式(2-11)和式(2-12)得知，有功功率与 d 轴电流分量 i_{sd} 呈正相关，无功功率和 q 轴电流分量 i_{sq} 呈负相关。

对式(2-8)进行拉普拉斯变换，可以得到 VSC 在 dq0 坐标系下基频动态方程的频域形式：

$$\begin{cases}(R+sL)i_{sd} = -u_{sd} + u_{cd} + \omega Li_{sq} \\ (R+sL)i_{sq} = -u_{sq} + u_{cq} - \omega Li_{sd}\end{cases} \tag{2-13}$$

式中，s 为拉普拉斯算子。

根据式(2-13)可以得到 VSC 暂态模型框图，如图 2-5 所示。从图中可以看出，通过调节 VSC 的输出电压 u_{cd} 和 u_{cq}，即可实现对 VSC 一次侧电流 i_{sd} 和 i_{sq} 的控制，这也是下面控制器设计的基础。

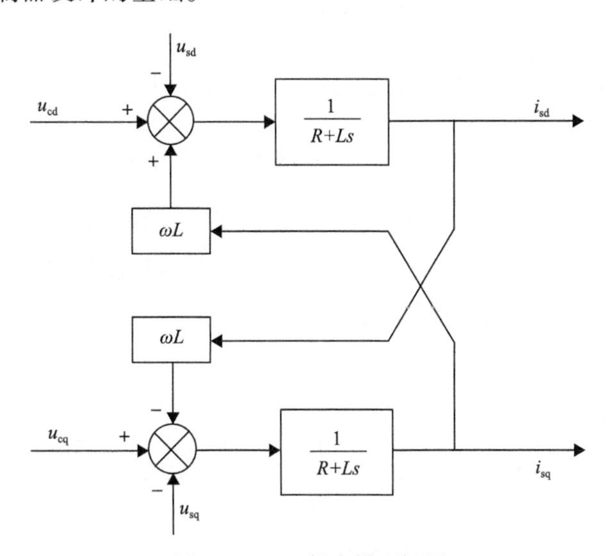

图 2-5　VSC 暂态模型框图

1. 电流内环控制器设计

由式(2-13)可以得知，d 轴和 q 轴电流之间存在耦合，因此在动态调节的过程中 d 轴和 q 轴变量将相互作用，给控制带来不利的影响。为了提高 VSC 动态调节性能，应当在设计控制器时实现 d 轴和 q 轴电流的解耦。

在此，可以将式(2-13)中的 i_{sd}、i_{sq} 称为输出变量，u_{cd}、u_{cq} 称为控制变量，u_{sd}、u_{sq} 称为扰动变量。为了简化控制器设计，做如下变量替换。令

$$\begin{cases} U_{d} = -u_{sd} + u_{cd} + \omega L i_{sq} \\ U_{q} = -u_{sq} + u_{cq} - \omega L i_{sd} \end{cases} \tag{2-14}$$

则式(2-13)变为

$$\begin{cases} (R + Ls) i_{sd} = U_{d} \\ (R + Ls) i_{sq} = U_{q} \end{cases} \tag{2-15}$$

根据式(2-15)，可以分别建立输出变量 i_{sd}、i_{sq} 与新的控制变量 U_d、U_q 之间的传递函数，如式(2-16)所示，其框图如图 2-6 所示。

$$\begin{cases} \dfrac{i_{sd}}{U_{d}} = \dfrac{1}{R + Ls} = G \\ \dfrac{i_{sq}}{U_{q}} = \dfrac{1}{R + Ls} = G \end{cases} \tag{2-16}$$

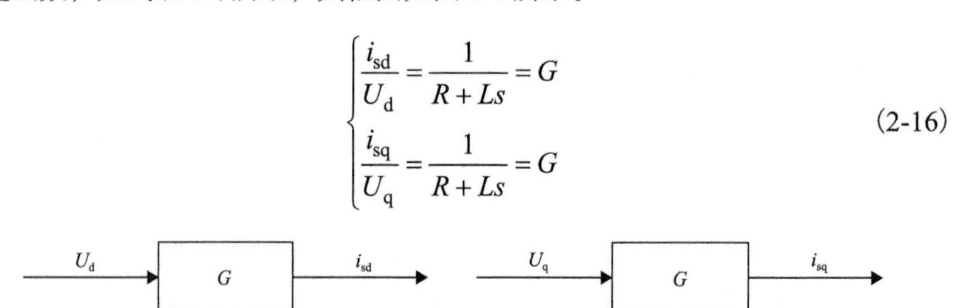

图 2-6　d 轴和 q 轴电流的输入输出关系

根据经典的负反馈控制理论，这里通过构建一个负反馈控制系统，使输出变量 i_{sd}、i_{sq} 能够跟踪其指令值 i_{sd}^{*}、i_{sq}^{*}。由于比例积分(PI)控制对于直流量的跟踪具有很好的性能，因此内环设计时采用 PI 控制。因此，所建立的负反馈系统如图 2-7 所示。

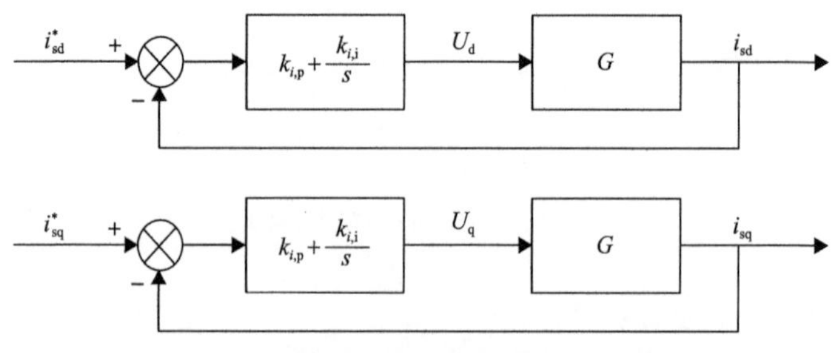

图 2-7　d 轴和 q 轴电流的闭环控制系统

$k_{i,p}$-比例系数；$k_{i,i}$-积分系数

由此，可以得到解耦后的实际控制变量 u_{cd}、u_{cq} 的表达式：

$$\begin{cases} u_{cd} = u_{sd} - \omega L i_{sq} + \left(i_{sd}^* - i_{sd}\right)\left(k_{i,p} + \dfrac{k_{i,i}}{s}\right) \\ u_{cq} = u_{sq} - \omega L i_{sd} + \left(i_{sq}^* - i_{sq}\right)\left(k_{i,p} + \dfrac{k_{i,i}}{s}\right) \end{cases} \tag{2-17}$$

根据式(2-17)，可以得到内环电流控制框图，如图 2-8 所示。

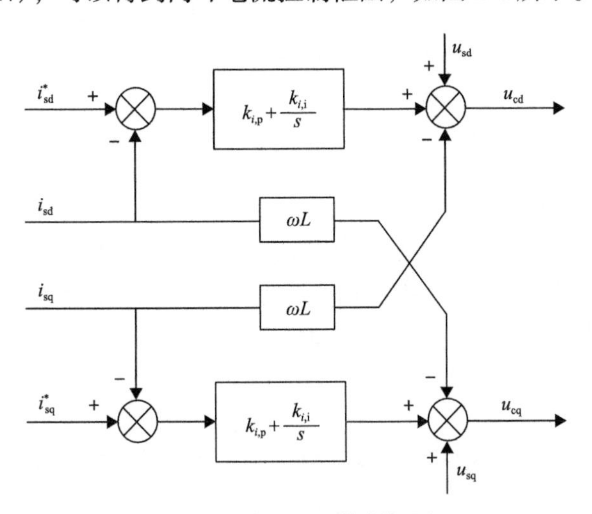

图 2-8　内环电流控制框图

2. 外环功率控制器设计

外环功率控制器[6,7]分为有功类控制器和无功类控制器两种。有功类控制器控制输出有功功率 P_s 恒定或者直流侧电压 U_{dc} 恒定，二者选其一；无功类控制器控制输出无功功率 Q_s 恒定或交流侧电压 U_{sm} 恒定，同样只能二者选其一。外环功率控制器的输出量为内环电流控制器的 d 轴电流分量指令值 i_{sd}^* 和 q 轴电流分量指令值 i_{sq}^* 。由于采用了解耦控制方法，有功类控制器和无功类控制器分别构成独立的控制器，下面将分别介绍这两种控制器。

1) 有功类控制器

根据式(2-11)，通过有功功率指令值 P_s^* 可以得到 i_{sd}^*，同时为了消除稳态误差，采用负反馈的 PI 调节项进行调控。由此可以得到定有功功率的有功类控制器，如图 2-9 所示。若想要控制直流侧电压恒定，则采用定直流电压的有功类控制器，如图 2-10 所示。

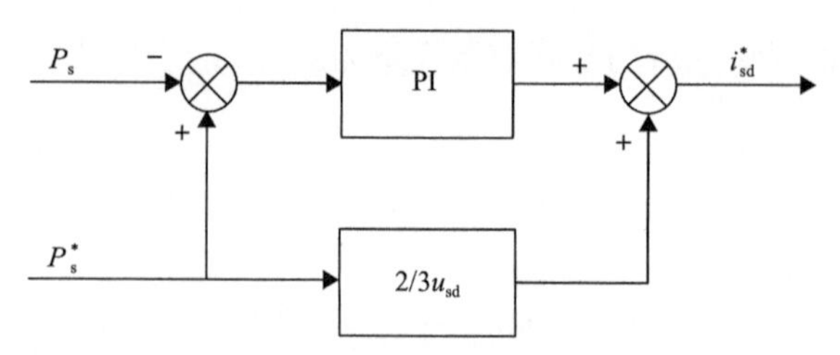

图 2-9　定有功功率的有功类控制器

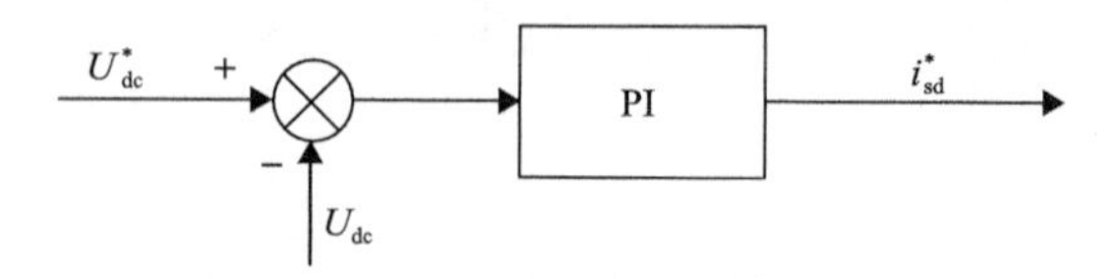

图 2-10　定直流电压的有功类控制器

2)无功类控制器

根据式(2-12),通过无功功率指令值Q_s^*可以得到i_{sq}^*,同时为了消除稳态误差,采用负反馈的 PI 调节项进行调控。由此可以得到定无功功率的无功类控制器，如图 2-11 所示。若想要控制交流侧电压恒定，则采用定交流电压的无功类控制器，如图 2-12 所示。

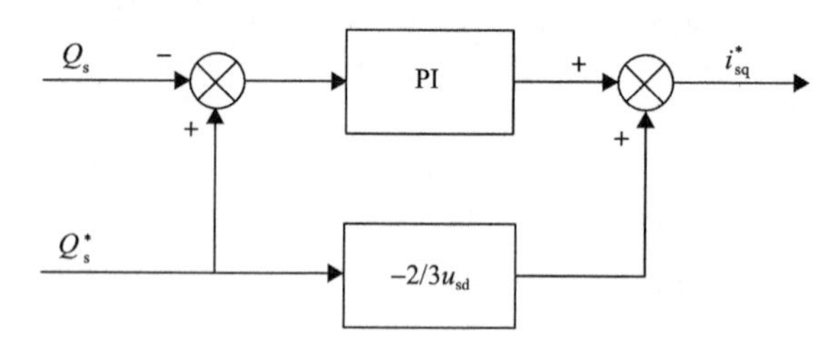

图 2-11　定无功功率的无功类控制器

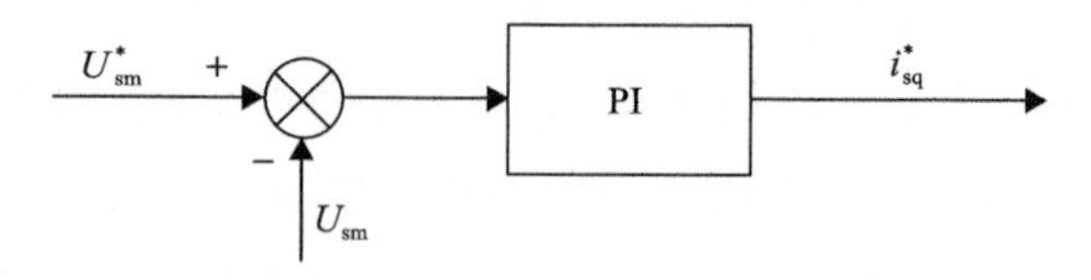

图 2-12　定交流电压的无功类控制器

通过上面几部分的分析，可以得到 VSC 的内外环控制器结构，如图 2-13 所示。

2.2.3　直流配电网的系统级控制原理

直流配电系统的关键是维持直流电压的稳定，本节介绍三种经典的直流配电系统控制方法，分别为主从控制、电压裕度控制和下垂控制[8-11]。

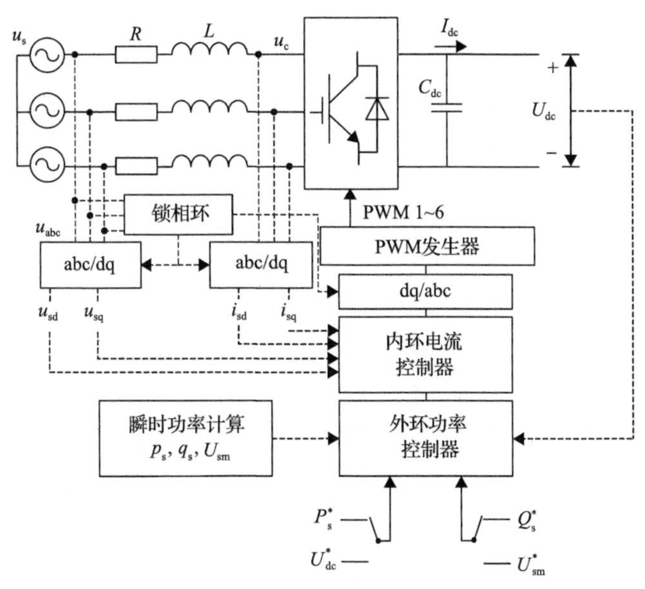

图 2-13　VSC 内外环控制器结构框图

1. 主从控制

主从控制在多端直流配电系统提出之前就已存在，是最基本的直流配电系统控制策略。主从控制的原理是选取一个换流站作为主站，令其有功类控制器选为定直流电压控制，从而维持整个多端系统的电压稳定。同时，主站也相当于一个功率平衡节点，用以保证整个系统的功率守恒。其余换流站作为从站，根据实际情况的需要进行控制。

下面以一个四端柔性直流配电系统为例，说明主从控制原理。图 2-14 为主从控制的原理图，图中，虚线框内表示各个换流站直流电压和功率的运行范围，实心点表示某一时间点各个换流站的运行状态。

图 2-14(a)描述的是正常运行状态，在此种状态下，换流站 1 为主站，有功类控制器采用定直流电压控制，起到维持系统直流电压稳定的作用，并保持整个系统的功率守恒，换流站 2～4 为从站，有功类控制器采用定有功功率控制。主站的无功类控制器可以在定无功功率控制和定交流电压控制两者之间任选其一；从站的无功类控制器根据所连接系统的不同而有所区别，当连接有源系统时，从站可以采用定无功功率控制或定交流电压控制，当连接无源系统时，从站的工作模式变为孤岛控制模式，因而需要选择相应的无源系统控制器。

图 2-14(b)描述的是主站故障退出运行的状态，在此种状态下，整个系统失去了维持直流电压稳定和功率平衡的能力，导致系统无法继续稳定运行。所以，需要有其他的换流站调整工作模式，成为新的主站。常用方法为主站因故障退出运

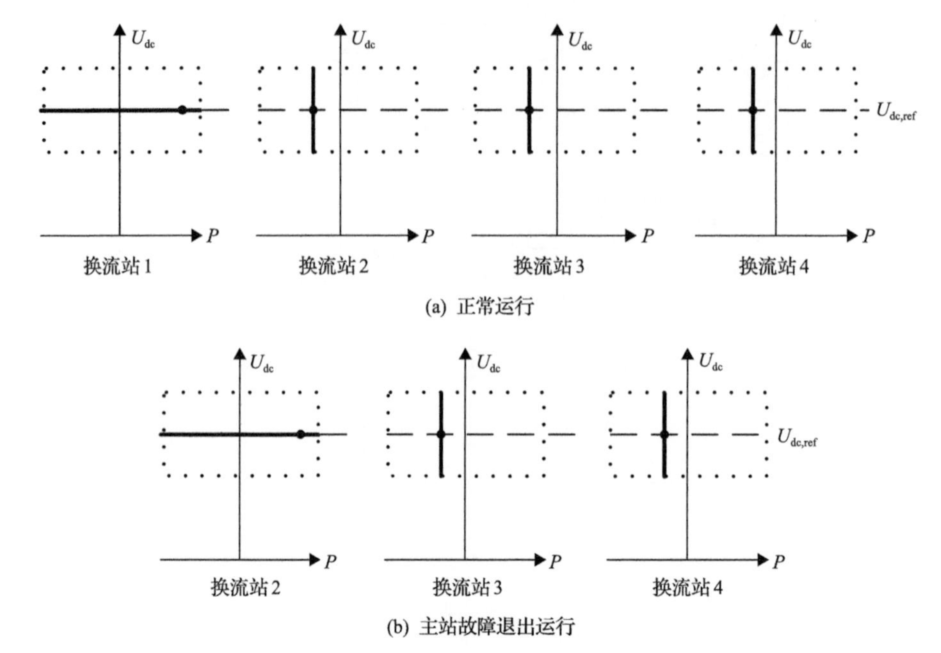

图 2-14　主从控制原理图

$U_{dc,ref}$-直流电压参考值

行时，迅速传递信号给具有直流电压控制能力的从站，收到信号的从站迅速切换工作模式，代替主站起到维持直流电压稳定和功率平衡的作用，从而使系统继续稳定运行。其他从站在此过程中不做任何改变，继续工作在原有的控制模式下。

主从控制的优缺点明显，优点为原理简单、清晰、易于实现；缺点在于对换流站间的通信要求高，如果信号无法传送到相应的换流站，则系统的稳定运行难以维持。对于多端直流配电系统而言，换流站之间的距离不像输电系统那样遥远，通信距离短，可靠性更高，因而主从控制适合于多端直流配电系统。目前我国的许多柔性直流工程，如南澳三端柔性直流输电工程、张北柔性直流电网试验示范工程等均采用主从控制策略。

2. 电压裕度控制

电压裕度控制可以认为是主从控制的一种改进方案。其基本控制思路为在主从控制设计的基础上，在从站选定一个换流站作为备用定直流电压主站，其电压值与主站的初始电压参考值之间留有一定裕度。当系统稳定受到干扰时，直流电压会发生波动。若直流电压波动幅值过大达到从站设定的电压值，从站就会立即切换工作模式，用以维持直流电压稳定。

仍然以四端直流配电系统为例来说明电压裕度控制的基本原理，设定换流站1为主站，换流站2～4为从站，如图 2-15 所示。

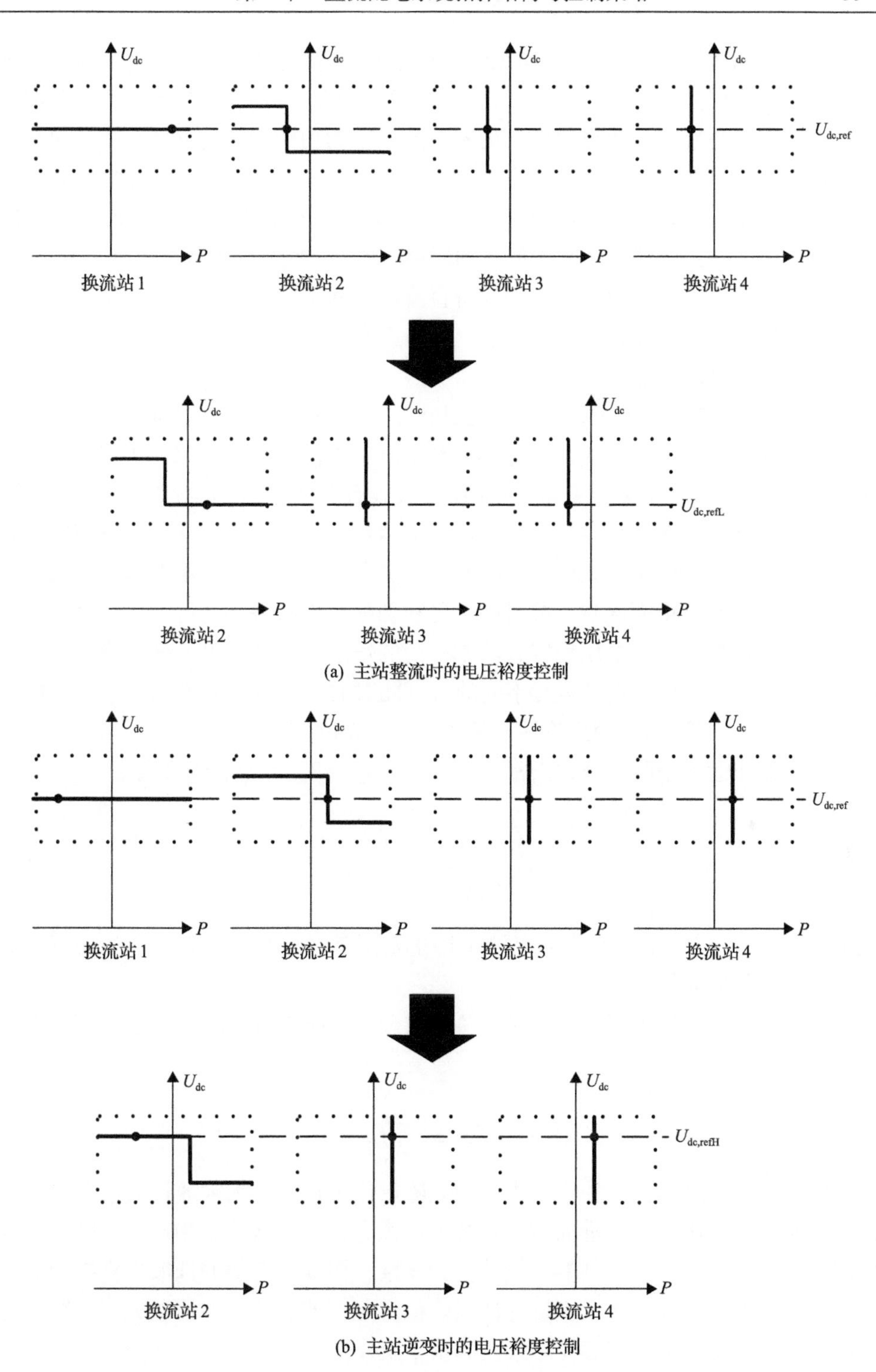

图 2-15　电压裕度控制原理框图

图 2-15(a)描述的为主站工作在整流状态下的情况。在系统正常运行时，换流站 1 工作在定直流电压模式，维持直流电压值为 $U_{dc,ref}$，换流站 2～4 工作在定有功功率模式。换流站 1 为整流站，向系统提供有功功率的同时维持系统的功率平衡，换流站 2～4 为逆变站，从系统中吸收有功功率。当主站发生故障退出运行时，其将无法继续向系统提供有功功率，导致系统功率失衡，进而使得直流电压下降，当直流电压下降到换流站 2 预先设定的低裕度值时，换流站 2 迅速切换工作状态，运行在定直流电压工作模式，起到维持直流电压稳定和功率平衡的作用，使系统迅速恢复稳定并运行在另一稳定状态，但与正常运行不同的是，此时的电压参考值为 $U_{dc,refL}$，此数值略小于 $U_{dc,ref}$。

图 2-15(b)描述的是主站工作在逆变状态下的情况。在系统正常运行时，换流站 1 工作在定直流电压模式，维持直流电压值为 $U_{dc,ref}$，换流站 2～4 工作在定有功功率模式。换流站 1 为逆变站，从系统中吸收有功功率，换流站 2～4 为逆变站，向系统提供有功功率。当主站发生故障退出运行时，其将无法继续从系统中吸收有功功率，导致系统功率失衡，进而使得直流电压上升，当直流电压上升到换流站 2 预先设定的高裕度值时，换流站 2 迅速切换工作状态，运行在定直流电压工作模式，起到维持直流电压稳定和功率平衡的作用，使系统迅速恢复稳定并运行在另一稳定状态，但与正常运行不同的是，此时的电压参考值为 $U_{dc,refH}$，此数值略大于 $U_{dc,ref}$。换流站 3 和换流站 4 工作状态不做改变。

为了保证电压裕度控制的正常运行，$U_{dc,refL}$、$U_{dc,refH}$ 的取值要满足

$$\begin{cases} U_{dc,refL} < U_{dc2min} \\ U_{dc,refH} > U_{dc2\max} \end{cases} \tag{2-18}$$

式中，U_{dc2min}、U_{dc2max} 分别为换流站 1 即主站正常运行时，换流站 2 稳态直流电压的最小值和最大值。

同时，当换流站 1 正常运行时，换流站 2 直流侧直流电压 U_{dc2} 必须满足以下关系：

$$U_{dc,refL} < U_{dc2} < U_{dc,refH} \tag{2-19}$$

电压裕度控制的优点在于当主站因故障退出运行时，无须通过通信备用主站即可迅速切换工作模式，进而维持系统电压稳定，与主从控制相比较，电压裕度控制的可靠性更高，但控制器的设计更为复杂，裕度参考值的选取也直接影响系统的控制效果。裕度过大，则容易使系统稳定运行前后电压差值过大，系统运行性能变差；裕度过小，则容易导致换流站 2 误操作。

3. 下垂控制

下垂控制属于多点控制，与主从控制相比，不需要站间通信，可以同时控制功率和电压。采用下垂控制时，需要对直流配电系统中的换流站节点进行分类，按照输出功率满足电网运行需求进行调整，可以将换流站节点分为可调节功率节点和不可调节功率节点。一般将接入大电网的换流站节点定为可调节功率节点，而与分布式电源或者负荷连接的换流站节点定为不可调节功率节点。

令可调节功率的换流站采用下垂控制，不可调节功率的换流站采用定功率控制，这样直流配电网存在多个换流站作为主站控制直流电压，且由这些换流站同时补偿系统的不平衡功率。当其中一个主站发生故障时，其他主站的控制功能不会受到影响，正常运行的主站仍能维持直流电压稳定，进而系统也可继续稳定运行。

同样以四端直流配电系统为例说明下垂控制的基本原理，如图 2-16 所示。换流站 1～3 采用下垂控制方法，从图中可以看出随着换流站交换的有功功率的增加，其直流电压随之减小；换流站 4 采用定有功功率控制。若系统初始稳定运行在 A 点，换流站 1 和换流站 2 为逆变站，从系统中吸收功率；换流站 3 和换流站 4 为整流站，向系统传输功率。某一时刻，换流站 4 因运行需要由整流改为逆变，由输送功率变为吸收功率，直流配电系统中的功率出现缺额。此时，换流站 1～3 发挥下垂控制作用，换流站 1 和换流站 2 减小从直流配电系统中吸收的功率，换流站 3 增大向直流配电系统中输送的功率，功率缺额由三个主站共同承担，系统进而转变运行于另一稳定工作点 B。

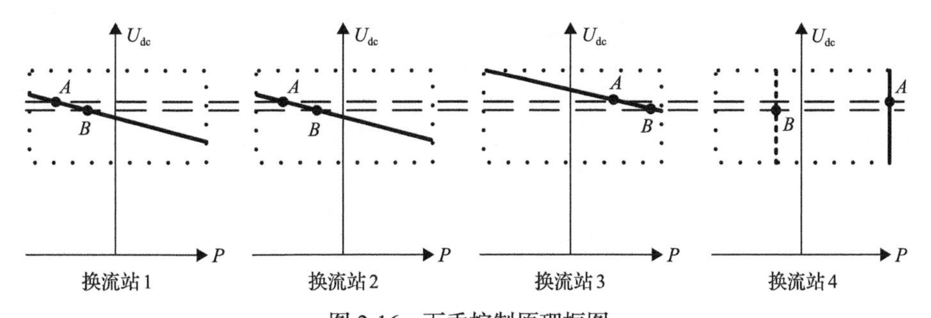

图 2-16　下垂控制原理框图

下垂控制设计的关键在于下垂系数的选取，需要考虑换流站自身的备用容量，确保功率的变化范围是换流站所能够承受的。下垂系数直接决定了系统的功率分配能力，下垂系数的绝对值越大，表明系统的功率调节性能越好，不易发生振荡，但也意味着直流电压下降的幅值越大，电压质量较差，若电压变化的幅值超出正常运行范围，则会导致系统无法正常运行。反之，下垂系数的绝对值越小，表明系统的功率调节性能越差，但是电压下降幅值越小，对应的电压质量越好。所以，下垂系数的选取和设计非常关键。

下垂控制的优点为不需要站间通信，控制灵活性强，与主从控制相比，系统的稳定运行能力更强；缺点在于调节功率时，电压幅值会发生明显变化，导致电压质量变差，且下垂系数的选择较为困难。

2.3 本章小结

本章对直流配电系统的拓扑结构及常规控制策略进行了介绍。

(1)介绍了辐射型拓扑结构、双端供电型拓扑结构、环状供电拓扑结构，并分析了各自的优缺点，可以为直流配电系统的建设提供拓扑选择依据。

(2)介绍了换流器外环及内环装置级控制策略，以及主从控制、电压裕度控制、下垂控制三种系统级控制策略，并分析了每种控制策略的优缺点，可以为直流配电系统的运行控制提供设计原则。

参考文献

[1] 杜翼, 江道灼, 尹瑞, 等. 直流配电网拓扑结构及控制策略[J]. 电力自动化设备, 2015, 35(1): 139-145.
[2] 马钊, 焦在滨, 李蕊. 直流配电网络架构与关键技术[J]. 电网技术, 2017, 41(10): 3348-3357.
[3] 江道灼, 郑欢. 直流配电网研究现状与展望[J]. 电力系统自动化, 2012, 36(8): 98-104.
[4] 李可. 直流配电网拓扑结构与可靠性研究[D]. 北京: 华北电力大学, 2014.
[5] 张兴, 张崇巍. PWM 整流器及其控制[M]. 北京: 机械工业出版社, 2012.
[6] 陈海荣. 交流系统故障时 VSC-HVDC 系统的控制与保护策略研究[D]. 杭州: 浙江大学, 2007.
[7] 管敏渊. 基于模块化多电平换流器的直流输电系统控制策略研究[D]. 杭州: 浙江大学, 2013.
[8] Lu W, Ooi B T. Optimal acquisition and aggregation of offshore wind power by multiterminal voltage-source HVDC[J]. IEEE Transactions on Power Delivery, 2003, 18(1): 201-206.
[9] 阮思烨, 李国杰, 孙元章. 多端电压源型直流输电系统的控制策略[J]. 电力系统自动化, 2009, 33(12): 57-60, 96.
[10] 胡静, 赵成勇, 翟晓萌. 适用于 MMC 多端高压直流系统的精确电压裕度控制[J]. 电力建设, 2013, 34(4): 1-7.
[11] 姜莉. MMC-MTDC 系统的主从控制策略研究[D]. 哈尔滨: 哈尔滨工业大学, 2014.

第 3 章　直流配电系统建模

本章介绍直流配电系统多时间尺度振荡特性建模，依据直流配电系统的多时间尺度动态特性，建立低频、中高频不同时间尺度的微分方程模型，推导低频及高频振荡频率的解析表达形式，通过灵敏度分析建立低频、中高频振荡频率的降阶二阶模型。

3.1　简　　介

3.1.1　直流配电系统的多时间尺度动态问题

直流配电系统存在单端、双端、多端以及多端环式等不同结构，通过电力电子换流装置与交流系统互联，其惯性与交流系统相对隔离，而直流系统内部又缺少旋转设备或者通过电力电子装置与旋转设备隔离，系统惯性较小，易引发振荡甚至诱发失稳，稳定问题较为突出。

此外，直流配电系统存在较长距离的直流线路以及与交流系统多端互联等较为复杂的网络结构，因此，直流配电系统的稳定问题更为复杂，本质上可以理解为柔性互联装置、电力电子接口电源与负荷以及交直流线路等网络设备之间交互有功功率的动态问题，其稳定性很大程度上由电力电子控制器而非传统电源的机械-电气动态决定。同时，柔性互联装置控制系统存在下垂控制、电压(功率)控制、电流控制、锁相控制等多个时间尺度的控制环节，与交直流线路、恒功率负荷、滤波电容等易构成不同时间尺度的振荡，振荡及稳定机理还有待深入探索。

直流配电系统中包含了直流电容、交流电感等不同能量形式和储能容量的储能元件，为了维持这些储能元件状态量的稳定，换流器中分别设置了不同的控制环节，如直流电压控制和交流电流控制，由于储能元件储能容量的不同，根据各储能元件状态量所设计的控制环路的带宽也不一样。当配电网发生扰动时，系统中各储能元件便会相应改变，继而驱使各控制器响应扰动而动作，但由于各控制器的带宽不同，其响应电网扰动的速度和先后顺序也不相同，从而表现出序贯动作的特点，进而系统呈现出多时间尺度的动态响应特征。

总体而言，直流配电系统的动态过程可以划分为直流电压时间尺度动态与交流电流时间尺度动态，其中交流电流时间尺度装备特性主要取决于滤波电感、电容以及电流控制等快尺度动态，代表系统中高频振荡问题；直流电压时间尺度装备特性主要由直流电容以及直流电压控制(功率控制)和锁相控制等慢尺度动态决定，代表系统中低频振荡问题。

3.1.2　直流配电系统的多时间尺度动态问题的内涵

直流配电系统的动态过程，本质上是有功相关不平衡状态和无功相关不平衡状态受控制环节驱动发生变化，并通过网络设备相互耦合使得不平衡状态再变化，各部分环节相互配合共同决定了系统的动态演化过程。

由于设备及网络中有功功率与电压幅值、无功功率与电压相位的相互影响，有功交换及无功交换的动态过程相互耦合，系统动态过程本质上是相互耦合的变量在装备间有功功率交换和无功功率交换的动态过程。但对于不同尺度的动态过程而言，虽然动态过程相互影响，但可独立地进行分析。

在快尺度动态过程中，慢尺度动态变化极其微小，相对于快尺度动态可以忽略不计，即可认为快尺度动态不受慢尺度动态的驱动而发生变化，在快尺度动态分析过程中，慢尺度动态的影响可以忽略以便简化分析；同样，对于慢尺度动态过程分析而言，在慢尺度动态开始很短的时间内快尺度动态已经结束，即也可认为慢尺度动态不受快尺度动态的驱动而影响动态过程的发展，进行慢尺度动态分析时同样可以忽略快尺度动态以简化分析过程。

3.2　低频振荡动态特性建模

3.2.1　直流配电系统一般结构

在直流配电系统中，根据能量的供需关系将系统整体分为供能端与用能端，两者之间通过电力电子装置所连接，或为 AC/DC 换流器，或为 DC/DC 换流器，换流器中设置控制系统以维持系统功率平衡与暂态稳定，并在网络中辅以滤波装置以提高电压、功率等动态性能。交流电网通过 DC/AC 换流器或直流储能等直流电源通过 DC/DC 换流器与配电网络连接，直流配电系统一般结构如图 3-1 所示，其中，$i_{s,dc}$ 为换流器输出电流，$i_{o,dc}$ 为负荷电流，U_{dc} 为直流电压，C_{dc} 为直流侧滤波电容，i_s 为交流系统流入换流器的电流。

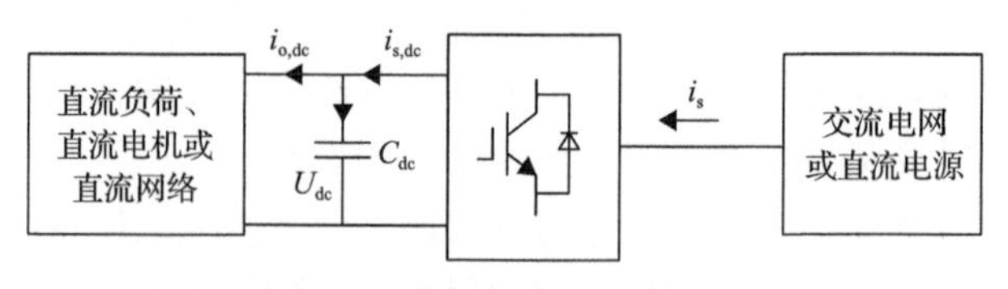

图 3-1　直流配电系统一般结构

3.2.2　直流配电系统物理电路模型等效

1. 直流电压控制系统等效模型

分析直流电压控制时间尺度(约 100ms)的低频振荡问题时，电流内环控制部分动态过程可以忽略，而关于锁相环部分，由于锁相环基本功能为“跟踪、锁定交流信号的相位，且在必要时还可提供有关信号的频率和幅值信息”，其在换流器控制中的应用主要是动态获取交流侧电压、电流相位信息，实现网侧有功、无功功率控制。而对于直流电压控制尺度振荡问题的研究只针对直流侧，且由于电流内环动态变量的忽略，故锁相环动态对问题的研究也不产生影响。图 3-2 给出了柔性直流配电系统中直流电压基本控制策略。

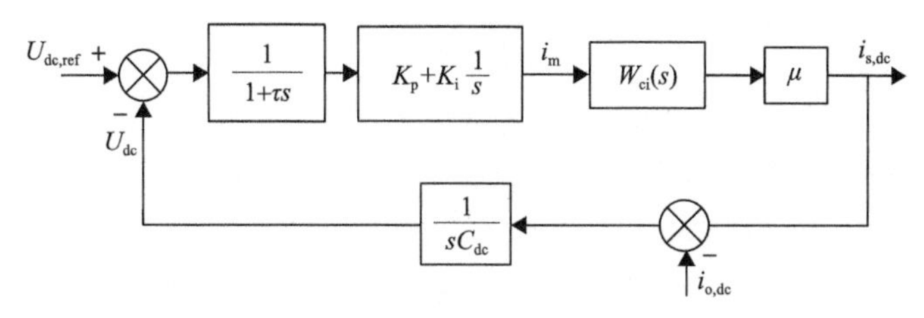

图 3-2　直流电压基本控制策略

考虑到电流内环控制动态对系统低频振荡影响很小，即快尺度动态对慢尺度动态过程影响微弱，故可以忽略电流内环动态，而对于直流电压控制结构中的低通滤波环节，其传递函数如式(3-1)所示：

$$W(s)=\frac{1}{1+\tau_r s} \tag{3-1}$$

对比工程中常用的按典型 I 型系统所设计的电流内环传递函数：

$$W_{ci}(s)=\frac{1}{1+3T_s s} \tag{3-2}$$

可以发现一阶滤波环节传递函数在形式上与电流内环传递函数十分接近，且电压采样惯性时间常数 τ_r 与电流环等效时间常数 $3T_s$ 在同一量级，故可以认为直流电压控制系统中的一阶滤波环节与电流内环控制同属于快尺度动态，则在直流电压控制时间尺度建模与分析时可以做简化处理，结合图 3-2 可以得到直流电压控制系统的数学模型：

$$\Delta U_{dc}=U_{dc}-U_{dc,ref} \tag{3-3}$$

$$i_{\mathrm{m}} = K_{\mathrm{p}}\Delta U_{\mathrm{dc}} + K_{\mathrm{i}}\int \Delta U_{\mathrm{dc}}\mathrm{d}t \tag{3-4}$$

$$i_{\mathrm{s,dc}} = \mu i_{\mathrm{m}} \tag{3-5}$$

$$U_{\mathrm{dc}} = \frac{1}{C_{\mathrm{dc}}}\int (i_{\mathrm{s,dc}} - i_{\mathrm{o,dc}})\mathrm{d}t \tag{3-6}$$

式中，U_{dc}为换流器直流侧电压；$U_{\mathrm{dc,ref}}$为控制系统直流电压设定值；i_{m}为换流器交流侧电流有功分量幅值；K_{p}为 PI 控制比例系数；K_{i}为 PI 控制积分系数；$i_{\mathrm{s,dc}}$为换流器输出电流；$i_{\mathrm{o,dc}}$为直流线路电流；C_{dc}为直流侧滤波电容；μ 为变流器输入输出电压转换系数，对于双向 DC/AC 换流器来说，满足：

$$\mu=1.5U_{\mathrm{ac}}/U_{\mathrm{dc}} \tag{3-7}$$

其中，U_{ac}为换流器交流侧电压。

根据直流电压控制系统的数学模型，可以进一步建立直流电压控制系统的等效物理电路模型。PI 控制环节具有式(3-4)的表达形式。

其电压电流关系与并联电阻电感关系相似，如式(3-8)所示：

$$I = \frac{U}{R} + \frac{1}{L}\int U\mathrm{d}t \tag{3-8}$$

因此，根据式(3-4)与式(3-8)的相似性，可以建立如图 3-3 所示的等效模型。由此，整个直流电压控制系统可以等效为图 3-4 所示的物理电路模型。

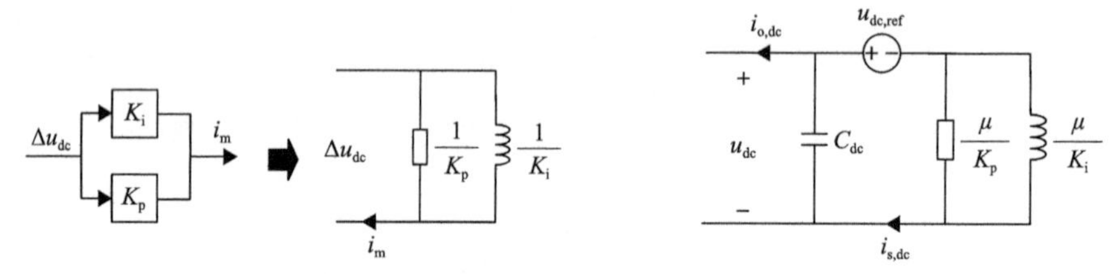

图 3-3　PI 控制环节物理电路模型等效　　图 3-4　直流电压控制系统等效物理电路模型

2. 直流负荷侧等效模型

在直流配电系统中除直流电压控制单元外，大多数直流负荷、分布式电源以及基于电力电子装置的接口都具有恒功率特性[1-4]，这里将其视为通用恒功率负荷，并考虑直流侧电压恒定的控制效果，采用电阻两端加恒定电压控制的 DC/DC 换流器模拟恒功率特性，根据负荷线性化处理方法，忽略了系统受到小干扰时直流电压轻微波动对恒功率特性的影响，同时考虑负荷侧电容来进一步减弱电压波动的影响，因此，恒功率负荷等效电路模型采用电阻与电容并联的形式。在考虑多个恒功率负荷并联的情况下，负荷侧等效模型如图 3-5 所示。

此时，多个恒功率负荷并联总导纳为

$$Y_{\mathrm{dc}}=\left(\frac{1}{R_{\mathrm{eq}1}}+\frac{1}{R_{\mathrm{eq}2}}+\cdots+\frac{1}{R_{\mathrm{eq}n}}\right)+s(C_1+C_2+\cdots+C_n) \tag{3-9}$$

记

$$\frac{1}{R_{\mathrm{eq}}}=\frac{1}{R_{\mathrm{eq}1}}+\frac{1}{R_{\mathrm{eq}2}}+\cdots+\frac{1}{R_{\mathrm{eq}n}} \tag{3-10}$$

$$C_{\mathrm{R}}=C_1+C_2+\cdots+C_n \tag{3-11}$$

那么，并联恒功率负荷模型可以进行简化，简化模型如图 3-6 所示，其中 R_{eq} 与 C_{R} 为并联恒功率负荷等效电阻与等效电容，R_{L} 为直流线路电阻。

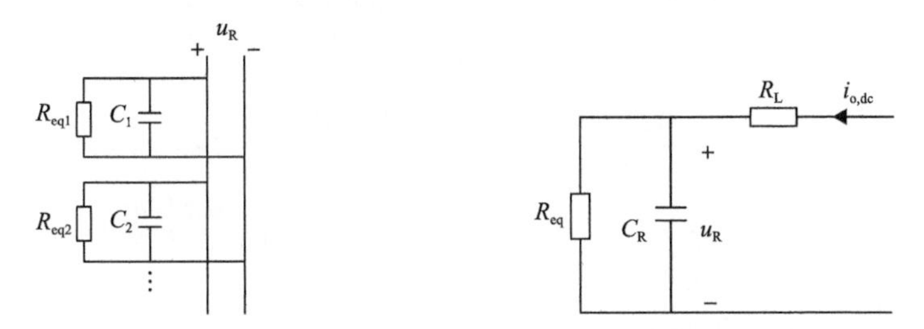

图 3-5　多个恒功率负荷并联等效模型　　图 3-6　并联恒功率负荷与线路电阻等效模型

3. 直流配电系统等效物理电路模型及仿真验证

结合上述模型，可以建立直流配电系统的等效物理电路模型，如图 3-7 所示。

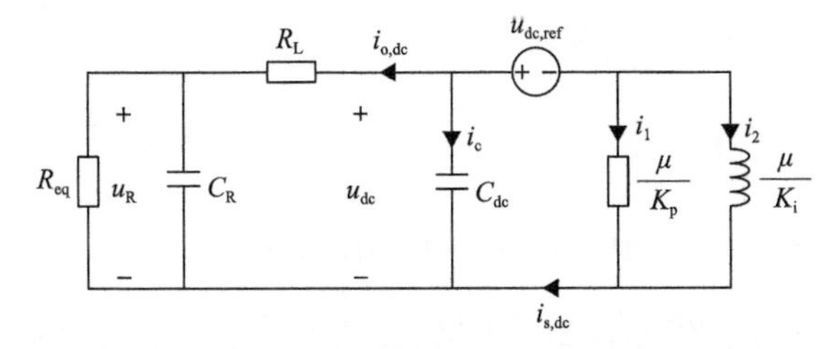

图 3-7　直流配电系统等效物理电路模型

利用仿真软件搭建直流配电系统仿真模型，控制系统采用电压外环与电流内环的双闭环控制，模型的详细参数见表 3-1。在相同参数下，对等效物理电路模型与直流配电系统模型进行仿真对比，直流电压的仿真曲线如图 3-8 所示。

表 3-1　直流配电系统仿真模型参数

终端	子系统	参数	数值
VSC(直流电压控制环节)	基本参数	额定交/直流电压	0.38kV/0.75kV
		LCL 滤波器	2mH/10μF, 0.5Ω/0.12mH
		开关频率	10kHz
		直流侧滤波电容	4000μF
		直流线路	0.8Ω
	电压外环	比例/积分系数	0.1/5
	电流内环	比例/积分系数	1.45/145
DC/DC 换流器(CPL 单元)	基本参数	DC/DC 换流器低压侧电阻 R_{LV}	20Ω
		额定直流负荷电压	0.4kV
		电感滤波器	4mH
		高直流电压侧电容	2000μF
		开关频率	10kHz
	电压控制环	比例/积分系数	0.1/20
	电流控制环	比例/积分系数	0.001/10

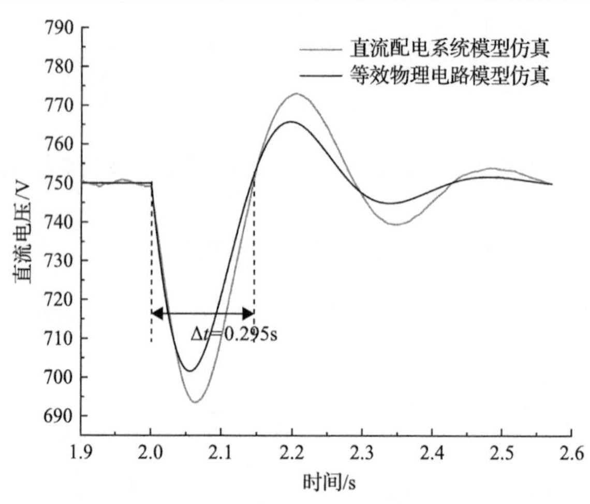

图 3-8　等效物理电路模型仿真与直流配电系统模型仿真对比

其中，直流线路选取 LGJ-150 钢芯铝绞线，其最大电阻为 0.198Ω/km。

由图 3-8 可以观察到，等效物理电路模型仿真与直流配电系统模型仿真在振荡幅值上有所差别，但振荡频率基本一致，这是由于等效物理电路模型较直流配电系统模型忽略了电流内环控制，锁相环控制，晶闸管桥式结构、滤波器等模块，上述部分对于系统阻尼会产生一定影响，但对于低频振荡时间尺度的影响可以忽略。本节重点关注低频振荡时间尺度问题，在不考虑系统阻尼差别的情况下，由图 3-8 可知，等效物理电路模型在扰动后，振荡的时间尺度与直流配电系统模型仿真基本一致，验证了等效物理电路模型对于研究低频振荡时间尺度问题的有效性。

4. 等效物理电路模型动态过程分析

基于等效物理电路模型，利用其动态过程模拟直流配电系统的受扰过程，通过对电路动态过程的求解，可以得到低频振荡的解析形式。

通过改变恒功率负荷的等效电阻模拟直流配电系统负荷扰动的情形，等效电路的动态过程如图 3-9 所示。

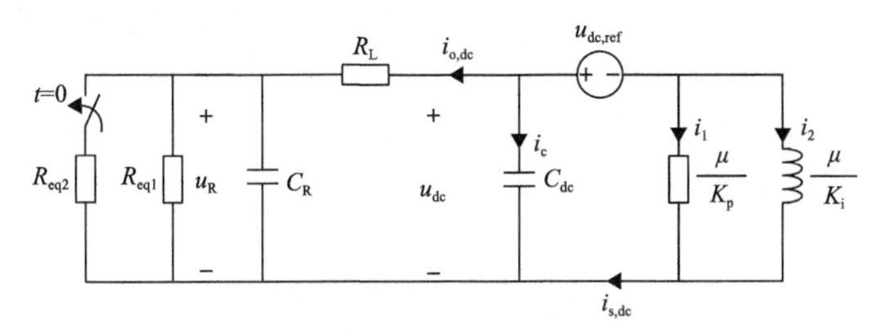

图 3-9　等效物理电路模型动态过程

根据基尔霍夫电压定律(Kirchhoff voltage law，KVL)与基尔霍夫电流定律(Kirchhoff current law，KCL)，列出电路发生变化后的微分方程：

$$a\frac{\mathrm{d}U_{dc}^3}{\mathrm{d}t^3}+b\frac{\mathrm{d}U_{dc}^2}{\mathrm{d}t^2}+c\frac{\mathrm{d}U_{dc}}{\mathrm{d}t}+d=\frac{K_i}{\mu}(R_{eq}+R_L)U_{dc,ref} \tag{3-12}$$

式中

$$\begin{cases} a=R_{eq1}C_R R_L C_{dc} \\ b=C_R R_{eq}+C_R R_L\ R_{eq}(K_p/\mu)+R_L C_{dc}+R_{eq}C_{dc} \\ c=1+R_L\ (K_p/\mu)+R_{eq}R_L C_R\ (K_i/\mu)+R_{eq}\ (K_p/\mu) \\ d=(K_i/\mu)(R_{eq}+R_L) \\ R_{eq}=R_{eq1}\ //\ R_{eq2} \end{cases} \tag{3-13}$$

利用盛金公式求解方程，即

$$A=b^2-3ac \tag{3-14}$$

$$B=bc-9ad \tag{3-15}$$

$$C=c^2-3bd \tag{3-16}$$

当判别式 $\Delta=B^2-4AC>0$ 时，式(3-12)存在一个实根与两个共轭复根，此时电路的动态过程为振荡性质，振荡频率等于共轭复根的虚部，由此可以得到振荡频率的解析形式：

$$\omega=\frac{\sqrt{3}\left(\sqrt[3]{Y_1}-\sqrt[3]{Y_2}\right)}{6a} \tag{3-17}$$

式中，$Y_1=Ab+3a\left(-B+\sqrt{B^2-4AC}/2\right)$；$Y_2=Ab+3a\left(-B-\sqrt{B^2-4AC}/2\right)$。

可以看出，振荡频率的大小与电压环积分系数、比例系数、直流侧滤波电容、直流线路电阻以及恒功率负荷都有关系，采用表 3-1 中的参数数值计算得到振荡频率为 22.2rad/s(即振荡周期为 0.283s)，与图 3-8 中直流配电系统模型仿真结果近似相等，进一步验证了该方法的正确性，但是振荡频率的解析形式十分复杂，难以直接进行分析。因此，为进一步确定系统振荡与关键参数间的关系，对等效物理电路模型进行降阶处理。

3.3 低频振荡模型降阶

通过振荡频率的解析形式，对关键影响因素求取灵敏度，以实现模型降阶。

3.3.1 影响振荡频率的参数灵敏度分析

(1) 直流线路电阻灵敏度：

$$\frac{\mathrm{d}\omega}{\mathrm{d}R_\mathrm{L}}=\frac{2\sqrt{3}a\left(Y_1^{-\frac{2}{3}}\frac{\mathrm{d}Y_1}{\mathrm{d}R_\mathrm{L}}-Y_2^{-\frac{2}{3}}\frac{\mathrm{d}Y_2}{\mathrm{d}R_\mathrm{L}}\right)-6\sqrt{3}\frac{\mathrm{d}a}{\mathrm{d}R_\mathrm{L}}\left(Y_1^{\frac{1}{3}}-Y_2^{\frac{1}{3}}\right)}{36a^2} \tag{3-18}$$

式中

$$\begin{cases}\dfrac{\mathrm{d}Y_1}{\mathrm{d}R_\mathrm{L}}=3b^2\dfrac{\mathrm{d}b}{\mathrm{d}R_\mathrm{L}}-\dfrac{9}{2}\left(\dfrac{\mathrm{d}a}{\mathrm{d}R_\mathrm{L}}bc+a\dfrac{\mathrm{d}b}{\mathrm{d}R_\mathrm{L}}c+ab\dfrac{\mathrm{d}c}{\mathrm{d}R_\mathrm{L}}\right)+27a\dfrac{\mathrm{d}a}{\mathrm{d}R_\mathrm{L}}d \\ \qquad +\dfrac{27}{2}a^2\dfrac{\mathrm{d}d}{\mathrm{d}R_\mathrm{L}}+\dfrac{3}{2}\dfrac{\mathrm{d}a}{\mathrm{d}R_\mathrm{L}}\sqrt{B^2-4AC}+\dfrac{3az_1}{4\sqrt{B^2-4AC}} \\ \dfrac{\mathrm{d}Y_2}{\mathrm{d}R_\mathrm{L}}=3b^2\dfrac{\mathrm{d}b}{\mathrm{d}R_\mathrm{L}}-\dfrac{9}{2}\left(\dfrac{\mathrm{d}a}{\mathrm{d}R_\mathrm{L}}bc+a\dfrac{\mathrm{d}b}{\mathrm{d}R_\mathrm{L}}c+ab\dfrac{\mathrm{d}c}{\mathrm{d}R_\mathrm{L}}\right)+27a\dfrac{\mathrm{d}a}{\mathrm{d}R_\mathrm{L}}d \\ \qquad +\dfrac{27}{2}a^2\dfrac{\mathrm{d}d}{\mathrm{d}R_\mathrm{L}}-\dfrac{3}{2}\dfrac{\mathrm{d}a}{\mathrm{d}R_\mathrm{L}}\sqrt{B^2-4AC}-\dfrac{3az_1}{4\sqrt{B^2-4AC}}\end{cases}$$

$$
\begin{cases}
\dfrac{\mathrm{d}a}{\mathrm{d}R_{\mathrm{L}}}=R_{\mathrm{eq1}}C_{\mathrm{R}}C_{\mathrm{dc}} \\
\dfrac{\mathrm{d}b}{\mathrm{d}R_{\mathrm{L}}}=\dfrac{R_{\mathrm{eq1}}K_{\mathrm{p}}C_{\mathrm{R}}}{\mu}+C_{\mathrm{dc}} \\
\dfrac{\mathrm{d}c}{\mathrm{d}R_{\mathrm{L}}}=\dfrac{K_{\mathrm{p}}+R_{\mathrm{eq1}}C_{\mathrm{R}}K_{\mathrm{i}}}{\mu} \\
\dfrac{\mathrm{d}d}{\mathrm{d}R_{\mathrm{L}}}=\dfrac{K_{\mathrm{i}}}{\mu}
\end{cases}
$$

$$
\begin{aligned}
z_1 = {} & 2B\left(\frac{\mathrm{d}b}{\mathrm{d}R_{\mathrm{L}}}c+b\frac{\mathrm{d}c}{\mathrm{d}R_{\mathrm{L}}}-9\frac{\mathrm{d}a}{\mathrm{d}R_{\mathrm{L}}}d-9a\frac{\mathrm{d}d}{\mathrm{d}R_{\mathrm{L}}}\right)-4\left(2b\frac{\mathrm{d}b}{\mathrm{d}R_{\mathrm{L}}}-3\frac{\mathrm{d}a}{\mathrm{d}R_{\mathrm{L}}}c-3a\frac{\mathrm{d}c}{\mathrm{d}R_{\mathrm{L}}}\right)C \\
& -4A\left(2c\frac{\mathrm{d}c}{\mathrm{d}R_{\mathrm{L}}}-3\frac{\mathrm{d}b}{\mathrm{d}R_{\mathrm{L}}}d-3b\frac{\mathrm{d}d}{\mathrm{d}R_{\mathrm{L}}}\right)
\end{aligned}
$$

(2) 积分系数灵敏度：

$$
\frac{\mathrm{d}\omega}{\mathrm{d}K_{\mathrm{i}}}=\frac{\sqrt{3}\left(Y_1^{-\frac{2}{3}}\dfrac{\mathrm{d}Y_1}{\mathrm{d}K_{\mathrm{i}}}-Y_2^{-\frac{2}{3}}\dfrac{\mathrm{d}Y_2}{\mathrm{d}K_{\mathrm{i}}}\right)}{18a} \tag{3-19}
$$

式中

$$
\begin{cases}
\dfrac{\mathrm{d}Y_1}{\mathrm{d}K_{\mathrm{i}}}=-\dfrac{9}{2}ab\dfrac{\mathrm{d}c}{\mathrm{d}K_{\mathrm{i}}}+\dfrac{27}{2}a^2\dfrac{\mathrm{d}d}{\mathrm{d}K_{\mathrm{i}}}+\dfrac{3az_2}{4\sqrt{B^2-4AC}} \\
\dfrac{\mathrm{d}Y_2}{\mathrm{d}K_{\mathrm{i}}}=-\dfrac{9}{2}ab\dfrac{\mathrm{d}c}{\mathrm{d}K_{\mathrm{i}}}+\dfrac{27}{2}a^2\dfrac{\mathrm{d}d}{\mathrm{d}K_{\mathrm{i}}}-\dfrac{3az_2}{4\sqrt{B^2-4AC}}
\end{cases}
$$

$$
\begin{cases}
\dfrac{\mathrm{d}c}{\mathrm{d}K_{\mathrm{i}}}=\dfrac{R_{\mathrm{eq1}}R_{\mathrm{L}}C_{\mathrm{R}}}{\mu} \\
\dfrac{\mathrm{d}d}{\mathrm{d}K_{\mathrm{i}}}=\dfrac{R_{\mathrm{eq1}}+R_{\mathrm{L}}}{\mu}
\end{cases}
$$

$$
z_2=2B\left(b\frac{\mathrm{d}c}{\mathrm{d}K_{\mathrm{i}}}-9a\frac{\mathrm{d}d}{\mathrm{d}K_{\mathrm{i}}}\right)+12a\frac{\mathrm{d}c}{\mathrm{d}K_{\mathrm{i}}}C-4A\left(2c\frac{\mathrm{d}c}{\mathrm{d}K_{\mathrm{i}}}-3b\frac{\mathrm{d}d}{\mathrm{d}K_{\mathrm{i}}}\right)
$$

(3) 比例系数灵敏度：

$$\frac{\mathrm{d}\omega}{\mathrm{d}K_{\mathrm{p}}}=\frac{\sqrt{3}\left(Y_1^{-\frac{2}{3}}\frac{\mathrm{d}Y_1}{\mathrm{d}K_{\mathrm{p}}}-Y_2^{-\frac{2}{3}}\frac{\mathrm{d}Y_2}{\mathrm{d}K_{\mathrm{p}}}\right)}{18a} \tag{3-20}$$

式中

$$\begin{cases}\dfrac{\mathrm{d}Y_1}{\mathrm{d}K_{\mathrm{p}}}=b\left(2b\dfrac{\mathrm{d}b}{\mathrm{d}K_{\mathrm{p}}}-3a\dfrac{\mathrm{d}c}{\mathrm{d}K_{\mathrm{p}}}\right)+A\dfrac{\mathrm{d}b}{\mathrm{d}K_{\mathrm{p}}}-\dfrac{3}{2}a\left(\dfrac{\mathrm{d}b}{\mathrm{d}K_{\mathrm{p}}}c+b\dfrac{\mathrm{d}c}{\mathrm{d}K_{\mathrm{p}}}\right)+\dfrac{3az_3}{4\sqrt{B^2-4AC}}\\ \dfrac{\mathrm{d}Y_2}{\mathrm{d}K_{\mathrm{p}}}=b\left(2b\dfrac{\mathrm{d}b}{\mathrm{d}K_{\mathrm{p}}}-3a\dfrac{\mathrm{d}c}{\mathrm{d}K_{\mathrm{p}}}\right)+A\dfrac{\mathrm{d}b}{\mathrm{d}K_{\mathrm{p}}}-\dfrac{3}{2}a\left(\dfrac{\mathrm{d}b}{\mathrm{d}K_{\mathrm{p}}}c+b\dfrac{\mathrm{d}c}{\mathrm{d}K_{\mathrm{p}}}\right)+\dfrac{3az_3}{4\sqrt{B^2-4AC}}\end{cases}$$

$$\begin{cases}\dfrac{\mathrm{d}b}{\mathrm{d}K_{\mathrm{p}}}=\dfrac{C_{\mathrm{R}}R_{\mathrm{L}}R_{\mathrm{eq1}}}{\mu}\\ \dfrac{\mathrm{d}c}{\mathrm{d}K_{\mathrm{p}}}=\dfrac{R_{\mathrm{L}}+R_{\mathrm{eq1}}}{\mu}\end{cases}$$

$$z_3=2B\left(\frac{\mathrm{d}b}{\mathrm{d}K_{\mathrm{p}}}c+b\frac{\mathrm{d}c}{\mathrm{d}K_{\mathrm{p}}}\right)-4\left(2b\frac{\mathrm{d}b}{\mathrm{d}K_{\mathrm{p}}}-3a\frac{\mathrm{d}c}{\mathrm{d}K_{\mathrm{p}}}\right)C-4A\left(2c\frac{\mathrm{d}c}{\mathrm{d}K_{\mathrm{p}}}-3\frac{\mathrm{d}b}{\mathrm{d}K_{\mathrm{p}}}d\right)$$

(4) 直流侧滤波电容灵敏度：

$$\frac{\mathrm{d}\omega}{\mathrm{d}C_{\mathrm{dc}}}=\frac{2\sqrt{3}a\left(Y_1^{-\frac{2}{3}}\frac{\mathrm{d}Y_1}{\mathrm{d}C_{\mathrm{dc}}}-Y_2^{-\frac{2}{3}}\frac{\mathrm{d}Y_2}{\mathrm{d}C_{\mathrm{dc}}}\right)-6\sqrt{3}\frac{\mathrm{d}a}{\mathrm{d}C_{\mathrm{dc}}}\left(Y_1^{\frac{1}{3}}-Y_2^{\frac{1}{3}}\right)}{36a^2} \tag{3-21}$$

式中

$$\begin{cases}\dfrac{\mathrm{d}Y_1}{\mathrm{d}C_{\mathrm{dc}}}=\left(2b\dfrac{\mathrm{d}b}{\mathrm{d}C_{\mathrm{dc}}}-3\dfrac{\mathrm{d}a}{\mathrm{d}C_{\mathrm{dc}}}c\right)b+\dfrac{\mathrm{d}b}{\mathrm{d}C_{\mathrm{dc}}}A-\dfrac{3}{2}\dfrac{\mathrm{d}b}{\mathrm{d}C_{\mathrm{dc}}}\left(B-\sqrt{B^2-4AC}\right)\\ \qquad -\dfrac{3}{2}b\left(\dfrac{\mathrm{d}b}{\mathrm{d}C_{\mathrm{dc}}}c-9\dfrac{\mathrm{d}a}{\mathrm{d}C_{\mathrm{dc}}}d\right)+\dfrac{3az_4}{2}\\ \dfrac{\mathrm{d}Y_2}{\mathrm{d}C_{\mathrm{dc}}}=\left(2b\dfrac{\mathrm{d}b}{\mathrm{d}C_{\mathrm{dc}}}-3\dfrac{\mathrm{d}a}{\mathrm{d}C_{\mathrm{dc}}}c\right)b+\dfrac{\mathrm{d}b}{\mathrm{d}C_{\mathrm{dc}}}A-\dfrac{3}{2}\dfrac{\mathrm{d}b}{\mathrm{d}C_{\mathrm{dc}}}\left(B-\sqrt{B^2-4AC}\right)\\ \qquad -\dfrac{3}{2}b\left(\dfrac{\mathrm{d}b}{\mathrm{d}C_{\mathrm{dc}}}c-9\dfrac{\mathrm{d}a}{\mathrm{d}C_{\mathrm{dc}}}d\right)-\dfrac{3az_4}{2}\end{cases}$$

$$\begin{cases}\dfrac{\mathrm{d}a}{\mathrm{d}C_{\mathrm{dc}}}=R_{\mathrm{eq1}}C_{\mathrm{R}}R_{\mathrm{L}}\\ \dfrac{\mathrm{d}b}{\mathrm{d}C_{\mathrm{dc}}}=R_{\mathrm{eq1}}+R_{\mathrm{L}}\end{cases}$$

$$z_4=\frac{1}{2}(B^2-4AC)^{-\frac{1}{2}}\left[2B\left(\frac{\mathrm{d}b}{\mathrm{d}C_{\mathrm{dc}}}c-9\frac{\mathrm{d}a}{\mathrm{d}C_{\mathrm{dc}}}d\right)-4\left(2b\frac{\mathrm{d}b}{\mathrm{d}C_{\mathrm{dc}}}-3\frac{\mathrm{d}a}{\mathrm{d}C_{\mathrm{dc}}}c\right)C+12A\frac{\mathrm{d}b}{\mathrm{d}C_{\mathrm{dc}}}d\right]$$

根据表达形式做出各影响因素的灵敏度变化轨迹，如图 3-10～图 3-13 所示，参数选取包含了实际系统中参数可能存在的取值情况，以确保分析结果的普遍适用性。

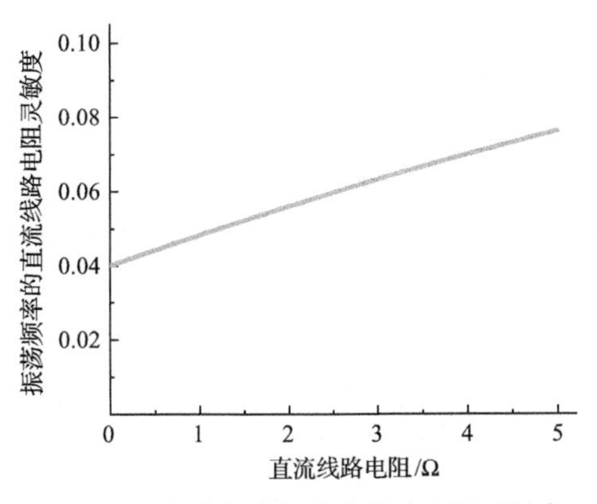

图 3-10　振荡频率的直流线路电阻灵敏度

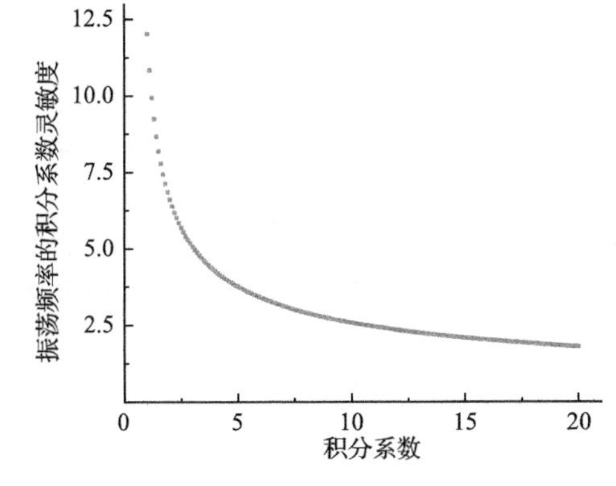

图 3-11　振荡频率的积分系数灵敏度

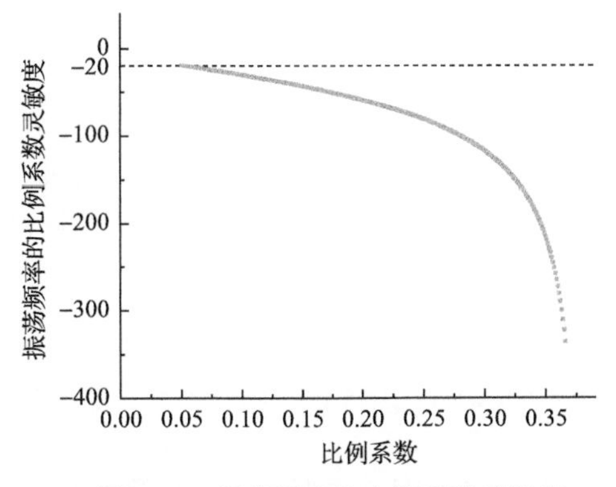

图 3-12　振荡频率的比例系数灵敏度

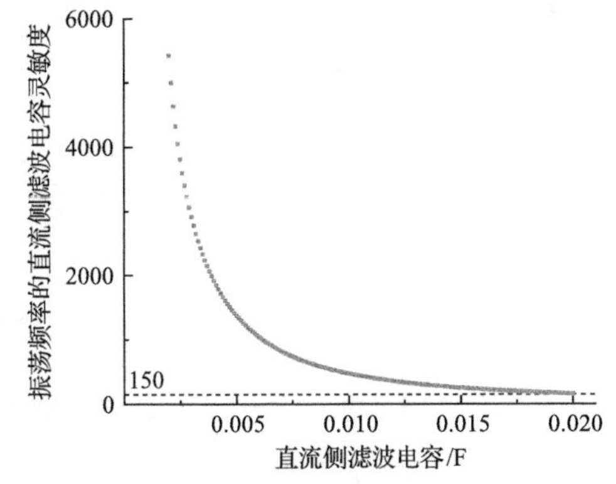

图 3-13　振荡频率的直流侧滤波电容灵敏度

3.3.2　降阶物理等效模型

对比不同影响因素的灵敏度可以发现，直流侧滤波电容对振荡频率影响最大，直流线路电阻对振荡频率影响最小，比例系数与积分系数对振荡频率的影响程度介于前两者之间，且比例系数的影响程度略大于积分系数，同时，直流线路电阻对振荡频率的影响相对其他因素的影响可以忽略不计，上述参数对振荡频率影响的大小关系可以表示为 $C_{\mathrm{dc}}>K_{\mathrm{p}}>K_{\mathrm{i}}\gg R_{\mathrm{L}}$。因此，在等效物理电路模型中可以忽略掉直流线路电阻，此时，等效物理电路模型降为二阶模型，如图 3-14 所示。

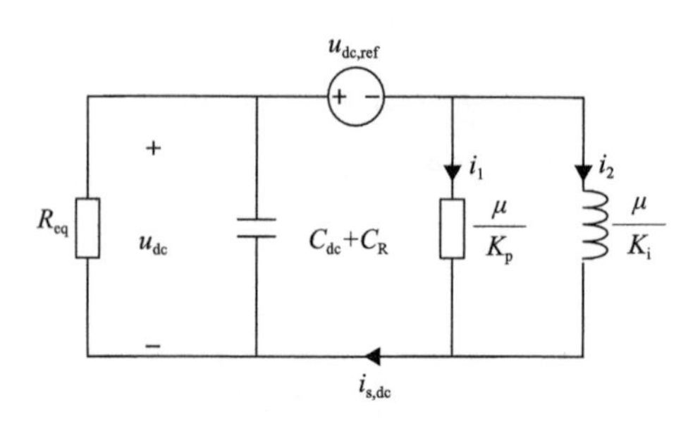

图 3-14　二阶等效物理电路模型

在相同参数下，对降阶的等效物理电路模型与详细的直流配电系统模型进行仿真比较，直流电压的仿真曲线如图 3-15 所示。

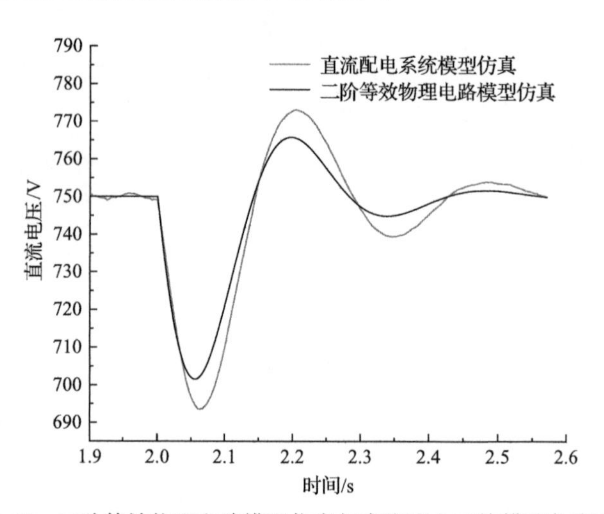

图 3-15　二阶等效物理电路模型仿真与直流配电系统模型仿真对比

由图 3-15 可以观察到，同样在不考虑系统阻尼差别的情况下，二阶等效物理电路模型在扰动后，发生振荡的时间尺度与直流配电系统模型基本一致，因此，降阶的等效物理电路模型用以分析低频振荡时间尺度问题同样适用。

3.4　高频振荡动态特性建模

3.4.1　主从控制的直流配电系统模型

与低频振荡分析类似，主从控制策略下，可以将除主站外的其余恒功率控制端口等效为恒功率负荷[5-9]，将其看作多个元件串联和并联的组合，如图 3-16 所示。因此本节的机理分析与研究方法对于多端直流配电系统也同样适用。在分析之前，建立的直流配电系统的三相简化等效模型如图 3-17 所示，图中，u_{sa}、u_{sb}、u_{sc}为等效的三相电源电压；R 为交流侧等效电阻；L 为交流侧等效电感；u_{oa}、u_{ob}、u_{oc} 为换流器交流侧电压；R_{load} 为等效直流负荷；I_l 为直流负荷的等效电流；C_{dc} 为直流侧滤波电容；I_{dc} 为换流器输出的直流电流。

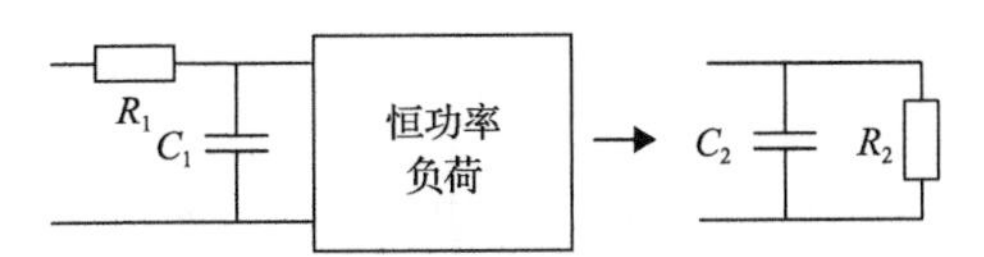

图 3-16　恒功率负荷等效模型

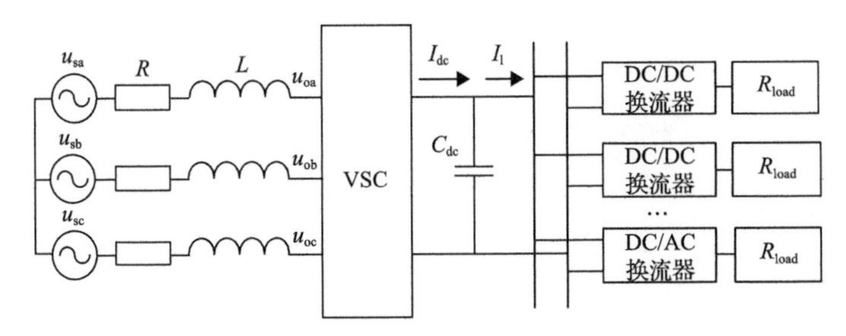

图 3-17　简化直流配电系统模型

针对图 3-17 的模型，根据 KVL 可得换流器交流侧电压电流动态特性，如式(3-22)所示。

$$\begin{bmatrix} u_{sa} \\ u_{sb} \\ u_{sc} \end{bmatrix} = L\frac{d}{dt}\begin{bmatrix} i_a \\ i_b \\ i_c \end{bmatrix} + R\begin{bmatrix} i_a \\ i_b \\ i_c \end{bmatrix} + \begin{bmatrix} u_{oa} \\ u_{ob} \\ u_{oc} \end{bmatrix} \tag{3-22}$$

但在三相静止坐标系下，交流电压、交流电流等值多为时变的，控制较为困难，对式(3-22)进行派克变换，获得了换流器交流侧时变电压电流在 dq 坐标系下的 d 轴和 q 轴电压电流的动态特性，如式(3-23)和式(3-24)所示。

$$u_{sd} - u_{od} = L\frac{di_d}{dt} + Ri_d - \omega Li_q \tag{3-23}$$

$$u_{sq}-u_{oq}=L\frac{\mathrm{d}i_q}{\mathrm{d}t}+Ri_q+\omega Li_d \tag{3-24}$$

式中，u_{sd}和u_{sq}分别为交流电源电压的 dq 轴分量；u_{od}和u_{oq}分别为换流器交流侧电压的 dq 轴分量；i_d和i_q分别为交流侧电流的 dq 轴分量。

式(3-23)和式(3-24)在 s 域中的形式如下：

$$u_{sd}-u_{od}=i_d\left(R+sL\right)-\omega Li_q \tag{3-25}$$

$$u_{sq}-u_{oq}=i_q\left(R+sL\right)+\omega Li_d \tag{3-26}$$

式中，ω 为交流电源基波角频率；s 为复数域。

通过对电流内环采用前馈解耦控制策略，以消除变量间的耦合，推导得到电压外环控制方程：

$$i_{d,ref}=\left(k_{u,p}+\frac{k_{u,i}}{s}\right)\left(U_{dc,ref}-U_{dc}\right) \tag{3-27}$$

电流内环控制方程：

$$u_d=\left(k_{i,p}+\frac{k_{i,i}}{s}\right)\left(i_{d,ref}-i_d\right)-\omega Li_q+u_{od} \tag{3-28}$$

$$u_q=\left(k_{i,p}+\frac{k_{i,i}}{s}\right)\left(i_{q,ref}-i_q\right)+\omega Li_d+u_{oq} \tag{3-29}$$

式中，$i_{d,ref}$和$i_{q,ref}$分别为交流侧 dq 轴参考电流；U_{dc}和$U_{dc,ref}$分别为直流电压的实际值与直流电压的参考值；$k_{u,p}$与$k_{u,i}$分别为直流电压外环 PI 控制器的比例系数、积分系数；$k_{i,p}$和$k_{i,i}$为交流电流内环 PI 控制器的比例系数、积分系数；u_d、u_q为叠加电流反馈后的 dq 轴电压。

联立式(3-25)和式(3-26)、式(3-28)和式(3-29)得到完全解耦的内环控制方程：

$$\left(i_{d,ref}-i_d\right)\left(k_{i,p}+\frac{k_{i,i}}{s}\right)=Ri_d+sLi_d \tag{3-30}$$

$$\left(i_{q,ref}-i_q\right)\left(k_{i,p}+\frac{k_{i,i}}{s}\right)=Ri_q+sLi_q \tag{3-31}$$

结合式(3-27)、式(3-30)和式(3-31)并根据图 3-17 所示的电路结构，构建主从控制直流配电系统双环控制框图，如图 3-18、图 3-19 所示，其中，k_{ceg} 为换流器等效增益，K 为比例系数。

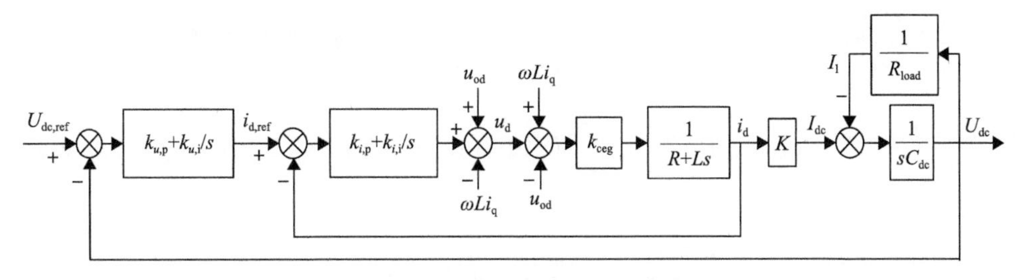

图 3-18　主从控制定直流电压控制框图

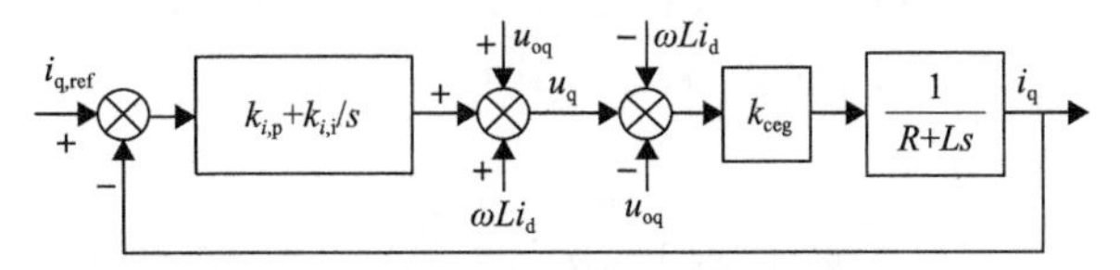

图 3-19　主从控制 q 轴电流环控制框图

针对建立的双闭环定直流电压控制系统，可得其数学表达式，如式(3-32)～式(3-37)所示。

$$\Delta U = U_{dc,ref} - U_{dc} \tag{3-32}$$

$$i_{d,ref} = k_{u,p}\Delta U + \frac{k_{u,i}}{s}\Delta U \tag{3-33}$$

$$I_{dc} = i_d K \tag{3-34}$$

$$\frac{I_{dc}}{K}\left(R + sL + k_{ceg}k_{i,p} + \frac{k_{ceg}k_{i,i}}{s}\right) = i_{d,ref}k_{ceg}\left(k_{i,p} + \frac{k_{i,i}}{s}\right) \tag{3-35}$$

$$I_1 = \frac{U_{dc}}{R_{load}} \tag{3-36}$$

$$\frac{I_{dc} - I_1}{sC_{dc}} = U_{dc} \tag{3-37}$$

联立式(3-32)～式(3-37)并写成时域形式，如式(3-38)所示。

$$k_{\text{ceg}}\left[(k_{u,\text{i}}k_{i,\text{p}}+k_{i,\text{i}}k_{u,\text{p}})\int_{t_1}^{t_2}U_{\text{dc,ref}}\text{d}t+k_{u,\text{p}}k_{i,\text{p}}U_{\text{dc,ref}}\right]=\left(\frac{R+k_{\text{ceg}}k_{i,\text{p}}}{KR_{\text{load}}}+\frac{C_{\text{dc}}k_{i,\text{i}}k_{\text{ceg}}}{K}\right)U_{\text{dc}}$$
$$+\frac{LC_{\text{dc}}}{K}\frac{\text{d}^2U_{\text{dc}}}{\text{d}t^2}+\left[\frac{C_{\text{dc}}\left(R+k_{\text{ceg}}k_{i,\text{p}}\right)}{K}+\frac{L}{KR_{\text{load}}}\right]\frac{\text{d}U_{\text{dc}}}{\text{d}t}-k_{\text{ceg}}k_{u,\text{i}}k_{i,\text{i}}\int_{t_3}^{t_4}\int_{t_1}^{t_2}U_{\text{dc,ref}}\text{d}t$$
$$+\left[\frac{k_{\text{ceg}}k_{i,\text{i}}}{KR_{\text{load}}}+k_{\text{ceg}}(k_{u,\text{i}}k_{i,\text{p}}+k_{u,\text{p}}k_{i,\text{i}})\right]\int_{t_1}^{t_2}U_{\text{dc}}\text{d}t+k_{\text{ceg}}k_{u,\text{i}}k_{i,\text{i}}\int_{t_3}^{t_4}\int_{t_1}^{t_2}U_{\text{dc}}\text{d}t+k_{\text{ceg}}k_{u,\text{p}}k_{i,\text{p}}U_{\text{dc}}$$
(3-38)

式中，t_1、t_2、t_3、t_4为积分时间。式(3-38)为关于直流电压U_{dc}的方程，然而该式含有二重积分项，为消除该项，使表达式更为简洁，对该式求二阶导数，便可获得关于直流电压U_{dc}的四阶微分方程，如式(3-39)所示。

$$\left(\frac{k_{\text{ceg}}k_{i,\text{i}}C_{\text{dc}}}{K}+\frac{R+k_{\text{ceg}}k_{i,\text{p}}}{KR_{\text{load}}}+k_{u,\text{p}}k_{i,\text{p}}k_{\text{ceg}}\right)\frac{\text{d}^2U_{\text{dc}}}{\text{d}t^2}+\left(\frac{k_{\text{ceg}}k_{i,\text{i}}}{KR_{\text{load}}}+k_{u,\text{i}}k_{i,\text{p}}k_{\text{ceg}}+k_{u,\text{p}}k_{i,\text{i}}k_{\text{ceg}}\right)\frac{\text{d}U_{\text{dc}}}{\text{d}t}$$
$$+\frac{LC_{\text{dc}}}{K}\frac{\text{d}^4U_{\text{dc}}}{\text{d}t^4}+\left[\frac{L}{KR_{\text{load}}}+\frac{C_{\text{dc}}(R+k_{\text{ceg}}k_{i,\text{p}})}{K}\right]\frac{\text{d}^3U_{\text{dc}}}{\text{d}t^3}+k_{u,\text{i}}k_{i,\text{i}}k_{\text{ceg}}U_{\text{dc}}=k_{u,\text{i}}k_{i,\text{i}}k_{\text{ceg}}U_{\text{dc,ref}}$$
(3-39)

令微分方程式(3-39)的特征方程为

$$a_1\lambda^4+b_1\lambda^3+c_1\lambda^2+d_1\lambda+e_1=0 \tag{3-40}$$

式中

$$\begin{cases}a_1=\dfrac{LC_{\text{dc}}}{K}\\ b_1=\dfrac{L}{KR_{\text{load}}}+\dfrac{C_{\text{dc}}\left(R+k_{\text{ceg}}k_{i,\text{p}}\right)}{K}\\ c_1=\dfrac{k_{i,\text{i}}k_{\text{ceg}}C_{\text{dc}}}{K}+\dfrac{R+k_{\text{ceg}}k_{i,\text{p}}}{KR_{\text{load}}}+k_{u,\text{p}}k_{i,\text{p}}k_{\text{ceg}}\\ d_1=\dfrac{k_{i,\text{i}}k_{\text{ceg}}}{KR_{\text{load}}}+k_{u,\text{i}}k_{i,\text{p}}k_{\text{ceg}}+k_{u,\text{p}}k_{i,\text{i}}k_{\text{ceg}}\\ e_1=k_{u,\text{i}}k_{i,\text{i}}k_{\text{ceg}}\end{cases} \tag{3-41}$$

四次特征方程式(3-40)的判别式为

$$\varDelta=B^2-4AC \tag{3-42}$$

式中

$$\begin{cases} A = D^2 - 3F \\ B = DF - 9E^2 \\ C = F^2 - 3DE^2 \\ D = 3b_1^2 - 8a_1c_1 \\ E = -b_1^3 + 4a_1b_1c_1 - 8a_1^2d_1 \\ F = 3b_1^4 + 16a_1^2c_1^2 - 16a_1b_1^2c_1 + 16a_1^2b_1d_1 - 64a_1^3e_1 \end{cases} \tag{3-43}$$

系统的振荡频率与特征方程共轭复根的虚部有关，四阶微分方程式(3-39)的特征方程式(3-40)存在共轭复根的四种情况。

(1)当 $\Delta>0$ 时，式(3-40)的解包含一对共轭复根，振荡频率解析式为

$$\omega = \sqrt{\frac{-2D + \sqrt[3]{Z_1} + \sqrt[3]{Z_2} + 2\sqrt{Z}}{3}} \bigg/ 4a_1 \tag{3-44}$$

式中，中间变量 Z_1、Z_2 和 Z 如式(3-45)所示：

$$\begin{cases} Z_1 = AD + 3\dfrac{-B + \sqrt{B^2 - 4AC}}{2} \\ Z_2 = AD + 3\dfrac{-B - \sqrt{B^2 - 4AC}}{2} \\ Z = D^2 - D\left(\sqrt[3]{Z_1} + \sqrt[3]{Z_2}\right) + \left(\sqrt[3]{Z_1} + \sqrt[3]{Z_2}\right)^2 - 3A \end{cases} \tag{3-45}$$

(2)当 $\Delta<0$ 时，若同时满足 D、F 不全为正，式(3-40)存在两对不等的共轭复根。

①当 E=0，D<0，F>0 时，振荡频率解析式为

$$\begin{cases} \omega_1 = \dfrac{\sqrt{-D + 2\sqrt{F}}}{4a_1} \\ \omega_2 = \dfrac{\sqrt{-D - 2\sqrt{F}}}{4a_1} \end{cases} \tag{3-46}$$

②当 E=0，F<0 时，振荡频率解析式为

$$\omega = \frac{\sqrt{-2D + 2\sqrt{A - F}}}{8a_1} \tag{3-47}$$

③当 $E\neq0$，且存在 $\max\{y_1, y_2, y_3\}=y_2$，以及 D 或 F 中有非正值时，振荡频率解析式为

$$\begin{cases}\omega_1=\left(\dfrac{|E|}{E}\sqrt{-y_1}+\sqrt{-y_3}\right)\bigg/4a_1\\ \omega_2=\left(\dfrac{|E|}{E}\sqrt{-y_1}-\sqrt{-y_3}\right)\bigg/4a_1\end{cases}\tag{3-48}$$

$$\begin{cases}y_1=\left(D-2\sqrt{A}\cos\dfrac{\theta}{3}\right)\bigg/3\\ y_2=\left[D+\sqrt{A}\left(\cos\dfrac{\theta}{3}+\sqrt{3}\sin\dfrac{\theta}{3}\right)\right]\bigg/3\\ y_3=\left[D+\sqrt{A}\left(\cos\dfrac{\theta}{3}-\sqrt{3}\sin\dfrac{\theta}{3}\right)\right]\bigg/3\\ \theta=\arccos\dfrac{3B-2AD}{2A\sqrt{A}}\end{cases}\tag{3-49}$$

(3) 当 $E=F=0$ 且 $D<0$ 时，式(3-40)存在两对共轭复根，振荡频率解析式为

$$\omega=\frac{\sqrt{|D|}}{4a_1}\tag{3-50}$$

(4) 当 $ABC\neq0$，$\Delta=0$ 且 $AB<0$ 时，式(3-40)包含一对共轭复根，振荡频率解析式为

$$\omega=\sqrt{\left|\frac{2B}{A}\right|}\bigg/4a_1\tag{3-51}$$

实际上，上述情况(2)(3)(4)的条件非常严苛，需要满足多重等式和不等式约束关系，因此本节以情况(1)为例进行证明分析，需要说明的是参数在比较大的变化范围内都基本满足情况 $\Delta>0$ 的约束条件，另外三种情况的证明分析方法和情况(1)完全一致，在此不再赘述。

3.4.2 U_{dc}-P 下垂控制的直流配电系统模型

本节对采用 U_{dc}-P 下垂控制的直流配电系统进行建模，图 3-20 给出了下垂控制的特性曲线，图中 $U_{dc,ref}$ 和 U_{dc} 分别为直流电压参考值和实际值，P_{ref} 和 P 分别

为初始参考功率和实际功率。

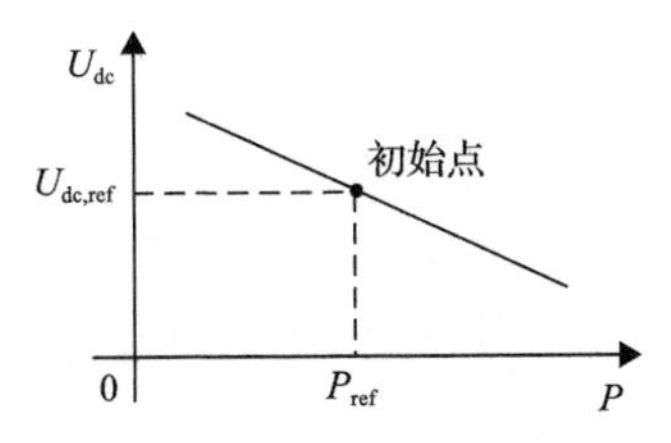

图 3-20　下垂控制特性曲线

由下垂特性曲线可得电压-功率表达式为

$$(U_{dc,ref} - U_{dc})k_d + P_{ref} - P = 0 \tag{3-52}$$

式中，k_d 为下垂系数。

U_{dc}-P 下垂控制的系统结构框图如图 3-21 所示，图中，u_d 为 d 轴电压分量。U_{dc}-P 下垂控制 q 轴电流环控制框图和主从控制相同，见图 3-19。

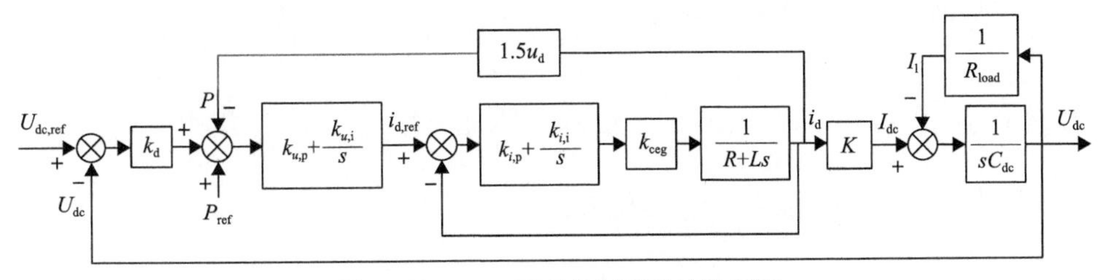

图 3-21　U_{dc}-P 下垂控制系统结构框图

针对建立的 U_{dc}-P 下垂控制系统，可得其数学表达式，如式(3-53)～式(3-58)所示。

$$\Delta U = U_{dc,ref} - U_{dc} \tag{3-53}$$

$$i_{d,ref} = (k_d \Delta U + P_{ref} - 1.5u_d i_d)\left(k_{u,p} + \frac{k_{u,i}}{s}\right) \tag{3-54}$$

$$I_{dc} = i_d K \tag{3-55}$$

$$I_1 = \frac{U_{dc}}{R_{load}} \tag{3-56}$$

$$\frac{I_{dc} - I_1}{sC_{dc}} = U_{dc} \tag{3-57}$$

$$\frac{I_{\mathrm{dc}}}{K}\left(R+sL+k_{\mathrm{ceg}}k_{i,\mathrm{p}}+\frac{k_{\mathrm{ceg}}k_{i,\mathrm{i}}}{s}\right)=i_{\mathrm{d,ref}}k_{\mathrm{ceg}}\left(k_{i,\mathrm{p}}+\frac{k_{i,\mathrm{i}}}{s}\right) \tag{3-58}$$

式中，ΔU 为参考电压与实际电压的差值。

联立式(3-53)～式(3-58)并写成时域形式，如式(3-59)所示，式中，t_1、t_2、t_3、t_4 为积分时间。式(3-59)为关于直流电压 U_{dc} 的方程，但由于该式含有二重积分项，因此对该式求二阶导数，得到关于直流电压 U_{dc} 的四阶微分方程，如式(3-60)所示。

$$\begin{aligned}&\frac{C_{\mathrm{dc}}L}{K}\frac{\mathrm{d}^2U_{\mathrm{dc}}}{\mathrm{d}t^2}+\frac{k_{\mathrm{ceg}}1.5u_{\mathrm{d}}C_{\mathrm{dc}}k_{u,\mathrm{i}}k_{i,\mathrm{i}}R_{\mathrm{load}}}{R_{\mathrm{load}}K}\int_{t_1}^{t_2}U_{\mathrm{dc}}\mathrm{d}t+\frac{k_{\mathrm{ceg}}(1.5u_{\mathrm{d}}(k_{u,\mathrm{p}}k_{i,\mathrm{i}}+k_{i,\mathrm{p}}k_{u,\mathrm{i}})+k_{i,\mathrm{i}})}{R_{\mathrm{load}}K}\int_{t_1}^{t_2}U_{\mathrm{dc}}\mathrm{d}t\\&+\left(k_{\mathrm{d}}k_{u,\mathrm{i}}k_{i,\mathrm{i}}k_{\mathrm{ceg}}+\frac{1.5u_{\mathrm{d}}k_{u,\mathrm{i}}k_{i,\mathrm{i}}k_{\mathrm{ceg}}}{KR_{\mathrm{load}}}\right)\int_{t_3}^{t_4}\int_{t_1}^{t_2}U_{\mathrm{dc}}\mathrm{d}t\mathrm{d}t+U_{\mathrm{dc}}\frac{k_{\mathrm{ceg}}(1.5u_{\mathrm{d}}k_{u,\mathrm{p}}k_{i,\mathrm{p}}+k_{i,\mathrm{p}}+R_{\mathrm{load}}C_{\mathrm{dc}}k_{i,\mathrm{i}})+R}{R_{\mathrm{load}}K}\\&+\frac{C_{\mathrm{dc}}R_{\mathrm{load}}(R+k_{\mathrm{ceg}}k_{i,\mathrm{p}}+1.5u_{\mathrm{d}}k_{\mathrm{ceg}}k_{u,\mathrm{p}}k_{i,\mathrm{p}})+L}{R_{\mathrm{load}}K}\frac{\mathrm{d}U_{\mathrm{dc}}}{\mathrm{d}t}+k_{\mathrm{ceg}}k_{\mathrm{d}}(k_{u,\mathrm{p}}k_{i,\mathrm{i}}+k_{i,\mathrm{p}}k_{u,\mathrm{i}})\int_{t_1}^{t_2}U_{\mathrm{dc}}\mathrm{d}t\\&+U_{\mathrm{dc}}\left[\frac{1.5k_{\mathrm{ceg}}u_{\mathrm{d}}C_{\mathrm{dc}}(k_{u,\mathrm{p}}k_{i,\mathrm{i}}+k_{i,\mathrm{p}}k_{u,\mathrm{i}})}{K}+k_{\mathrm{ceg}}k_{u,\mathrm{p}}k_{i,\mathrm{p}}k_{\mathrm{d}}\right]=k_{\mathrm{ceg}}k_{u,\mathrm{i}}k_{i,\mathrm{i}}k_{\mathrm{d}}\int_{t_3}^{t_4}\int_{t_1}^{t_2}U_{\mathrm{dc,ref}}\mathrm{d}t\mathrm{d}t\\&+k_{\mathrm{ceg}}k_{\mathrm{d}}(k_{u,\mathrm{p}}k_{i,\mathrm{i}}+k_{i,\mathrm{p}}k_{u,\mathrm{i}})\int_{t_1}^{t_2}U_{\mathrm{dc,ref}}\mathrm{d}t+k_{\mathrm{ceg}}k_{u,\mathrm{p}}k_{i,\mathrm{p}}k_{\mathrm{d}}U_{\mathrm{dc,ref}}+k_{\mathrm{ceg}}k_{u,\mathrm{i}}k_{i,\mathrm{i}}\int_{t_3}^{t_4}\int_{t_1}^{t_2}P_{\mathrm{ref}}\mathrm{d}t\mathrm{d}t\\&+k_{\mathrm{ceg}}(k_{u,\mathrm{p}}k_{i,\mathrm{i}}+k_{i,\mathrm{p}}k_{u,\mathrm{i}})\int_{t_1}^{t_2}P_{\mathrm{ref}}\mathrm{d}t+k_{\mathrm{ceg}}k_{u,\mathrm{p}}k_{i,\mathrm{p}}P_{\mathrm{ref}}\end{aligned} \tag{3-59}$$

$$\begin{aligned}&\frac{C_{\mathrm{dc}}L}{K}\frac{\mathrm{d}^4U_{\mathrm{dc}}}{\mathrm{d}t^4}+k_{\mathrm{d}}(k_{u,\mathrm{p}}k_{i,\mathrm{i}}+k_{i,\mathrm{p}}k_{u,\mathrm{i}})\frac{\mathrm{d}U_{\mathrm{dc}}}{\mathrm{d}t}+\frac{RC_{\mathrm{dc}}+C_{\mathrm{dc}}k_{\mathrm{ceg}}k_{i,\mathrm{p}}+1.5u_{\mathrm{d}}C_{\mathrm{dc}}k_{\mathrm{ceg}}k_{u,\mathrm{p}}k_{i,\mathrm{p}}}{K}\frac{\mathrm{d}^3U_{\mathrm{dc}}}{\mathrm{d}t^3}\\&+\frac{1.5k_{\mathrm{ceg}}u_{\mathrm{d}}C_{\mathrm{dc}}(k_{u,\mathrm{p}}k_{i,\mathrm{i}}+k_{i,\mathrm{p}}k_{u,\mathrm{i}})}{K}\frac{\mathrm{d}^2U_{\mathrm{dc}}}{\mathrm{d}t^2}+\frac{k_{\mathrm{ceg}}(1.5u_{\mathrm{d}}k_{u,\mathrm{p}}k_{i,\mathrm{p}}+k_{i,\mathrm{p}}+R_{\mathrm{load}}C_{\mathrm{dc}}k_{i,\mathrm{i}})+R}{R_{\mathrm{load}}K}\frac{\mathrm{d}^2U_{\mathrm{dc}}}{\mathrm{d}t^2}\\&+k_{\mathrm{ceg}}\frac{1.5u_{\mathrm{d}}[(k_{u,\mathrm{p}}k_{i,\mathrm{i}}+k_{i,\mathrm{p}}k_{u,\mathrm{i}})+C_{\mathrm{dc}}k_{u,\mathrm{i}}k_{i,\mathrm{i}}R_{\mathrm{load}}]+k_{i,\mathrm{i}}}{R_{\mathrm{load}}K}+k_{u,\mathrm{i}}k_{i,\mathrm{i}}k_{\mathrm{ceg}}\left(k_{\mathrm{d}}+\frac{1.5u_{\mathrm{d}}}{KR_{\mathrm{load}}}\right)U_{\mathrm{dc}}\\&+k_{\mathrm{ceg}}k_{u,\mathrm{p}}k_{i,\mathrm{p}}k_{\mathrm{d}}\frac{\mathrm{d}^2U_{\mathrm{dc}}}{\mathrm{d}t^2}+\frac{L}{R_{\mathrm{load}}K}\frac{\mathrm{d}^3U_{\mathrm{dc}}}{\mathrm{d}t^3}=U_{\mathrm{dc,ref}}k_{\mathrm{ceg}}k_{u,\mathrm{i}}k_{i,\mathrm{i}}k_{\mathrm{d}}+P_{\mathrm{ref}}k_{\mathrm{ceg}}k_{u,\mathrm{i}}k_{i,\mathrm{i}}\end{aligned} \tag{3-60}$$

令微分方程式(3-60)的特征方程为

$$a_2\lambda^4+b_2\lambda^3+c_2\lambda^2+d_2\lambda+e_2=0 \tag{3-61}$$

式中，参数 a_2、b_2、c_2、d_2、e_2 如式(3-62)所示：

$$\begin{cases} a_2 = \dfrac{C_{\mathrm{dc}}L}{K} \\ b_2 = \dfrac{C_{\mathrm{dc}}(R + k_{\mathrm{ceg}}k_{i,\mathrm{p}})}{K} + \dfrac{L}{R_{\mathrm{load}}K} + k_{\mathrm{ceg}}k_{u,\mathrm{p}}k_{i,\mathrm{p}}\dfrac{1.5u_{\mathrm{d}}C_{\mathrm{dc}}}{K} \\ c_2 = \dfrac{1.5k_{\mathrm{ceg}}u_{\mathrm{d}}C_{\mathrm{dc}}R_{\mathrm{load}}(k_{u,\mathrm{p}}k_{i,\mathrm{i}} + k_{i,\mathrm{p}}k_{u,\mathrm{i}})}{KR_{\mathrm{load}}} + k_{\mathrm{ceg}}k_{u,\mathrm{p}}k_{i,\mathrm{p}}k_{\mathrm{d}} \\ \quad + \dfrac{k_{\mathrm{ceg}}(1.5u_{\mathrm{d}}k_{u,\mathrm{p}}k_{i,\mathrm{p}} + k_{i,\mathrm{p}} + R_{\mathrm{load}}C_{\mathrm{dc}}k_{i,\mathrm{i}}) + R}{KR_{\mathrm{load}}} \\ d_2 = \dfrac{1.5u_{\mathrm{d}}C_{\mathrm{dc}}k_{u,\mathrm{i}}k_{i,\mathrm{i}}k_{\mathrm{ceg}}}{K} + k_{\mathrm{ceg}}k_{\mathrm{d}}(k_{u,\mathrm{p}}k_{i,\mathrm{i}} + k_{i,\mathrm{p}}k_{u,\mathrm{i}}) + \dfrac{1.5u_{\mathrm{d}}k_{\mathrm{ceg}}(k_{u,\mathrm{p}}k_{i,\mathrm{i}} + k_{i,\mathrm{p}}k_{u,\mathrm{i}}) + k_{\mathrm{ceg}}k_{i,\mathrm{i}}}{R_{\mathrm{load}}K} \\ e_2 = k_{\mathrm{d}}k_{u,\mathrm{i}}k_{i,\mathrm{i}}k_{\mathrm{ceg}} + \dfrac{1.5u_{\mathrm{d}}k_{u,\mathrm{i}}k_{i,\mathrm{i}}k_{\mathrm{ceg}}}{KR_{\mathrm{load}}} \end{cases} \tag{3-62}$$

四次特征方程式(3-61)的判别式为

$$\varDelta = B^2 - 4AC \tag{3-63}$$

式中

$$\begin{cases} A = D^2 - 3F \\ B = DF - 9E^2 \\ C = F^2 - 3DE^2 \\ D = 3b_2^2 - 8a_2c_2 \\ E = -b_2^3 + 4a_2b_2c_2 - 8a_2^2d_2 \\ F = 3b_2^4 + 16a_2^2c_2^2 - 16a_2b_2^2c_2 + 16a_2^2b_2d_2 - 64a_2^3e_2 \end{cases} \tag{3-64}$$

同样地，系统的振荡频率与特征方程共轭复根的虚部有关，式(3-63)存在共轭复根的四种形式与式(3-44)～式(3-51)一致，也需要指出实际上情况(2)(3)(4)的条件一样非常严苛，需要满足多重等式和不等式约束关系，本节以情况(1)为例进行证明分析，需要说明的是参数在比较大的变化范围内都基本满足情况(1)的约束条件，另外三种情况的证明分析方法和情况(1)完全一致。

3.5　高频振荡模型降阶

3.5.1　主从控制系统振荡频率对关键参数的灵敏度分析

联立式(3-41)、式(3-43)和式(3-44)、式(3-45)可知，此时的系统振荡频率解析式 $\omega = f(R, L, C_{dc}, k_{u,p}, k_{u,i}, k_{i,p}, k_{i,i}, K, k_{ceg}, R_{load})$ 包含的变量较多，难以进行振荡频率的计算，且难以获取控制参数和电路参数对系统振荡频率影响的解析式，因此需要降阶处理，基本参数如表 3-2 所示。

表 3-2　主从控制下低压直流配电系统基本参数

符号	参数名称	参数取值
$u_{s,r}$	额定交流电压(线)	0.4kV
$U_{dc,ref}$	直流电压参考值	0.6kV
L	交流侧等效电感	2mH
R	交流侧等效电阻	0.04Ω
f	换流器开关频率	10kHz
C_{dc}	直流侧滤波电容	4000μF
R_{load}	等效直流负荷	20Ω
$k_{u,p}/k_{u,i}$	外环比例/积分系数	6/6
$k_{i,p}/k_{i,i}$	内环比例/积分系数	2/12
K	比例系数	0.45
k_{ceg}	换流器等效增益	0.6

下面对影响振荡频率的关键参数进行灵敏度分析，进而实现系统降阶。

1. 直流侧滤波电容灵敏度分析

振荡频率对直流侧滤波电容的灵敏度表达式为

$$\frac{\mathrm{d}\omega}{\mathrm{d}C_{dc}} = -\frac{-\sqrt{-2D+\sqrt[3]{Z_1}+\sqrt[3]{Z_2}+2\sqrt{Z}}\dfrac{\mathrm{d}a_1}{\mathrm{d}C_{dc}}}{4a_1^{\ 2}} + \frac{-2\dfrac{\mathrm{d}D}{\mathrm{d}C_{dc}}+\dfrac{\mathrm{d}\sqrt[3]{Z_1}}{\mathrm{d}C_{dc}}+\dfrac{\mathrm{d}\sqrt[3]{Z_2}}{\mathrm{d}C_{dc}}+2\dfrac{\mathrm{d}\sqrt{Z}}{\mathrm{d}C_{dc}}}{8a_1\sqrt{-2D+\sqrt[3]{Z_1}+\sqrt[3]{Z_2}+2\sqrt{Z}}} \tag{3-65}$$

对表达式(3-65)的说明如式(3-66)所示：

$$\begin{cases}\dfrac{\mathrm{d}\sqrt[3]{Z_1}}{\mathrm{d}C_{\mathrm{dc}}}=\dfrac{1}{3}Z_1^{-\frac{2}{3}}\dfrac{\mathrm{d}Z_1}{\mathrm{d}C_{\mathrm{dc}}}\\ \dfrac{\mathrm{d}\sqrt[3]{Z_2}}{\mathrm{d}C_{\mathrm{dc}}}=\dfrac{1}{3}Z_2^{-\frac{2}{3}}\dfrac{\mathrm{d}Z_2}{\mathrm{d}C_{\mathrm{dc}}}\\ \dfrac{\mathrm{d}\sqrt{Z}}{\mathrm{d}C_{\mathrm{dc}}}=\dfrac{1}{2}Z^{-\frac{1}{2}}\dfrac{\mathrm{d}Z}{\mathrm{d}C_{\mathrm{dc}}}\end{cases} \tag{3-66}$$

式中

$$\begin{cases}\dfrac{\mathrm{d}Z_1}{\mathrm{d}C_{\mathrm{dc}}}=\left(D-\dfrac{3C}{\sqrt{B^2-4AC}}\right)\dfrac{\mathrm{d}A}{\mathrm{d}C_{\mathrm{dc}}}+\left(\dfrac{3B}{2\sqrt{B^2-4AC}}-\dfrac{3}{2}\right)\dfrac{\mathrm{d}B}{\mathrm{d}C_{\mathrm{dc}}}-\dfrac{3A}{\sqrt{B^2-4AC}}\dfrac{\mathrm{d}C}{\mathrm{d}C_{\mathrm{dc}}}\\ \qquad +A\dfrac{\mathrm{d}D}{\mathrm{d}C_{\mathrm{dc}}}\\ \dfrac{\mathrm{d}Z_2}{\mathrm{d}C_{\mathrm{dc}}}=\left(D+\dfrac{3C}{\sqrt{B^2-4AC}}\right)\dfrac{\mathrm{d}A}{\mathrm{d}C_{\mathrm{dc}}}+\left(\dfrac{-3B}{2\sqrt{B^2-4AC}}-\dfrac{3}{2}\right)\dfrac{\mathrm{d}B}{\mathrm{d}C_{\mathrm{dc}}}+\dfrac{3A}{\sqrt{B^2-4AC}}\dfrac{\mathrm{d}C}{\mathrm{d}C_{\mathrm{dc}}}\\ \qquad +A\dfrac{\mathrm{d}D}{\mathrm{d}C_{\mathrm{dc}}}\\ \dfrac{\mathrm{d}Z}{\mathrm{d}C_{\mathrm{dc}}}=-3\dfrac{\mathrm{d}A}{\mathrm{d}C_{\mathrm{dc}}}+\left(2D-\sqrt[3]{Z_1}-\sqrt[3]{Z_2}\right)\dfrac{\mathrm{d}D}{\mathrm{d}C_{\mathrm{dc}}}+\left[\dfrac{2}{3}Z_1^{-\frac{2}{3}}\left(\sqrt[3]{Z_1}+\sqrt[3]{Z_2}\right)-\dfrac{1}{3}Z_1^{-\frac{2}{3}}D\right]\dfrac{\mathrm{d}Z_1}{\mathrm{d}C_{\mathrm{dc}}}\\ \qquad +\left[\dfrac{2}{3}Z_2^{-\frac{2}{3}}\left(\sqrt[3]{Z_1}+\sqrt[3]{Z_2}\right)-\dfrac{1}{3}Z_2^{-\frac{2}{3}}D\right]\dfrac{\mathrm{d}Z_2}{\mathrm{d}C_{\mathrm{dc}}}\end{cases} \tag{3-67}$$

$$\begin{cases}\dfrac{\mathrm{d}A}{\mathrm{d}C_{\mathrm{dc}}}=2D\dfrac{\mathrm{d}D}{\mathrm{d}C_{\mathrm{dc}}}-3\dfrac{\mathrm{d}F}{\mathrm{d}C_{\mathrm{dc}}}\\ \dfrac{\mathrm{d}B}{\mathrm{d}C_{\mathrm{dc}}}=F\dfrac{\mathrm{d}D}{\mathrm{d}C_{\mathrm{dc}}}-18E\dfrac{\mathrm{d}E}{\mathrm{d}C_{\mathrm{dc}}}+D\dfrac{\mathrm{d}F}{\mathrm{d}C_{\mathrm{dc}}}\\ \dfrac{\mathrm{d}C}{\mathrm{d}C_{\mathrm{dc}}}=2F\dfrac{\mathrm{d}F}{\mathrm{d}C_{\mathrm{dc}}}-3E^2\dfrac{\mathrm{d}D}{\mathrm{d}C_{\mathrm{dc}}}-6DE\dfrac{\mathrm{d}E}{\mathrm{d}C_{\mathrm{dc}}}\end{cases} \tag{3-68}$$

$$\begin{cases}\dfrac{\mathrm{d}D}{\mathrm{d}C_{\mathrm{dc}}}=6b_1\dfrac{\mathrm{d}b_1}{\mathrm{d}C_{\mathrm{dc}}}-8c_1\dfrac{\mathrm{d}a_1}{\mathrm{d}C_{\mathrm{dc}}}-8a_1\dfrac{\mathrm{d}c_1}{\mathrm{d}C_{\mathrm{dc}}}\\ \dfrac{\mathrm{d}E}{\mathrm{d}C_{\mathrm{dc}}}=\left(4b_1c_1-16a_1\right)\dfrac{\mathrm{d}a_1}{\mathrm{d}C_{\mathrm{dc}}}+\left(4a_1c_1-3b_1^2\right)\dfrac{\mathrm{d}b_1}{\mathrm{d}C_{\mathrm{dc}}}+4a_1b_1\dfrac{\mathrm{d}c_1}{\mathrm{d}C_{\mathrm{dc}}}-8a_1^2\dfrac{\mathrm{d}d_1}{\mathrm{d}C_{\mathrm{dc}}}\\ \dfrac{\mathrm{d}F}{\mathrm{d}C_{\mathrm{dc}}}=\left(32a_1c_1^2-16b_1^2c_1+32a_1-192a_1^2e_1\right)\dfrac{\mathrm{d}a_1}{\mathrm{d}C_{\mathrm{dc}}}+\left(12b_1^3-32a_1b_1c_1+16d_1\right)\dfrac{\mathrm{d}b_1}{\mathrm{d}C_{\mathrm{dc}}}\\ \qquad+\left(32a_1^2c_1-16a_1b_1^2\right)\dfrac{\mathrm{d}c_1}{\mathrm{d}C_{\mathrm{dc}}}+16a_1^2b_1\dfrac{\mathrm{d}d_1}{\mathrm{d}C_{\mathrm{dc}}}-64a_1^3\dfrac{\mathrm{d}e_1}{\mathrm{d}C_{\mathrm{dc}}}\end{cases} \tag{3-69}$$

根据表达式做出振荡频率对直流侧滤波电容的灵敏度变化曲线，如图 3-22 所示。

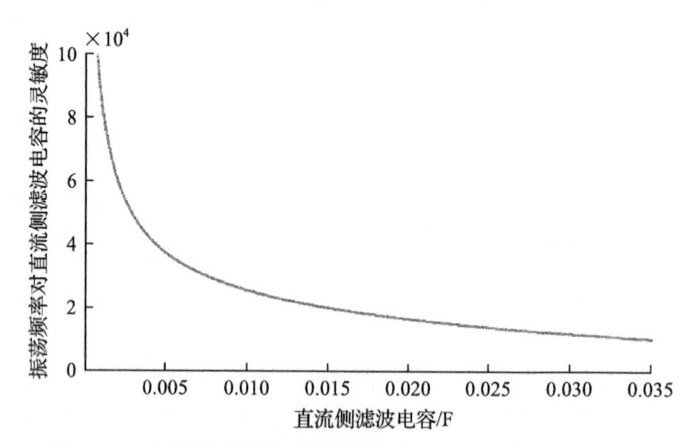

图 3-22　主从控制系统振荡频率对 C_{dc} 的灵敏度变化曲线

2. 交流侧等效电感的灵敏度分析

振荡频率对交流侧等效电感的灵敏度计算方法与式(3-65)～式(3-69)一致，只需将 C_{dc} 替换为 L，区别在于其代入参数不同，如式(3-70)所示。做出振荡频率对交流侧等效电感的灵敏度变化曲线，如图 3-23 所示。

$$\frac{\mathrm{d}a_1}{\mathrm{d}L}=\frac{C_{\mathrm{dc}}}{K};\quad \frac{\mathrm{d}b_1}{\mathrm{d}L}=\frac{1}{KR_{\mathrm{load}}};\quad \frac{\mathrm{d}c_1}{\mathrm{d}L}=0;\quad \frac{\mathrm{d}d_1}{\mathrm{d}L}=0;\quad \frac{\mathrm{d}e_1}{\mathrm{d}L}=0 \tag{3-70}$$

3. 外环积分系数灵敏度分析

振荡频率对外环积分系数 $k_{u,\mathrm{i}}$ 的灵敏度计算方法与式(3-65)～式(3-69)一致，将 C_{dc} 替换为 $k_{u,\mathrm{i}}$，其中参数如式(3-71)所示。做出振荡频率对外环积分系数的灵敏度变化曲线，如图 3-24 所示。

$$\frac{\mathrm{d}a_1}{\mathrm{d}k_{u,\mathrm{i}}}=0;\quad \frac{\mathrm{d}b_1}{\mathrm{d}k_{u,\mathrm{i}}}=0;\quad \frac{\mathrm{d}c_1}{\mathrm{d}k_{u,\mathrm{i}}}=0;\quad \frac{\mathrm{d}d_1}{\mathrm{d}k_{u,\mathrm{i}}}=k_{i,\mathrm{p}}k_{\mathrm{ceg}};\quad \frac{\mathrm{d}e_1}{\mathrm{d}k_{u,\mathrm{i}}}=k_{i,\mathrm{i}}k_{\mathrm{ceg}} \tag{3-71}$$

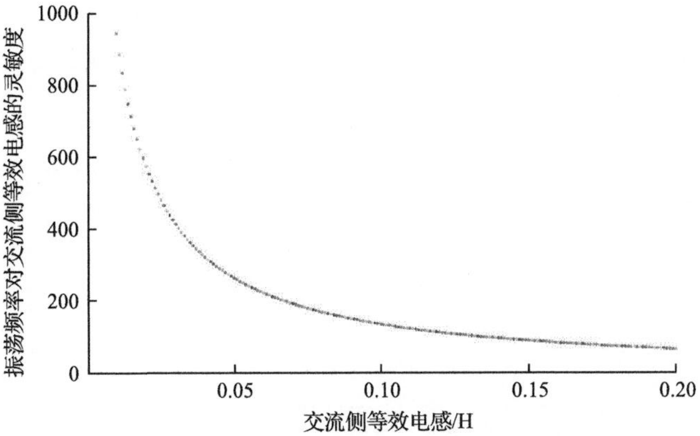

图 3-23　主从控制系统振荡频率对 L 的灵敏度变化曲线

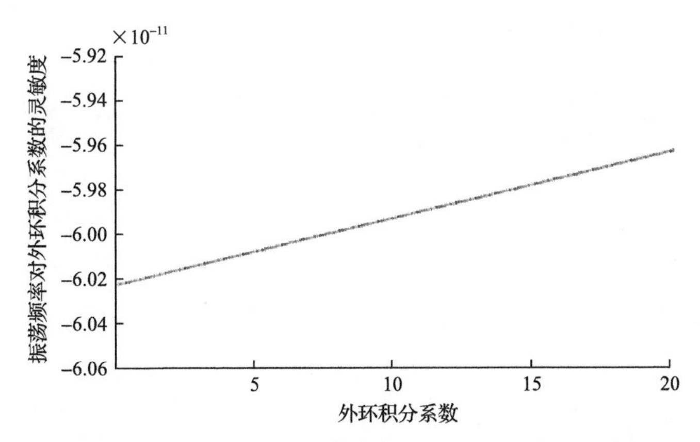

图 3-24　主从控制系统振荡频率对 $k_{u,\mathrm{i}}$ 的灵敏度变化曲线

4. 内环积分系数灵敏度分析

振荡频率对内环积分系数 $k_{i,\mathrm{i}}$ 的灵敏度计算方法与式(3-65)～式(3-69)一致，将 C_{dc} 替换为 $k_{i,\mathrm{i}}$，其中参数如式(3-72)所示。做出振荡频率对内环积分系数的灵敏度变化曲线，如图 3-25 所示。

$$\frac{\mathrm{d}a_1}{\mathrm{d}k_{i,\mathrm{i}}}=0;\quad \frac{\mathrm{d}b_1}{\mathrm{d}k_{i,\mathrm{i}}}=0;\quad \frac{\mathrm{d}c_1}{\mathrm{d}k_{i,\mathrm{i}}}=\frac{C_{\mathrm{dc}}k_{\mathrm{ceg}}}{K};\quad \frac{\mathrm{d}d_1}{\mathrm{d}k_{i,\mathrm{i}}}=\frac{k_{\mathrm{ceg}}}{KR_{\mathrm{load}}}+k_{u,\mathrm{p}}k_{\mathrm{ceg}};\quad \frac{\mathrm{d}e_1}{\mathrm{d}k_{i,\mathrm{i}}}=k_{u,\mathrm{i}}k_{\mathrm{ceg}} \tag{3-72}$$

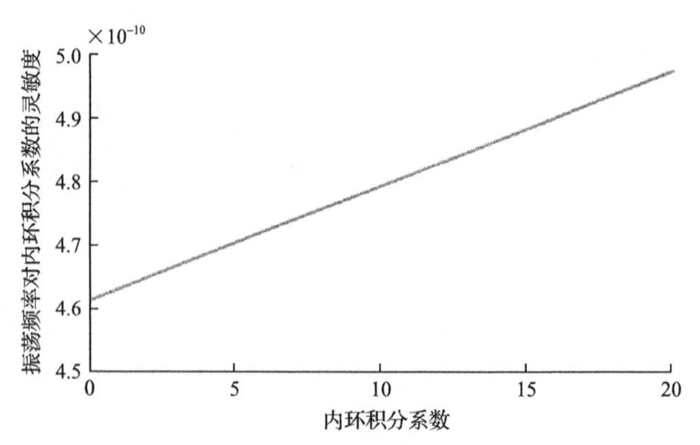

图 3-25　主从控制系统振荡频率对 $k_{i,\mathrm{i}}$ 的灵敏度变化曲线

5. 外环比例系数灵敏度分析

振荡频率的外环比例系数 $k_{u,\mathrm{p}}$ 灵敏度计算方法与式(3-65)～式(3-69)一致，将 C_{dc} 替换为 $k_{u,\mathrm{p}}$，其中参数如式(3-73)所示。做出振荡频率对外环比例系数的灵敏度变化曲线，如图 3-26 所示。

$$\frac{\mathrm{d}a_1}{\mathrm{d}k_{u,\mathrm{p}}}=0;\quad \frac{\mathrm{d}b_1}{\mathrm{d}k_{u,\mathrm{p}}}=0;\quad \frac{\mathrm{d}c_1}{\mathrm{d}k_{u,\mathrm{p}}}=k_{i,\mathrm{p}}k_{\mathrm{ceg}};\quad \frac{\mathrm{d}d_1}{\mathrm{d}k_{u,\mathrm{p}}}=k_{i,\mathrm{i}}k_{\mathrm{ceg}};\quad \frac{\mathrm{d}e_1}{\mathrm{d}k_{u,\mathrm{p}}}=0 \tag{3-73}$$

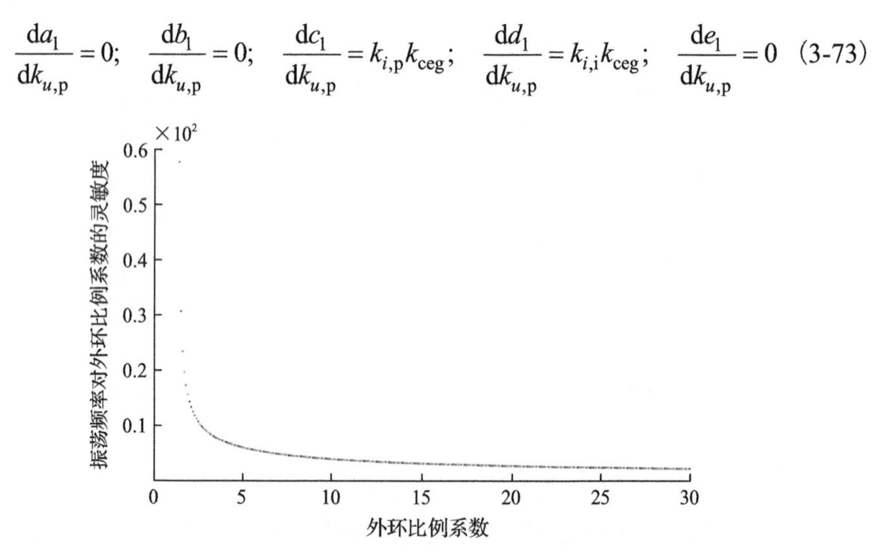

图 3-26　主从控制系统振荡频率对 $k_{u,\mathrm{p}}$ 的灵敏度变化曲线

从本节关键参数灵敏度变化曲线图 3-22～图 3-26 可以发现，直流侧滤波电容和交流侧等效电感及外环比例系数的灵敏度较高，即认为这些参数对振荡频率影响较大，而控制参数(内外环积分系数)的灵敏度变化曲线趋近于 0，这表明控制器内外环积分系数的变化对振荡频率的影响可以忽略。

3.5.2　U_{dc}-P 下垂控制系统振荡频率对关键参数的灵敏度分析

联立式(3-44)、式(3-45)和式(3-62)、式(3-64)可知，此时的振荡频率解析式 $\omega = g(R, L, C_{dc}, k_{u,p}, k_{u,i}, k_{i,p}, k_{i,i}, K, k_{ceg}, k_d, R_{load})$ 同样包含的变量较多，亦难以进行振荡频率的计算，且难以获取控制参数和电路参数对振荡频率影响的解析式(如 $C_{dc} > h(R, L, k_{u,p}, k_{u,i}, k_{i,p}, k_{i,i}, K, k_{ceg}, k_d, R_{load})$ 的形式)，下面对 U_{dc}-P 下垂控制下影响系统振荡频率的关键参数进行灵敏度分析，进而实现系统降阶，基本参数如表 3-3 所示。

表 3-3　U_{dc}-P 下垂控制的低压直流配电系统基本参数

符号	参数名称	参数取值
$u_{s,r}$	额定交流电压(线)	0.4kV
$U_{dc,ref}$	直流电压参考值	0.6kV
L	交流侧等效电感	2mH
R	交流侧等效电阻	0.04Ω
f	换流器开关频率	10kHz
C_{dc}	直流侧滤波电容	4000μF
R_{load}	等效直流负荷	35Ω
$k_{u,p}/k_{u,i}$	外环比例/积分系数	4/50
$k_{i,p}/k_{i,i}$	内环比例/积分系数	1/12
K	比例系数	0.7775
k_{ceg}	换流器等效增益	0.3
k_d	下垂系数	7

1. 外环积分系数灵敏度分析

振荡频率对外环积分系数 $k_{u,i}$ 的灵敏度计算公式如式(3-74)所示：

$$\frac{\mathrm{d}\omega}{\mathrm{d}k_{u,i}} = \frac{\sqrt{-2D + \sqrt[3]{Z_1} + \sqrt[3]{Z_2} + 2\sqrt{Z}}}{4{a_2}^2}\frac{\mathrm{d}a_2}{\mathrm{d}k_{u,i}} + \frac{-2\dfrac{\mathrm{d}D}{\mathrm{d}k_{u,i}} + \dfrac{\mathrm{d}\sqrt[3]{Z_1}}{\mathrm{d}k_{u,i}} + \dfrac{\mathrm{d}\sqrt[3]{Z_2}}{\mathrm{d}k_{u,i}} + 2\dfrac{\mathrm{d}\sqrt{Z}}{\mathrm{d}k_{u,i}}}{8a_2\sqrt{-2D + \sqrt[3]{Z_1} + \sqrt[3]{Z_2} + 2\sqrt{Z}}} \tag{3-74}$$

对式(3-74)的说明如下：

$$\begin{cases}\dfrac{\mathrm{d}\sqrt[3]{Z_1}}{\mathrm{d}k_{u,\mathrm{i}}}=\dfrac{1}{3}Z_1^{-\frac{2}{3}}\dfrac{\mathrm{d}Z_1}{\mathrm{d}k_{u,\mathrm{i}}}\\ \dfrac{\mathrm{d}\sqrt[3]{Z_2}}{\mathrm{d}k_{u,\mathrm{i}}}=\dfrac{1}{3}Z_2^{-\frac{2}{3}}\dfrac{\mathrm{d}Z_2}{\mathrm{d}k_{u,\mathrm{i}}}\\ \dfrac{\mathrm{d}\sqrt{Z}}{\mathrm{d}k_{u,\mathrm{i}}}=\dfrac{1}{2}Z^{-\frac{1}{2}}\dfrac{\mathrm{d}Z}{\mathrm{d}k_{u,\mathrm{i}}}\end{cases} \tag{3-75}$$

$$\begin{cases}\dfrac{\mathrm{d}Z_1}{\mathrm{d}k_{u,\mathrm{i}}}=\left(D-\dfrac{3C}{\sqrt{B^2-4AC}}\right)\dfrac{\mathrm{d}A}{\mathrm{d}k_{u,\mathrm{i}}}+\left(\dfrac{3B}{2\sqrt{B^2-4AC}}-\dfrac{3}{2}\right)\dfrac{\mathrm{d}B}{\mathrm{d}k_{u,\mathrm{i}}}-\dfrac{3A}{\sqrt{B^2-4AC}}\dfrac{\mathrm{d}C}{\mathrm{d}k_{u,\mathrm{i}}}\\ \qquad +A\dfrac{\mathrm{d}D}{\mathrm{d}k_{u,\mathrm{i}}}\\ \dfrac{\mathrm{d}Z_2}{\mathrm{d}k_{u,\mathrm{i}}}=\left(D+\dfrac{3C}{\sqrt{B^2-4AC}}\right)\dfrac{\mathrm{d}A}{\mathrm{d}k_{u,\mathrm{i}}}+\left(\dfrac{-3B}{2\sqrt{B^2-4AC}}-\dfrac{3}{2}\right)\dfrac{\mathrm{d}B}{\mathrm{d}k_{u,\mathrm{i}}}+\dfrac{3A}{\sqrt{B^2-4AC}}\dfrac{\mathrm{d}C}{\mathrm{d}k_{u,\mathrm{i}}}\\ \qquad +A\dfrac{\mathrm{d}D}{\mathrm{d}k_{u,\mathrm{i}}}\\ \dfrac{\mathrm{d}Z}{\mathrm{d}k_{u,\mathrm{i}}}=-3\dfrac{\mathrm{d}A}{\mathrm{d}k_{u,\mathrm{i}}}+\left(2D-\sqrt[3]{Z_1}-\sqrt[3]{Z_2}\right)\dfrac{\mathrm{d}D}{\mathrm{d}k_{u,\mathrm{i}}}+\left[\dfrac{2}{3}Z_1^{-\frac{2}{3}}\left(\sqrt[3]{Z_1}+\sqrt[3]{Z_2}\right)-\dfrac{1}{3}Z_1^{-\frac{2}{3}}D\right]\dfrac{\mathrm{d}Z_1}{\mathrm{d}k_{u,\mathrm{i}}}\\ \qquad +\left[\dfrac{2}{3}Z_2^{-\frac{2}{3}}\left(\sqrt[3]{Z_1}+\sqrt[3]{Z_2}\right)-\dfrac{1}{3}Z_2^{-\frac{2}{3}}D\right]\dfrac{\mathrm{d}Z_2}{\mathrm{d}k_{u,\mathrm{i}}}\end{cases} \tag{3-76}$$

$$\begin{cases}\dfrac{\mathrm{d}A}{\mathrm{d}k_{u,\mathrm{i}}}=2D\dfrac{\mathrm{d}D}{\mathrm{d}k_{u,\mathrm{i}}}-3\dfrac{\mathrm{d}F}{\mathrm{d}k_{u,\mathrm{i}}}\\ \dfrac{\mathrm{d}B}{\mathrm{d}k_{u,\mathrm{i}}}=F\dfrac{\mathrm{d}D}{\mathrm{d}k_{u,\mathrm{i}}}-18E\dfrac{\mathrm{d}E}{\mathrm{d}k_{u,\mathrm{i}}}+D\dfrac{\mathrm{d}F}{\mathrm{d}k_{u,\mathrm{i}}}\\ \dfrac{\mathrm{d}C}{\mathrm{d}k_{u,\mathrm{i}}}=2F\dfrac{\mathrm{d}F}{\mathrm{d}k_{u,\mathrm{i}}}-3E^2\dfrac{\mathrm{d}D}{\mathrm{d}k_{u,\mathrm{i}}}-6DE\dfrac{\mathrm{d}E}{\mathrm{d}k_{u,\mathrm{i}}}\end{cases} \tag{3-77}$$

$$
\begin{cases}
\dfrac{\mathrm{d}D}{\mathrm{d}k_{u,\mathrm{i}}}=6b_2\dfrac{\mathrm{d}b_2}{\mathrm{d}k_{u,\mathrm{i}}}-8c_2\dfrac{\mathrm{d}a_2}{\mathrm{d}k_{u,\mathrm{i}}}-8a_2\dfrac{\mathrm{d}c_2}{\mathrm{d}k_{u,\mathrm{i}}} \\
\dfrac{\mathrm{d}E}{\mathrm{d}k_{u,\mathrm{i}}}=\left(4b_2c_2-16a_2\right)\dfrac{\mathrm{d}a_2}{\mathrm{d}k_{u,\mathrm{i}}}+\left(4a_2c_2-3b_2^2\right)\dfrac{\mathrm{d}b_2}{\mathrm{d}k_{u,\mathrm{i}}}+4a_2b_2\dfrac{\mathrm{d}c_2}{\mathrm{d}k_{u,\mathrm{i}}}-8a_2^2\dfrac{\mathrm{d}d_2}{\mathrm{d}k_{u,\mathrm{i}}} \\
\dfrac{\mathrm{d}F}{\mathrm{d}k_{u,\mathrm{i}}}=\left(32a_2c_2^2-16b_2^2c_2+32a_2-192a_2^2e_2\right)\dfrac{\mathrm{d}a_2}{\mathrm{d}k_{u,\mathrm{i}}}+\left(12b_2^3-32a_2b_2c_2+16d_2\right)\dfrac{\mathrm{d}b_2}{\mathrm{d}k_{u,\mathrm{i}}} \\
\qquad +\left(32a_2^2c_2-16a_2b_2^2\right)\dfrac{\mathrm{d}c_2}{\mathrm{d}k_{u,\mathrm{i}}}+16a_2^2b_2\dfrac{\mathrm{d}d_2}{\mathrm{d}k_{u,\mathrm{i}}}-64a_2^3\dfrac{\mathrm{d}e_2}{\mathrm{d}k_{u,\mathrm{i}}}
\end{cases}
\tag{3-78}
$$

式中

$$
\begin{cases}
\dfrac{\mathrm{d}a_2}{\mathrm{d}k_{u,\mathrm{i}}}=0; \quad \dfrac{\mathrm{d}b_2}{\mathrm{d}k_{u,\mathrm{i}}}=0 \\
\dfrac{\mathrm{d}c_2}{\mathrm{d}k_{u,\mathrm{i}}}=\dfrac{1.5k_{\mathrm{ceg}}u_{\mathrm{d}}C_{\mathrm{dc}}k_{i,\mathrm{p}}}{K} \\
\dfrac{\mathrm{d}d_2}{\mathrm{d}k_{u,\mathrm{i}}}=\dfrac{1.5u_{\mathrm{d}}C_{\mathrm{dc}}k_{i,\mathrm{i}}k_{\mathrm{ceg}}}{K}+k_{\mathrm{ceg}}k_{\mathrm{d}}k_{i,\mathrm{p}}+\dfrac{1.5u_{\mathrm{d}}k_{\mathrm{ceg}}k_{i,\mathrm{p}}}{R_{\mathrm{load}}K} \\
\dfrac{\mathrm{d}e_2}{\mathrm{d}k_{u,\mathrm{i}}}=k_{\mathrm{d}}k_{i,\mathrm{i}}k_{\mathrm{ceg}}+\dfrac{1.5u_{\mathrm{d}}k_{i,\mathrm{i}}k_{\mathrm{ceg}}}{KR_{\mathrm{load}}}
\end{cases}
\tag{3-79}
$$

做出的振荡频率对外环积分系数的灵敏度变化曲线如图 3-27 所示。

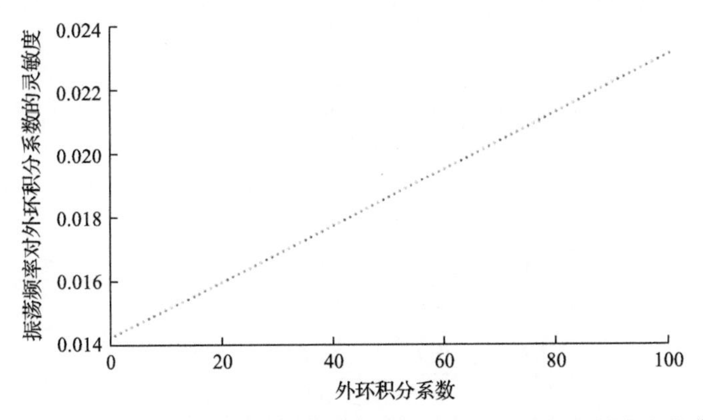

图 3-27　U_{dc}-P 下垂控制系统振荡频率对外环积分系数的灵敏度变化曲线

2. 内环积分系数灵敏度分析

振荡频率的内环积分系数 $k_{i,\mathrm{i}}$ 灵敏度计算公式如式(3-80)所示：

$$\frac{\mathrm{d}\omega}{\mathrm{d}k_{i,\mathrm{i}}}=\frac{\sqrt{-2D+\sqrt[3]{Z_1}+\sqrt[3]{Z_2}+2\sqrt{Z}}}{4a_2^{\ 2}}\frac{\mathrm{d}a_2}{\mathrm{d}k_{i,\mathrm{i}}}+\frac{-2\dfrac{\mathrm{d}D}{\mathrm{d}k_{i,\mathrm{i}}}+\dfrac{\mathrm{d}\sqrt[3]{Z_1}}{\mathrm{d}k_{i,\mathrm{i}}}+\dfrac{\mathrm{d}\sqrt[3]{Z_2}}{\mathrm{d}k_{i,\mathrm{i}}}+2\dfrac{\mathrm{d}\sqrt{Z}}{\mathrm{d}k_{i,\mathrm{i}}}}{8a_2\sqrt{-2D+\sqrt[3]{Z_1}+\sqrt[3]{Z_2}+2\sqrt{Z}}} \tag{3-80}$$

对式(3-80)的说明如下：

$$\begin{cases}\dfrac{\mathrm{d}\sqrt[3]{Z_1}}{\mathrm{d}k_{i,\mathrm{i}}}=\dfrac{1}{3}Z_1^{-\frac{2}{3}}\dfrac{\mathrm{d}Z_1}{\mathrm{d}k_{i,\mathrm{i}}}\\[2ex]\dfrac{\mathrm{d}\sqrt[3]{Z_2}}{\mathrm{d}k_{i,\mathrm{i}}}=\dfrac{1}{3}Z_2^{-\frac{2}{3}}\dfrac{\mathrm{d}Z_2}{\mathrm{d}k_{i,\mathrm{i}}}\\[2ex]\dfrac{\mathrm{d}\sqrt{Z}}{\mathrm{d}k_{i,\mathrm{i}}}=\dfrac{1}{2}Z^{-\frac{1}{2}}\dfrac{\mathrm{d}Z}{\mathrm{d}k_{i,\mathrm{i}}}\end{cases} \tag{3-81}$$

$$\begin{cases}\dfrac{\mathrm{d}Z_1}{\mathrm{d}k_{i,\mathrm{i}}}=\left(D-\dfrac{3C}{\sqrt{B^2-4AC}}\right)\dfrac{\mathrm{d}A}{\mathrm{d}k_{i,\mathrm{i}}}+\left(\dfrac{3B}{2\sqrt{B^2-4AC}}-\dfrac{3}{2}\right)\dfrac{\mathrm{d}B}{\mathrm{d}k_{i,\mathrm{i}}}-\dfrac{3A}{\sqrt{B^2-4AC}}\dfrac{\mathrm{d}C}{\mathrm{d}k_{i,\mathrm{i}}}+A\dfrac{\mathrm{d}D}{\mathrm{d}k_{i,\mathrm{i}}}\\[2ex]\dfrac{\mathrm{d}Z_2}{\mathrm{d}k_{i,\mathrm{i}}}=\left(D+\dfrac{3C}{\sqrt{B^2-4AC}}\right)\dfrac{\mathrm{d}A}{\mathrm{d}k_{i,\mathrm{i}}}+\left(\dfrac{-3B}{2\sqrt{B^2-4AC}}-\dfrac{3}{2}\right)\dfrac{\mathrm{d}B}{\mathrm{d}k_{i,\mathrm{i}}}+\dfrac{3A}{\sqrt{B^2-4AC}}\dfrac{\mathrm{d}C}{\mathrm{d}k_{i,\mathrm{i}}}+A\dfrac{\mathrm{d}D}{\mathrm{d}k_{i,\mathrm{i}}}\\[2ex]\dfrac{\mathrm{d}Z}{\mathrm{d}k_{i,\mathrm{i}}}=-3\dfrac{\mathrm{d}A}{\mathrm{d}k_{i,\mathrm{i}}}+\left(2D-\sqrt[3]{Z_1}-\sqrt[3]{Z_2}\right)\dfrac{\mathrm{d}D}{\mathrm{d}k_{i,\mathrm{i}}}+\left[\dfrac{2}{3}Z_1^{-\frac{2}{3}}\left(\sqrt[3]{Z_1}+\sqrt[3]{Z_2}\right)-\dfrac{1}{3}Z_1^{-\frac{2}{3}}D\right]\dfrac{\mathrm{d}Z_1}{\mathrm{d}k_{i,\mathrm{i}}}\\[2ex]\qquad+\left[\dfrac{2}{3}Z_2^{-\frac{2}{3}}\left(\sqrt[3]{Z_1}+\sqrt[3]{Z_2}\right)-\dfrac{1}{3}Z_2^{-\frac{2}{3}}D\right]\dfrac{\mathrm{d}Z_2}{\mathrm{d}k_{i,\mathrm{i}}}\end{cases} \tag{3-82}$$

$$\begin{cases}\dfrac{\mathrm{d}A}{\mathrm{d}k_{i,\mathrm{i}}}=2D\dfrac{\mathrm{d}D}{\mathrm{d}k_{i,\mathrm{i}}}-3\dfrac{\mathrm{d}F}{\mathrm{d}k_{i,\mathrm{i}}}\\[2ex]\dfrac{\mathrm{d}B}{\mathrm{d}k_{i,\mathrm{i}}}=F\dfrac{\mathrm{d}D}{\mathrm{d}k_{i,\mathrm{i}}}-18E\dfrac{\mathrm{d}E}{\mathrm{d}k_{i,\mathrm{i}}}+D\dfrac{\mathrm{d}F}{\mathrm{d}k_{i,\mathrm{i}}}\\[2ex]\dfrac{\mathrm{d}C}{\mathrm{d}k_{i,\mathrm{i}}}=2F\dfrac{\mathrm{d}F}{\mathrm{d}k_{i,\mathrm{i}}}-3E^2\dfrac{\mathrm{d}D}{\mathrm{d}k_{i,\mathrm{i}}}-6DE\dfrac{\mathrm{d}E}{\mathrm{d}k_{i,\mathrm{i}}}\end{cases} \tag{3-83}$$

$$
\begin{cases}
\dfrac{\mathrm{d}D}{\mathrm{d}k_{i,\mathrm{i}}}=6b_2\dfrac{\mathrm{d}b_2}{\mathrm{d}k_{i,\mathrm{i}}}-8c_2\dfrac{\mathrm{d}a_2}{\mathrm{d}k_{i,\mathrm{i}}}-8a_2\dfrac{\mathrm{d}c_2}{\mathrm{d}k_{i,\mathrm{i}}}\\
\dfrac{\mathrm{d}E}{\mathrm{d}k_{i,\mathrm{i}}}=\left(4b_2c_2-16a_2\right)\dfrac{\mathrm{d}a_2}{\mathrm{d}k_{i,\mathrm{i}}}+\left(4a_2c_2-3b_2^2\right)\dfrac{\mathrm{d}b_2}{\mathrm{d}k_{i,\mathrm{i}}}+4a_2b_2\dfrac{\mathrm{d}c_2}{\mathrm{d}k_{i,\mathrm{i}}}-8a_2^2\dfrac{\mathrm{d}d_2}{\mathrm{d}k_{i,\mathrm{i}}}\\
\dfrac{\mathrm{d}F}{\mathrm{d}k_{i,\mathrm{i}}}=\left(32a_2c_2^2-16b_2^2c_2+32a_2-192a_2^2e_2\right)\dfrac{\mathrm{d}a_2}{\mathrm{d}k_{i,\mathrm{i}}}+\left(12b_2^3-32a_2b_2c_2+16d_2\right)\dfrac{\mathrm{d}b_2}{\mathrm{d}k_{i,\mathrm{i}}}\\
\qquad+\left(32a_2^2c_2-16a_2b_2^2\right)\dfrac{\mathrm{d}c_2}{\mathrm{d}k_{i,\mathrm{i}}}+16a_2^2b_2\dfrac{\mathrm{d}d_2}{\mathrm{d}k_{i,\mathrm{i}}}-64a_2^3\dfrac{\mathrm{d}e_2}{\mathrm{d}k_{i,\mathrm{i}}}
\end{cases}
\tag{3-84}
$$

式中

$$
\begin{cases}
\dfrac{\mathrm{d}a_2}{\mathrm{d}k_{i,\mathrm{i}}}=0\\
\dfrac{\mathrm{d}b_2}{\mathrm{d}k_{i,\mathrm{i}}}=0\\
\dfrac{\mathrm{d}c_2}{\mathrm{d}k_{i,\mathrm{i}}}=\dfrac{1.5k_{\mathrm{ceg}}u_{\mathrm{d}}C_{\mathrm{dc}}k_{u,\mathrm{p}}}{K}+\dfrac{R_{\mathrm{load}}C_{\mathrm{dc}}k_{\mathrm{ceg}}}{KR_{\mathrm{load}}}\\
\dfrac{\mathrm{d}d_2}{\mathrm{d}k_{i,\mathrm{i}}}=\dfrac{k_{\mathrm{ceg}}}{KR_{\mathrm{load}}}+\dfrac{1.5k_{\mathrm{ceg}}u_{\mathrm{d}}C_{\mathrm{dc}}k_{u,\mathrm{i}}}{K}+k_{\mathrm{d}}k_{u,\mathrm{p}}k_{\mathrm{ceg}}+\dfrac{1.5u_{\mathrm{d}}k_{\mathrm{ceg}}k_{u,\mathrm{p}}}{R_{\mathrm{load}}K}\\
\dfrac{\mathrm{d}e_2}{\mathrm{d}k_{i,\mathrm{i}}}=k_{\mathrm{d}}k_{u,\mathrm{i}}k_{\mathrm{ceg}}+\dfrac{1.5u_{\mathrm{d}}k_{u,\mathrm{i}}k_{\mathrm{ceg}}}{KR_{\mathrm{load}}}
\end{cases}
\tag{3-85}
$$

做出的振荡频率对内环积分系数的灵敏度变化曲线如图 3-28 所示。

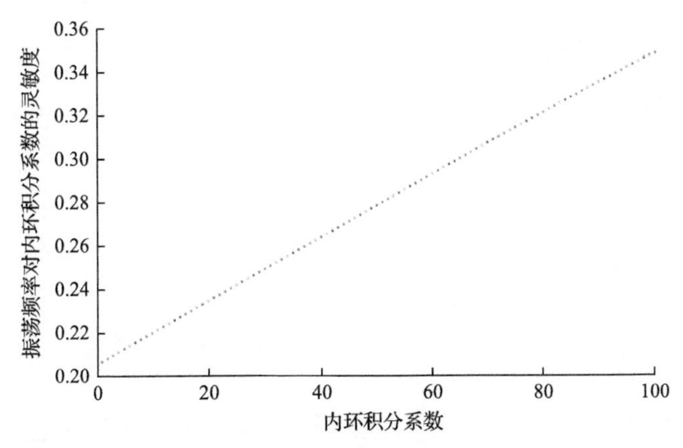

图 3-28　U_{dc}-P 下垂控制系统振荡频率对内环积分系数的灵敏度变化曲线

3. 下垂系数灵敏度分析

振荡频率的下垂系数 k_d 灵敏度计算公式如式(3-86)所示：

$$\frac{\mathrm{d}\omega}{\mathrm{d}k_d}=\frac{\sqrt{-2D+\sqrt[3]{Z_1}+\sqrt[3]{Z_2}+2\sqrt{Z}}}{4a_2^{\ 2}}\frac{\mathrm{d}a_2}{\mathrm{d}k_d}+\frac{-2\dfrac{\mathrm{d}D}{\mathrm{d}k_d}+\dfrac{\mathrm{d}\sqrt[3]{Z_1}}{\mathrm{d}k_d}+\dfrac{\mathrm{d}\sqrt[3]{Z_2}}{\mathrm{d}k_d}+2\dfrac{\mathrm{d}\sqrt{Z}}{\mathrm{d}k_d}}{8a_2\sqrt{-2D+\sqrt[3]{Z_1}+\sqrt[3]{Z_2}+2\sqrt{Z}}} \tag{3-86}$$

振荡频率对下垂系数的灵敏度变化曲线如图 3-29 所示。

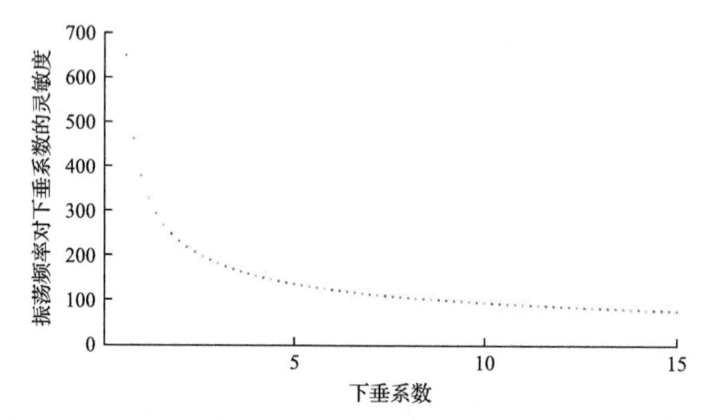

图 3-29 U_{dc}-P 下垂控制系统振荡频率对下垂系数的灵敏度变化曲线

从关键参数灵敏度曲线图 3-27～图 3-29 可以发现，振荡频率对控制参数(内外环积分系数)的灵敏度曲线变化较小且趋近于 0，这表明控制器内外环积分系数的变化对振荡频率的影响也可以忽略，振荡频率对下垂系数的灵敏度曲线变化较大，说明下垂系数对振荡频率的影响较大，不可忽略。

3.5.3 主从控制系统降阶模型与验证

根据 3.5.1 节的分析结果，取 $k_{u,i}=0$，$k_{i,i}=0$，代入式(3-38)得到降阶的二阶微分方程，如式(3-87)所示。

$$\begin{aligned}&\frac{LC_{dc}}{K}\frac{\mathrm{d}^2U_{dc}}{\mathrm{d}t^2}+\left(\frac{RC_{dc}+k_{ceg}k_{i,p}C_{dc}}{K}+\frac{L}{KR_{load}}\right)\frac{\mathrm{d}U_{dc}}{\mathrm{d}t}\\&+\left(\frac{R+k_{ceg}k_{i,p}}{KR_{load}}+k_{i,p}k_{u,p}k_{ceg}\right)U_{dc}=k_{i,p}k_{u,p}k_{ceg}U_{dc,ref}\end{aligned} \tag{3-87}$$

从式(3-87)可以看出，经过灵敏度分析后，得到了关于直流电压 U_{dc} 的二阶微分方程。

图 3-30 和图 3-31 分别给出了主从控制的直流系统在降阶前后的频域和时域对比分析，表明降阶前后系统在频域和时域的阶跃响应基本一致，验证了降阶的有效性。

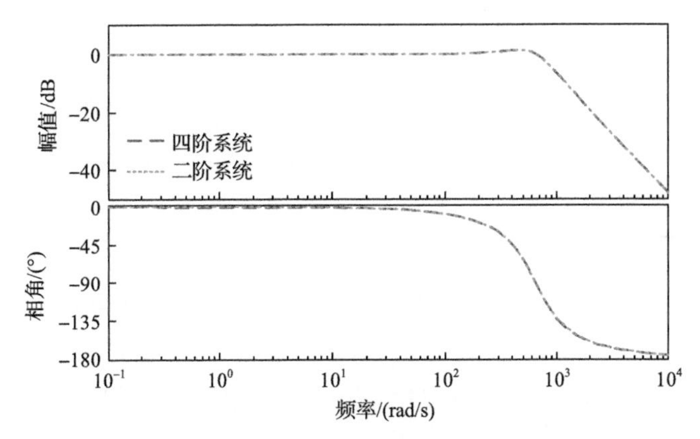

图 3-30　主从控制直流系统降阶前后频域对比

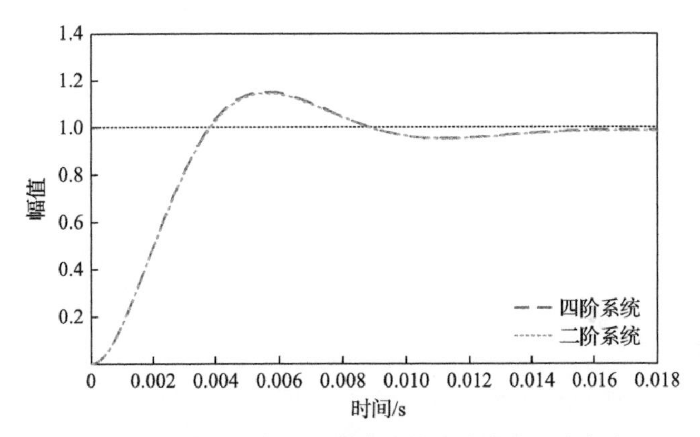

图 3-31　主从控制直流系统降阶前后时域阶跃响应对比

3.5.4　U_{dc}-P 下垂控制系统降阶模型与验证

根据 3.5.2 节的分析结果，取 $k_{u,i}$=0，$k_{i,i}$=0，代入式(3-59)得到降阶的二阶微分方程，如式(3-88)所示。

$$\frac{C_{dc}L}{K}\frac{d^2U_{dc}}{dt^2}+\frac{C_{dc}R_{load}[R+k_{ceg}k_{i,p}(1+1.5u_dk_{u,p})]+L}{R_{load}K}\frac{dU_{dc}}{dt}$$
$$+\left[\frac{k_{ceg}k_{i,p}(1.5u_dk_{u,p}+1)+R}{R_{load}K}+k_{ceg}k_{u,p}k_{i,p}k_d\right]U_{dc}=k_{ceg}k_{u,p}k_{i,p}(P_{ref}+k_dU_{dc,ref}) \tag{3-88}$$

图 3-32 和图 3-33 分别给出了下垂控制的直流系统在降阶前后的频域和时域对比分析。

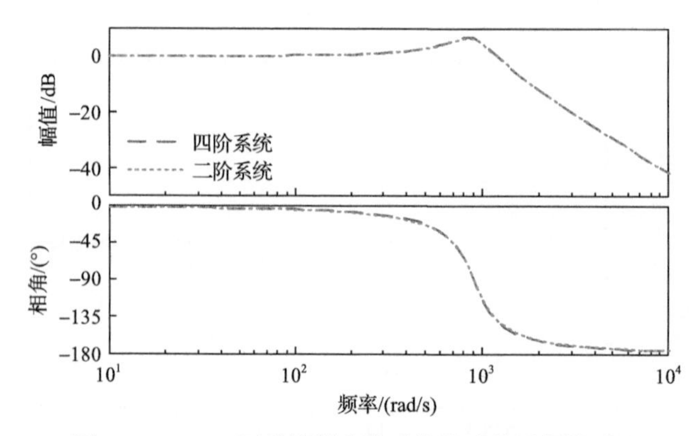

图 3-32　U_{dc}-P 下垂控制直流系统降阶前后频域对比

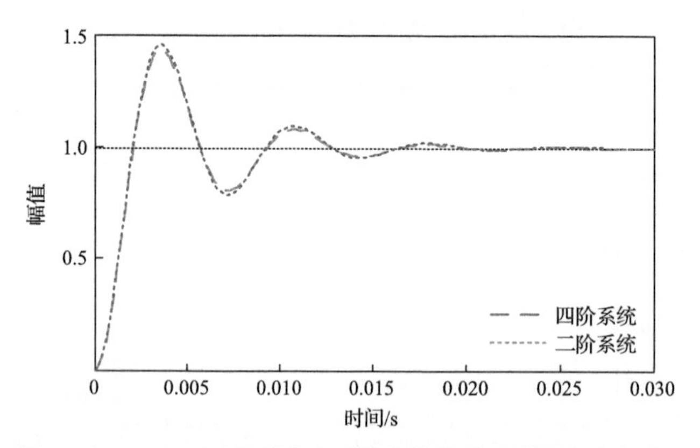

图 3-33　U_{dc}-P 下垂控制直流系统降阶前后时域阶跃响应对比

图 3-32 和图 3-33 说明降阶的二阶方程振荡频率和四阶方程振荡频率具有一致性，降阶前后系统的动态阶跃响应高度相似，这表明降阶的二阶方程可以有效反映系统高频振荡频率，保证了理论分析的有效性。

3.5.5　基于 U_{dc}-P 下垂控制的直流配电系统降阶建模

将下垂控制系统模型、直流负荷与直流线路的等值电路模型所求得的传递函数串联，得到系统的整体传递函数，如式(3-89)所示。

$$C_{tf}(s)=\frac{3U_{dc}k_p R_{load}\left(T_2 s+1\right)}{A_2 s^5+B_2 s^4+C_2 s^3+D_2 s^2+E_2 s+F_2} \tag{3-89}$$

式中

$$\begin{cases}A_2 = 2T_1T_2T_3R_{\text{load}}C_{\text{dc}}L_{\text{line}} \\ B_2 = 2T_1T_2T_3\left(R_{\text{load}}C_{\text{dc}}R_{\text{L}} + L_{\text{line}}\right) + 2T_2R_{\text{load}}C_{\text{dc}}L_{\text{line}}\left(T_1 + T_3\right) \\ C_2 = 2T_1T_2T_3\left(R_{\text{load}} + R_{\text{L}}\right) + 2T_2\left(T_1 + T_3\right)\left(R_{\text{load}}C_{\text{dc}}R_{\text{L}} + L_{\text{line}}\right) \\ \qquad + T_2R_{\text{load}}C_{\text{dc}}L_{\text{line}}\left(2 + 3U_{\text{d}}k_{\text{p}}k_{\text{d}}\right) \\ D_2 = 2T_2\left(T_1 + T_3\right)\left(R_{\text{load}} + R_{\text{L}}\right) + T_2\left(2 + 3U_{\text{dc}}k_{\text{p}}k_{\text{d}}\right)\left(R_{\text{load}}C_{\text{dc}}R_{\text{L}} + L_{\text{line}}\right) \\ \qquad + 3U_{\text{dc}}k_{\text{p}}k_{\text{d}}R_{\text{load}}C_{\text{dc}}L_{\text{line}} \\ E_2 = 2T_2\left(R_{\text{load}} + R_{\text{L}}\right) + 3U_{\text{dc}}k_{\text{p}}k_{\text{d}}\left[T_2\left(R_{\text{load}} + R_{\text{L}}\right) + R_{\text{load}}C_{\text{dc}}R_{\text{L}} + L_{\text{line}}\right] \\ F_2 = 3U_{\text{dc}}k_{\text{p}}k_{\text{d}}\left(R_{\text{load}} + R_{\text{L}}\right)\end{cases}$$

式中，L_{line} 为直流线路电感；T_1 为滤波时间常数；T_2 为外环等效时间常数；T_3 为内环等效时间常数。

考虑控制系统具有较快的电气量跟随特性，可按照典型的 I 型系统设计控制器，即通过将外环 PI 调节器零点抵消电流内环控制器极点的方式进行简化[3,6]。选取 T_2=T_3 后对系统的下垂控制环节进行降阶处理。所得到的直流配电系统的传递函数为

$$C_{\text{tf\_1}}(s) = \frac{3U_{\text{dc}}k_{\text{p}}R_{\text{load}}}{As^4 + Bs^3 + Cs^2 + Ds + E} \tag{3-90}$$

式中

$$\begin{cases}A = 2T_1T_2R_{\text{load}}C_{\text{dc}}L_{\text{line}} \\ B = 2T_2\left[R_{\text{load}}C_{\text{dc}}\left(L_{\text{line}} + R_{\text{L}}T_1\right) + T_1L_{\text{line}}\right] \\ C = 2T_2\left(T_1\left(R_{\text{load}} + R_{\text{L}}\right) + R_{\text{load}}C_1R_{\text{L}} + L_{\text{line}}\right) + 3U_{\text{dc}}k_{\text{p}}k_{\text{d}}L_{\text{line}}C_{\text{line}} \\ D = 2T_2\left(R_{\text{load}} + R_{\text{L}}\right) + 3U_{\text{dc}}k_{\text{p}}k_{\text{d}}\left(R_{\text{load}}C_{\text{dc}}R_{\text{L}} + L_{\text{line}}\right) \\ E = 3U_{\text{dc}}k_{\text{p}}k_{\text{d}}\left(R_{\text{load}} + R_{\text{L}}\right)\end{cases}$$

其中，C_{line} 为直流线路电容。

对直流配电系统进行降阶处理后，根据降阶系统的传递函数式(3-89)和原始系统传递函数式(3-88)所绘制的伯德图如图 3-34 所示。

由图 3-34 可知，对系统的下垂控制环节进行降阶前后，系统传递函数所对应的伯德图曲线中，高频振荡点基本保持一致，因此，可通过降阶系统模型对频率振荡特性进行分析。

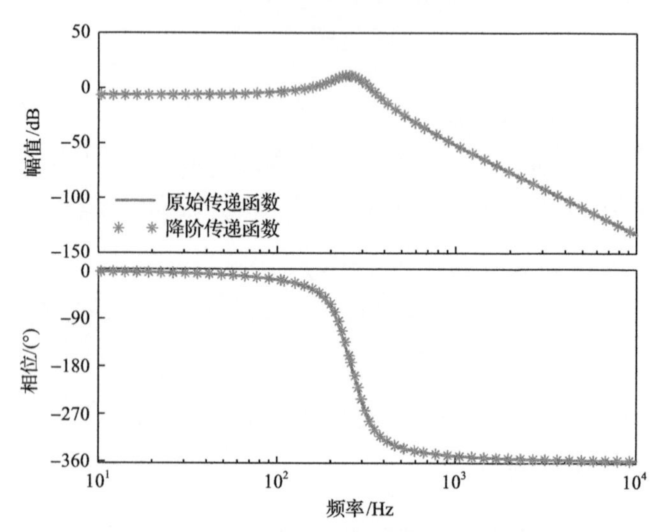

图 3-34　系统传递函数降阶前后的伯德图

3.6　电动汽车建模

电动汽车接入直流配电系统的典型拓扑如图 3-35 所示。电动汽车充电装置一般经过电力电子设备接入电网，与系统中的互联换流器、直流线路、直流源荷等设备之间的相互动态作用易导致系统产生稳定问题。

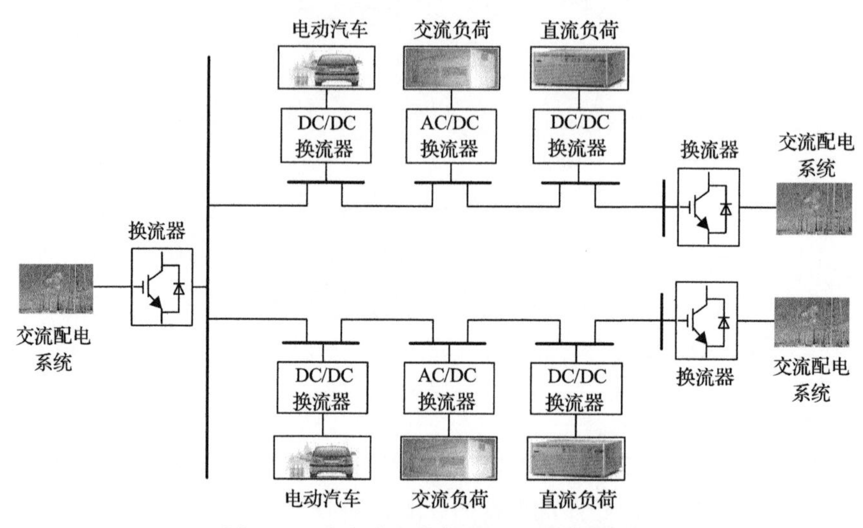

图 3-35　含电动汽车直流配电系统结构图

为了更直观地分析电动汽车接入直流配电系统的稳定性，提取上述主要设备简化成如图 3-36 所示网络，其中换流器采用常规的三相结构[10-13]，斩波器拓扑结构采用常规 Buck-Boost 电路。U_{dc}-P 表示换流器采用 U_{dc}-P 下垂控制，I、P、U 分别表示电动汽车充电装置采用的恒流、恒功率以及恒压控制，L_2、R_2 为交流系统等效电感和电阻，L_3、R_3 为交流线路电感和电阻，U_o、I_o 为交流系统侧电压和电流，U_{ac}、I_{ac} 为 AC/DC 换流器交流侧电压和电流。

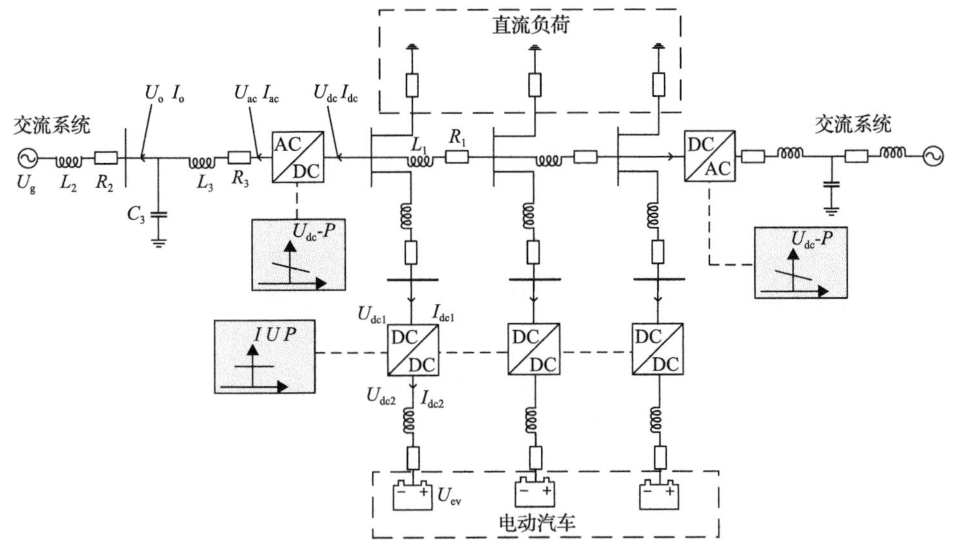

图 3-36　典型的含电动汽车直流配电系统网络

为对比电动车恒流充电模式、恒压充电模式以及恒功率充电模式对直流配电系统影响的差异，本节构建含电动汽车的直流配电系统小扰动稳定模型。结合电动汽车不同充放电模式的充放电特性，建立含电动汽车的直流配电系统动态导纳小扰动稳定模型，推导系统输入/输出导纳。

下面将依次介绍恒流充(放)电模式、恒压充电模式和恒功率充(放)电模式下电动汽车小扰动稳定模型。电动汽车充电模式和放电模式下斩波器输出电流相反，但其对应的小扰动稳定模型相同。

3.6.1　恒流控制小扰动稳定建模

忽略斩波器的功率损耗，即从直流配电系统注入斩波器(即 DC/DC 换流器)的有功功率 P 为

$$P = U_{\mathrm{dc1}} I_{\mathrm{dc1}} = U_{\mathrm{dc2}} I_{\mathrm{dc2}} \tag{3-91}$$

式中，U_{dc1} 和 U_{dc2} 分别为斩波器入口处电压和斩波器出口处电压；I_{dc1} 为从直流母线注入斩波器的直流电流；I_{dc2} 为从斩波器流出的直流电流，表达式如式(3-92)

所示：

$$I_{\mathrm{dc2}}=\frac{U_{\mathrm{dc2}}-U_{\mathrm{ev}}}{R+sL} \tag{3-92}$$

其中，U_{ev}为电动汽车模拟直流源电压；R和L分别为电动汽车动力电池与斩波器之间的直流线路电阻和电感。

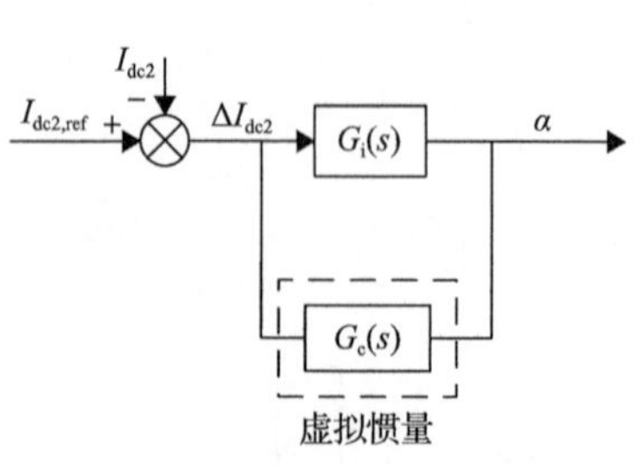

图 3-37　虚拟惯量恒流控制结构框图

当电动汽车采用恒流充电模式时，斩波器采用恒流控制，控制模式如图 3-37 所示，且有式(3-93)成立。

$$\alpha=\left(I_{\mathrm{dc2,ref}}-I_{\mathrm{dc2}}\right)G_{\mathrm{i}}(s) \tag{3-93}$$

式中，α为斩波器调制信号；$I_{\mathrm{dc2,ref}}$为电流内环控制环节电流信号参考值；$G_{\mathrm{i}}(s)=K_{\mathrm{pi}}+K_{\mathrm{ii}}/s$为电流内环 PI 控制器，其中$K_{\mathrm{pi}}$和$K_{\mathrm{ii}}$分别为电流内环 PI 控制器的比例系数和积分系数，s为拉普拉斯算子。

对式(3-91)施加小扰动，其中$\Delta I_{\mathrm{dc1}}\Delta U_{\mathrm{dc1}}$和$\Delta I_{\mathrm{dc2}}\Delta U_{\mathrm{dc2}}$与其他项相比很小，可忽略不计，可得式(3-94)。

$$\Delta P=U_{\mathrm{dc1,0}}\Delta I_{\mathrm{dc1}}+\Delta U_{\mathrm{dc1}}I_{\mathrm{dc1,0}}=U_{\mathrm{dc2,0}}\Delta I_{\mathrm{dc2}}+\Delta U_{\mathrm{dc2}}I_{\mathrm{dc2,0}} \tag{3-94}$$

式中，Δ表示稳定运行点处的偏移量；下标“0”表示稳定运行点相关参数值。

对式(3-92)施加小扰动可得

$$\Delta I_{\mathrm{dc2}}=\frac{\Delta U_{\mathrm{dc2}}}{R+sL} \tag{3-95}$$

对式(3-93)施加小扰动可得

$$\Delta U_{\mathrm{dc2}}-\frac{U_{\mathrm{dc2,0}}}{U_{\mathrm{dc1,0}}}\Delta U_{\mathrm{dc1}}=-\Delta I_{\mathrm{dc2}}G_{\mathrm{i}}(s) \tag{3-96}$$

对式(3-96)进行变换可得

$$\frac{U_{\mathrm{dc2,0}}}{U_{\mathrm{dc1,0}}}\Delta U_{\mathrm{dc1}}=\Delta U_{\mathrm{dc2}}+\Delta I_{\mathrm{dc2}}G_{\mathrm{i}}(s) \tag{3-97}$$

将式(3-95)代入式(3-97)可得

$$\frac{U_{\mathrm{dc2,0}}}{U_{\mathrm{dc1,0}}}\Delta U_{\mathrm{dc1}}=\Delta U_{\mathrm{dc2}}\left(1+\frac{G_{\mathrm{i}}(s)}{R+sL}\right) \tag{3-98}$$

将式(3-95)代入式(3-94)可得式(3-99)：

$$U_{\mathrm{dc1,0}}\Delta I_{\mathrm{dc1}}+\Delta U_{\mathrm{dc1}}I_{\mathrm{dc1,0}}=\Delta U_{\mathrm{dc2}}\left(I_{\mathrm{dc2,0}}+\frac{U_{\mathrm{dc2,0}}}{R+sL}\right) \tag{3-99}$$

式(3-99)两边同除以 $U_{\mathrm{dc1,0}}\Delta U_{\mathrm{dc1}}$，联立式(3-98)可得电动汽车恒流充电小信号导纳模型 ΔY_{dci1}：

$$\Delta Y_{\mathrm{dci1}}=\frac{\left(I_{\mathrm{dc2,0}}+\dfrac{U_{\mathrm{dc2,0}}}{R+sL}\right)\dfrac{U_{\mathrm{dc2,0}}}{U_{\mathrm{dc1,0}}}}{U_{\mathrm{dc1,0}}\left(1+\dfrac{G_{\mathrm{i}}(s)}{R+sL}\right)}-\frac{I_{\mathrm{dc1,0}}}{U_{\mathrm{dc1,0}}} \tag{3-100}$$

由于电动汽车恒流放电电路与恒流充电电路一样，I_{dc1} 和 I_{dc2} 的方向相反，故电动汽车恒流放电时其小扰动动态导纳也与恒流充电时一样，只需将 I_{dc1} 和 I_{dc2} 改变方向即可，电动汽车恒流放电时小扰动动态导纳 ΔY_{dci2} 可用式(3-101)表示：

$$\Delta Y_{\mathrm{dci2}}=\frac{\left(-I_{\mathrm{dc2,0}}+\dfrac{U_{\mathrm{dc2,0}}}{R+sL}\right)\dfrac{U_{\mathrm{dc2,0}}}{U_{\mathrm{dc1,0}}}}{U_{\mathrm{dc1,0}}\left(1+\dfrac{G_{\mathrm{i}}(s)}{R+sL}\right)}+\frac{I_{\mathrm{dc1,0}}}{U_{\mathrm{dc1,0}}} \tag{3-101}$$

3.6.2　恒压控制小扰动稳定建模

在电动汽车恒压充电模式下，为使电动汽车动力电池侧母线电压保持不变，斩波器采用恒压控制，即外环采用定直流电压控制、内环使用电流控制，控制模式如图 3-38 所示，对应的模型如式(3-102)和式(3-103)所示。

$$I_{\mathrm{dc2,ref}}=\left(U_{\mathrm{dc2,ref}}-U_{\mathrm{dc2}}\right)G_{\mathrm{v}}(s) \tag{3-102}$$

$$\alpha=\left(I_{\mathrm{dc2,ref}}-I_{\mathrm{dc2}}\right)G_{\mathrm{i}}(s) \tag{3-103}$$

式中，$U_{\mathrm{dc2,ref}}$ 为直流电压外环控制电压信号参考值；$G_{\mathrm{v}}(s)=K_{\mathrm{pv}}+K_{\mathrm{iv}}/s$ 为电压外环 PI 控制器，其中 K_{pv} 和 K_{iv} 分别为电压外环 PI 控制器的比例系数和积分系数；$G_{\mathrm{i}}(s)=K_{\mathrm{pi}}+K_{\mathrm{ii}}/s$ 为电流内环 PI 控制器，其中 K_{pi} 和 K_{ii} 分别为电流内环 PI 控制器的比例系数和积分系数；$I_{\mathrm{dc2,ref}}$ 为电流内环控制信号参考值；α 为换流器调制信号。

联立式(3-102)和式(3-103)可得

$$\alpha=((U_{\mathrm{dc2,ref}}-U_{\mathrm{dc2}})G_{\mathrm{v}}(s)-I_{\mathrm{dc2}})G_{\mathrm{i}}(s) \tag{3-104}$$

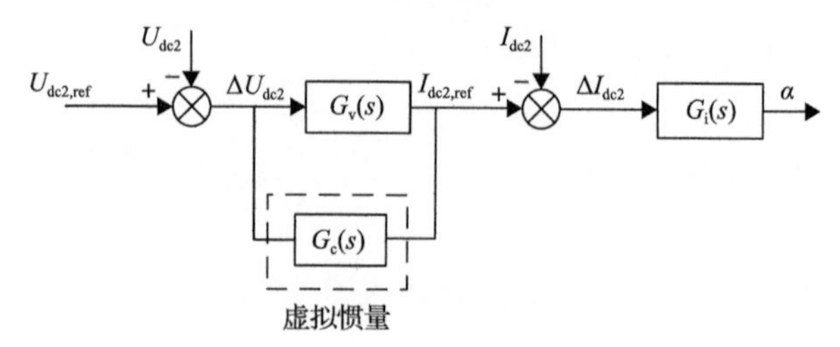

图 3-38　虚拟惯量恒压控制结构框图

对式(3-104)施加小扰动并代入式(3-95)可得

$$\Delta U_{dc1}=U_{dc2}\left(1+G_v(s)G_i(s)+\frac{G_i(s)}{R+sL}\right)\frac{U_{dc1,0}}{U_{dc2,0}} \tag{3-105}$$

联立式(3-99)和式(3-105)可得电动汽车恒压充电模式下小扰动动态导纳ΔY_{dcv}，如式(3-106)所示：

$$\Delta Y_{dcv}=\frac{\left(I_{dc2,0}+\frac{U_{dc2,0}}{R+sL}\right)\frac{U_{dc2,0}}{U_{dc1,0}}}{U_{dc1,0}\left(1+G_v(s)G_i(s)+\frac{G_i(s)}{R+sL}\right)}-\frac{I_{dc1,0}}{U_{dc1,0}} \tag{3-106}$$

3.6.3　恒功率控制小扰动稳定建模

在电动汽车恒功率充电模式下，为使输入电动汽车动力电池的有功功率保持不变，斩波器采用恒功率控制，即外环采用定有功功率控制、内环采用电流控制，控制模式如图 3-39 所示，其表达式如式(3-107)和式(3-108)所示。

$$I_{dc2,ref}=\left(P_{dc2,ref}-P_{dc2}\right)G_p(s) \tag{3-107}$$

$$\alpha=\left(I_{dc2,ref}-I_{dc2}\right)G_i(s) \tag{3-108}$$

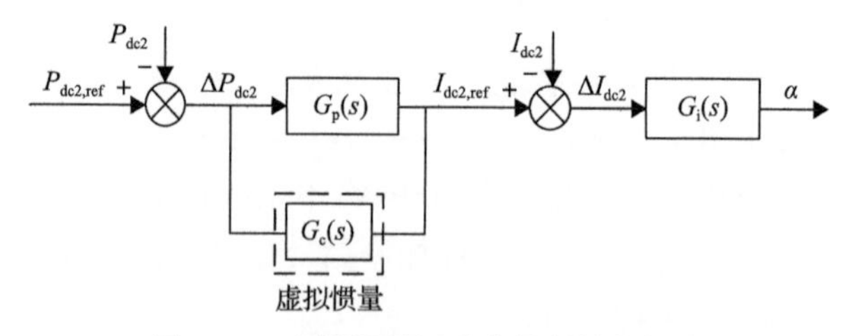

图 3-39　虚拟惯量恒功率控制结构框图

电动汽车恒功率充电模式需要保持输入电动汽车动力电池的有功功率不变，

故式(3-107)和式(3-108)中 P_{dc2} 和 $P_{dc2,ref}$ 分别为外环控制有功功率信号及其参考值，斩波器有功功率外环PI控制器 $G_p(s)=K_{pp}+K_{ip}/s$，其中 K_{pp} 和 K_{ip} 分别为功率外环PI控制器的比例系数和积分系数；$G_i(s)=K_{pi}+K_{ii}/s$ 为电流内环PI控制器，其中 K_{pi} 和 K_{ii} 分别为电流内环PI控制器的比例系数和积分系数；$I_{dc2,ref}$ 为电流内环控制信号参考值；α 为换流器调制信号。

联立式(3-107)和式(3-108)可得

$$\alpha=\left[\left(P_{dc2,ref}-P_{dc2}\right)G_p(s)-I_{dc2}\right]G_i(s) \tag{3-109}$$

对式(3-109)施加小扰动可得

$$\Delta U_{dc2}-\Delta U_{dc1}\frac{U_{dc2,0}}{U_{dc1,0}}=-\Delta PG_v(s)G_i(s)-\Delta I_{dc2}G_i(s) \tag{3-110}$$

联立式(3-95)、式(3-99)以及式(3-110)可得式(3-111)：

$$\Delta U_{dc1}\frac{U_{dc2,0}}{U_{dc1,0}}=\Delta U_{dc2}\left[\left(I_{dc2,0}+\frac{U_{dc2,0}}{R+sL}\right)G_p(s)G_i(s)+\frac{G_i(s)}{R+sL}+1\right] \tag{3-111}$$

联立式(3-99)和式(3-110)可得电动汽车恒功率充电模式下小扰动动态导纳 ΔY_{dcp1}，如式(3-112)所示：

$$\Delta Y_{dcp1}=\frac{\left(I_{dc2,0}+\dfrac{U_{dc2,0}}{R+sL}\right)\dfrac{U_{dc2,0}}{U_{dc1,0}}}{\left(I_{dc2,0}+\dfrac{U_{dc2,0}}{R+sL}\right)G_p(s)G_i(s)+\dfrac{G_i(s)}{R+sL}+1}-\frac{I_{dc1,0}}{U_{dc1,0}} \tag{3-112}$$

与电动汽车恒流充(放)电动态导纳一样，只需将 I_{dc1} 和 I_{dc2} 方向改变，即可获取电动汽车恒功率放电时小扰动动态导纳 ΔY_{dcp2}，如式(3-113)所示：

$$\Delta Y_{dcp2}=\frac{\left(-I_{dc2,0}+\dfrac{U_{dc2,0}}{R+sL}\right)\dfrac{U_{dc2,0}}{U_{dc1,0}}}{\left(I_{dc2,0}+\dfrac{U_{dc2,0}}{R+sL}\right)G_p(s)G_i(s)+\dfrac{G_i(s)}{R+sL}+1}+\frac{I_{dc1,0}}{U_{dc1,0}} \tag{3-113}$$

3.7 本章小结

本章对直流配电系统进行建模，建立了分析低频振荡和高频振荡的电路模型和数学模型。

(1)通过分析振荡频率对参数的灵敏度，推导了分析低频振荡的降阶物理等效模型，为低频振荡机理分析提供理论基础。

(2)建立了直流配电系统高频振荡的动态模型，并通过灵敏度分析实现对时域模型的降阶，为高频振荡机理分析创造条件。

(3)对考虑电动汽车的直流配电系统进行建模，为电动汽车接入直流配电系统的稳定控制提供基础。

参考文献

[1] 齐宁, 程林, 田立亭, 等. 考虑柔性负荷接入的配电网规划研究综述与展望[J]. 电力系统自动化, 2020, 44(10): 193-207.

[2] Xi D, Li K P, Xin H Z, et al. Robust stability control for high frequency oscillations in flexible DC distribution systems[J]. International Journal of Electrical Power and Energy Systems, 2022, 137: 1-11.

[3] Guang Z, Yao K P, Xi D, et al. A reduced-order model for high-frequency oscillation mechanism analysis of droop control based flexible DC distribution system[J]. International Journal of Electrical Power & Energy Systems, 2021, 130: 1-12.

[4] 张浩, 彭克, 刘盈杞, 等. 基于MMC的柔性直流配电系统低频振荡机理分析[J]. 电力自动化设备, 2021, 41(5): 22-28.

[5] 李喜东, 彭克, 姚广增, 等. 基于 H_∞回路成形法的柔性直流配电系统鲁棒稳定控制[J]. 电力系统自动化, 2021, 45(11): 77-85.

[6] 姚广增, 彭克, 李海荣, 等. 柔性直流配电系统高频振荡降阶模型与机理分析[J]. 电力系统自动化, 2020, 44(20): 29-46.

[7] 彭克, 陈佳佳, 徐丙垠，等. 柔性直流配电系统稳定性及其控制关键问题[J]. 电力系统自动化, 2019, 43(23): 90-98, 115.

[8] 赵学深, 彭克, 张新慧, 等. 多端柔性直流配电系统主从控制模式下的稳定性与优化控制[J]. 电力自动化设备, 2019, 39(2): 14-20.

[9] 赵学深, 彭克, 张新慧, 等. 多端柔性直流配电系统下垂控制动态特性分析[J]. 电力系统自动化, 2018, 43(2): 89-96

[10] Ke P, Zhi Y W, Chen J J, et al. Hierarchical virtual inertia control of DC distribution system for plug-and-play electric vehicle integration[J]. International Journal of Electrical Power & Energy Systems, 2021, 128: 1-10.

[11] 魏智宇, 彭克, 李海荣, 等. 电动汽车接入直流配电系统的稳定性及虚拟惯量控制[J]. 电力系统自动化, 2019, 43(24): 50-58.

[12] Guo L, Li P, Li X. Reduced-order modeling and dynamic stability analysis of MTDC systems in DC voltage control timescale[J]. CSEE Journal of Power and Energy Systems, 2020, 6(3): 591-600.

[13] Sun J. Small-signal methods for AC distributed power systems—a review[J]. IEEE Transactions on Power Electronics, 2009, 24: 2545-2554.

第 4 章　直流配电系统振荡机理分析

本章进行直流配电系统多时间尺度振荡机理分析，基于降阶后的二阶模型，通过解析的方式分析低频、中高频振荡频率与关键参数间的关系，揭示直流配电系统低频及中高频的振荡机理。

4.1　低频振荡机理分析

利用第 3 章建立的低频降阶模型分析低频振荡机理，通过等效电阻的改变模拟直流配电系统发生负荷或分布式电源扰动的情形，等效电路的动态如图 4-1 所示[1,2]。

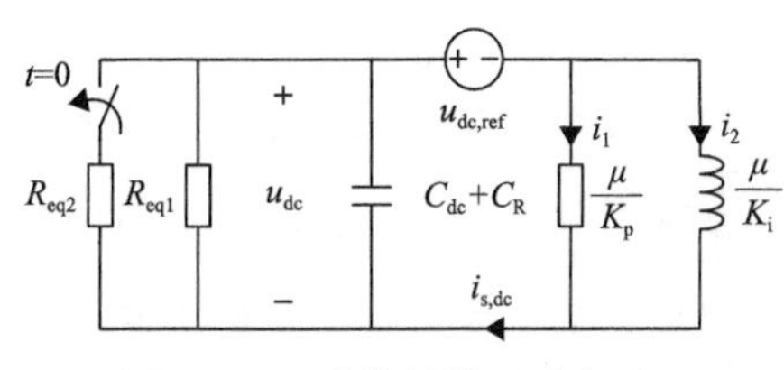

图 4-1　二阶等效模型动态过程

根据电路特性并结合 KVL、KCL，可以得到：

$$\mu C^* \frac{\mathrm{d}U_{\mathrm{dc}}^2}{\mathrm{d}t^2} + \left(K_{\mathrm{p}} + \frac{\mu}{R_{\mathrm{eq}}}\right)\frac{\mathrm{d}U_{\mathrm{dc}}}{\mathrm{d}t} + K_{\mathrm{i}} U_{\mathrm{dc}} = K_{\mathrm{i}} U_{\mathrm{dc,ref}} \tag{4-1}$$

式中

$$\begin{cases} C^* = C_{\mathrm{dc}} + C_{\mathrm{R}} \\ R_{\mathrm{eq}} = R_{\mathrm{eq1}} // R_{\mathrm{eq2}} \end{cases}$$

当 $(K_{\mathrm{p}} + \mu / R_{\mathrm{eq}})^2 - 4\mu K_{\mathrm{i}} C^* < 0$ 时，微分方程存在一对共轭复根，此时电路的动态过程为振荡性质，振荡频率等于共轭复根的虚部，求解微分方程，有

$$\omega = \left|\sqrt{\frac{4\mu K_{\mathrm{i}} C^* - (K_{\mathrm{p}} + \mu / R_{\mathrm{eq}})^2}{4\mu^2 C^{*2}}}\right| \tag{4-2}$$

此解建立在 $(K_{\mathrm{p}} + \mu / R_{\mathrm{eq}})^2 - 4\mu K_{\mathrm{i}} C^* < 0$ 的情况下，由振荡频率的解可以得到：

(1) 在 $K_{\mathrm{i}} > (K_{\mathrm{p}} + \mu / R_{\mathrm{eq}})^2 / 4\mu C^*$ 的情况下，振荡频率大小与电压环积分系数呈正相关。

(2) 在 $K_p < \left|\sqrt{4\mu K_i C^*}\right| - \mu / R_{eq}$ 的情况下，振荡频率大小与电压环比例系数呈负相关。

(3) 直流侧滤波电容与振荡频率的关系难以直接解析，可对振荡频率的解做变换，如式(4-3)所示：

$$\omega=\sqrt{-\left(K_p+\frac{\mu}{R_{eq}}\right)^2\left(\frac{1}{\mu C^*}\right)^2+\frac{K_i}{\mu C^*}} \tag{4-3}$$

式中，$\omega > 0,\ C^* > (K_p + \mu / R_{eq})^2 / 4\mu K_i$。

而且 $C^*=C_R+C_{dc}$，在 C_R 固定的情况下，C^*的数值变化由直流侧滤波电容 C_{dc} 决定。

由二次函数性质可知，当 $(K_p + \mu / R_{eq})^2 / 4\mu K_i < C^* < (K_p + \mu / R_{eq})^2 / 2\mu K_i$ 时，振荡频率大小与直流侧滤波电容呈正相关；当 $C^* > (K_p + \mu / R_{eq})^2 / 2\mu K_i$ 时，振荡频率大小与直流侧滤波电容呈负相关。

4.2　低频振荡分析仿真验证

利用 PSCAD 软件搭建详细的柔性直流配电系统仿真模型，其结构图如图 4-2 所示，交流侧采用 *LCL* 滤波器，AC/DC 换流器采用电压外环、电流内环双环控制，恒功率负载由 DC/DC 换流器恒压控制带恒电阻实现，系统网络参数及控制参数取值如表 3-1 所示。通过分析参数变化时直流电压的变化情况，与二阶等效物理电路模型分析结果进行对比，验证机理分析的正确性。

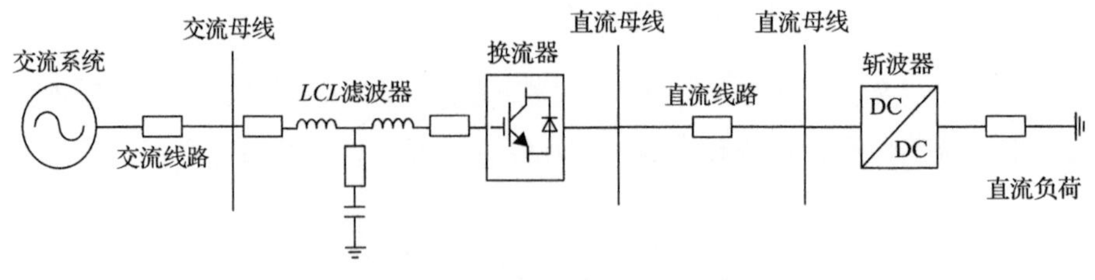

图 4-2　柔性直流配电系统结构图

4.2.1　低频振荡与积分系数关系验证

只有在积分系数满足 $K_i > (K_p + \mu/R_{eq})^2 / 4\mu C^*$ 时，直流配电系统才会发生低频振荡，且振荡频率大小与积分系数呈正相关，设定积分系数分别为 0.5、1、3、

5、10，对系统进行仿真(其他参数见表 3-1)，直流电压仿真波形如图 4-3 所示，并对简化模型计算振荡周期与详细模型仿真振荡周期进行对比，如表 4-1 所示。

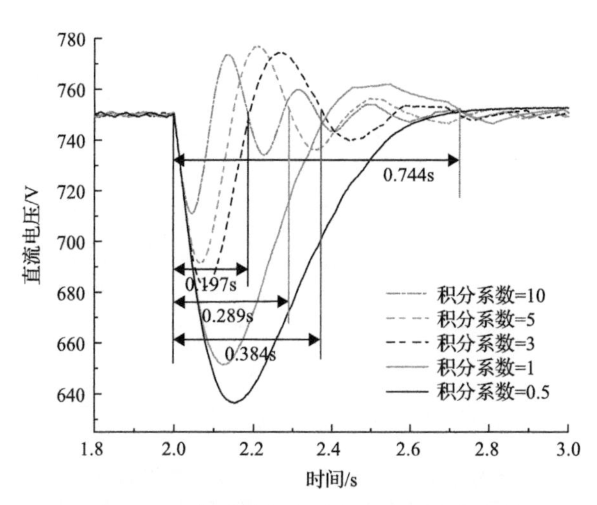

图 4-3　积分系数变化时直流电压仿真波形

表 4-1　简化模型计算振荡周期与详细模型仿真振荡周期对比(积分系数变化)

积分系数 K_i	简化模型计算振荡周期/s	详细模型仿真振荡周期/s
0.5	不满足振荡条件	未发生振荡
1	0.7573	0.744
3	0.3974	0.384
5	0.2891	0.289
10	0.1920	0.197

当积分系数为 0.5 时，计算可知此时不满足产生振荡的条件，由图 4-3 可知仿真验证了此结论，同时结合表 4-1 可知，随着积分系数增大，直流电压振荡周期减小，即振荡频率增大，验证了振荡频率与积分系数呈正相关这一结论的正确性。

4.2.2　低频振荡与比例系数关系验证

由 4.1 节分析可知，只有在比例系数满足 $K_p < \left|\sqrt{4\mu K_i C^*}\right| - \mu/R_{eq}$ 时，直流配电系统才会发生低频振荡，且振荡频率大小与比例系数呈负相关，设定比例系数分别为 0.05、0.15、0.25、0.35，对系统进行仿真(其他参数见表 3-1)，直流电压仿真波形如图 4-4 所示，并对简化模型计算振荡周期与详细模型仿真振荡周期进行对比，如表 4-2 所示。

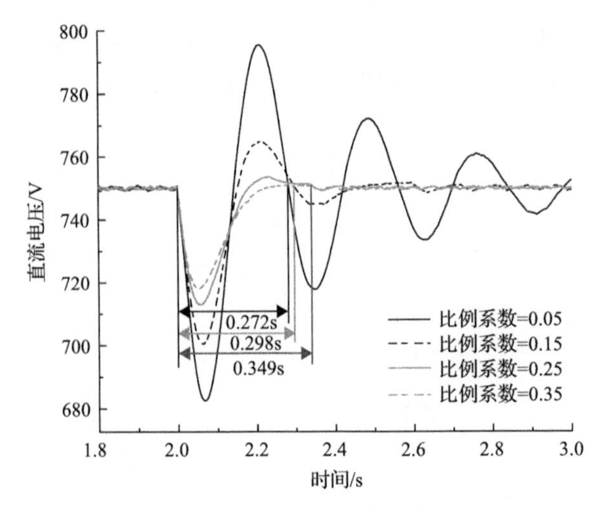

图 4-4　比例系数变化时直流电压仿真波形

表 4-2　简化模型计算振荡周期与详细模型仿真振荡周期对比(比例系数变化)

比例系数 K_p	简化模型计算振荡周期/s	详细模型仿真振荡周期/s
0.05	0.2768	0.272
0.15	0.3089	0.298
0.25	0.3560	0.349
0.35	不满足振荡条件	未发生振荡

当比例系数为 0.35 时，计算可知此时不满足发生振荡的条件，由图 4-4 可知仿真验证了此结论，同时结合表 4-2 可知，随着比例系数增大，直流电压振荡周期增大，即振荡频率减小，验证了振荡频率与比例系数呈负相关这一结论的正确性。

4.2.3　低频振荡与直流侧滤波电容关系验证

只有在直流侧滤波电容满足 $C_{dc} > \left(K_p + \mu/R_{eq}\right)^2/4\mu K_i - C_R$ 时，柔性直流配电系统才会发生低频振荡，且当 $\left(K_p + \mu/R_{eq}\right)^2/4\mu K_i < C_{dc} + C_R < \left(K_p + \mu/R_{eq}\right)^2/2\mu K_i$ 时，振荡频率大小与直流侧滤波电容呈正相关；当 $C_{dc} > \left(K_p + \mu/R_{eq}\right)^2/2\mu K_i - C_R$ 时，振荡频率大小与直流侧滤波电容呈负相关。设定直流侧滤波电容分别为 1000μF、2500μF、3000μF、3500μF、4000μF、4500μF、6000μF，对系统进行仿真(积分系数取值为 1.5，其他参数取值见表 3-1)，直流电压仿真波形如图 4-5、图 4-6 所示，并对简化模型计算振荡周期与详细模型仿真振荡周期进行对比，如表 4-3 所示。

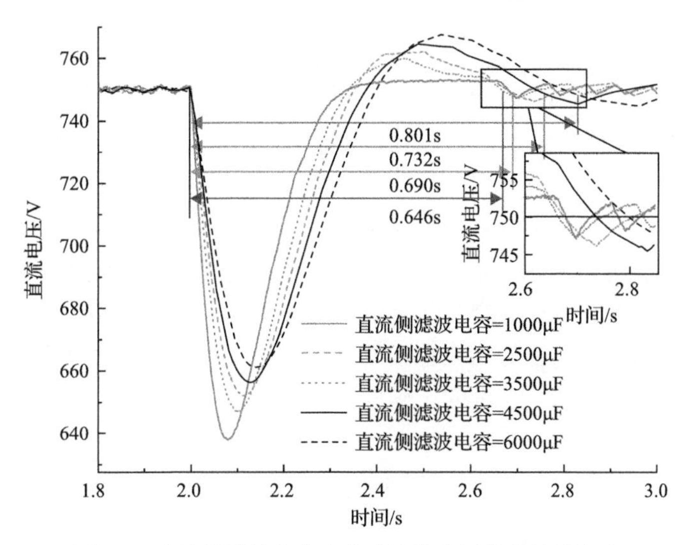

图 4-5　直流侧滤波电容变化时直流电压仿真波形(一)

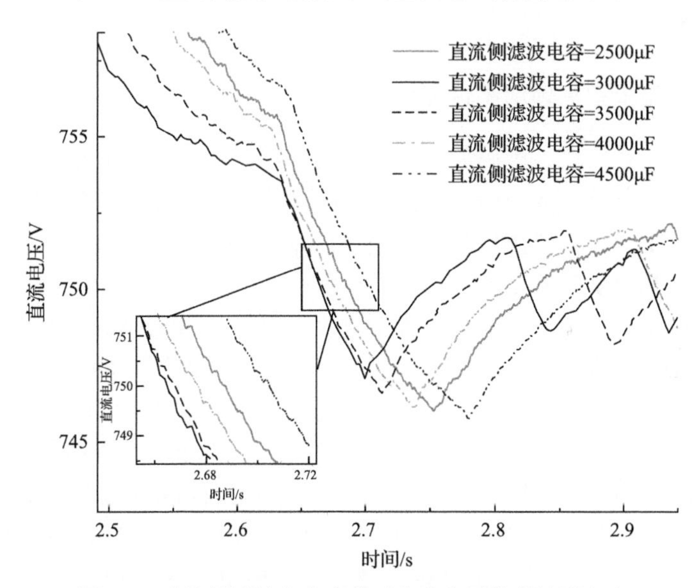

图 4-6　直流侧滤波电容变化时直流电压仿真波形(二)

表 4-3　简化模型计算振荡周期与详细模型仿真振荡周期对比(直流侧滤波电容变化)

直流侧滤波电容/μF	简化模型计算振荡周期/s	详细模型仿真振荡周期/s
1000	不满足振荡条件	未发生振荡
2500	0.6952	0.687
3000	0.6670	0.665
3500	0.6706	0.668

续表

直流侧滤波电容/μF	简化模型计算振荡周期/s	详细模型仿真振荡周期/s
4000	0.6811	0.676
4500	0.7253	0.712
6000	0.7981	0.801

当直流侧滤波电容为 1000μF 时，计算可知此时不满足发生振荡的条件，由图 4-5 可知仿真验证了此结论，同时结合图 4-5、图 4-6、表 4-3 可知，振荡频率大小随着直流侧滤波电容的增大存在峰值，验证了振荡频率大小与直流侧电容先呈正相关后呈负相关这一结论的正确性。

4.3 低频振荡动态过程物理机理

本节详细分析等效电阻变化后整个电路元件的相互作用，解析低频振荡的物理机理。

4.3.1 等效电路模型物理动态过程分析

在电路的稳态阶段，电路中储能元件处于稳定状态，此时电感支路相当于短路，电容支路相当于开路，电路处于直流电压源与等效电阻的环路状态，如图 4-7 所示，记电路中等效直流侧电容、控制系统中比例环节等效电阻、控制系统中积分环节等效电感分别为 C、R、L。

以等效电阻突减为例，若电路参数选择不合适导致低频振荡发生，在某一时刻(假定此时为 0 时刻)，等效电阻 R_{eq} 突然减小，此时原本的能量供需平衡被打破，等效电阻上消耗的能量不足以抵消直流电压源 $u_{dc,ref}$ 产生的能量，因此等效电阻 R_{eq} 上的电流会突然增大以加剧电阻的耗能，但由于电路中储能元件的特性，在 R_{eq} 突变瞬间，电感 L 上会感应出与直流电压源反向的电压以阻止 R_{eq}、$u_{dc,ref}$、L 环路中电流的突增，但同时，电容 C 的存在又会阻止电感 L 上感应电压的突变，此时，电容 C 会释放能量产生电流 i_C 来维持等效电阻 R_{eq} 上电流 $i_{s,dc}$ 的突增，此瞬间时刻记为 0^+，0^+时电路的动态效果如图 4-8 所示。

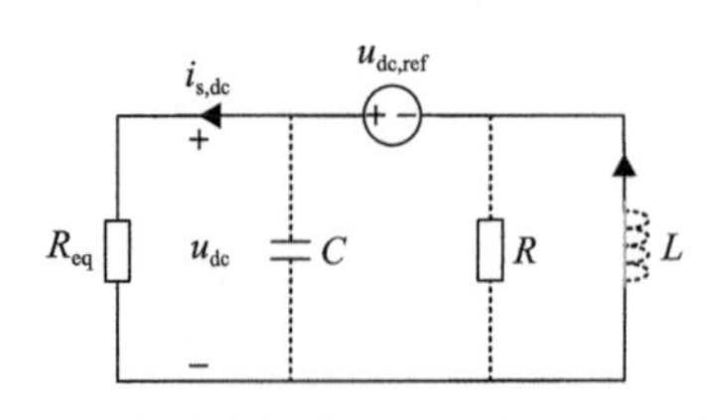

图 4-7 等效电路稳态阶段各元件状态

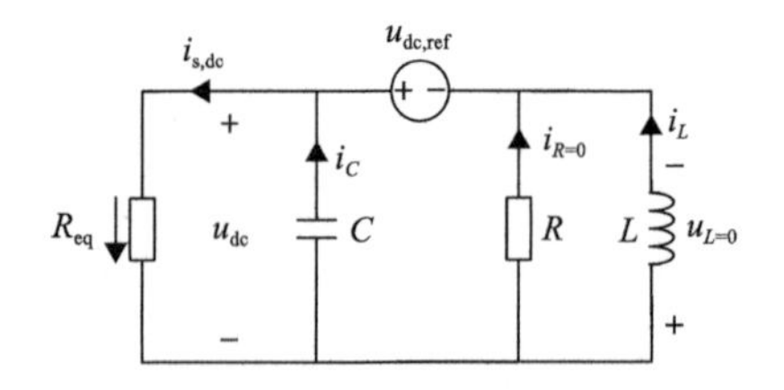

图 4-8 0^+时刻等效电路各元件状态

0^+时刻之后，电容 C 持续释放能量，导致其两端电压 u_{dc} 持续下降，同时，等效电阻上电流 $i_{s,dc}$ 也随之下降，电感持续吸收能量，其两端电压 u_L 持续上升，电感 L 与电阻 R 上电流也随之增大。根据 KVL 和 KCL，电路满足：

$$i_C = i_{s,dc} - i_R - i_L \tag{4-4}$$

$$u_{dc} = u_{dc,ref} - u_L \tag{4-5}$$

由式(4-4)可知，电容 C 上电流持续减小，当某一时刻电容 C 上电流减小到 0 时有

$$i_{s,dc} - i_R - i_L = 0 \tag{4-6}$$

但由于电感两端依旧存在正向电压，由电感特性得

$$u_L = L\frac{di_L}{dt} \tag{4-7}$$

由式(4-7)可知，电感上电流会持续增大，电感继续吸收能量，此时，电容 C 上会流过与 i_C 相反的电流，电容由释放能量状态转变为吸收能量状态，电压 u_{dc} 不再减小，而转变为持续增大。

当电容 C 两端电压恢复到 $u_{dc,ref}$ 时，电感两端电压为零，此时电感不再吸收能量，电感电流也不再增大。

电路动态过程处于低频振荡状态时，$i_C=i_{s,dc}-i_L$ 依旧小于 0，由电容特性得

$$i_C = C\frac{du_C}{dt} \tag{4-8}$$

由式(4-8)可知，电容两端电压 u_{dc} 依旧会持续增大，电容继续吸收能量，此时，电感两端电压 u_L 便会随之变为负值，电感由吸收能量状态转变为释放能量状态，电感电流随之减小，且电阻 R 上的电流 i_R 也随之转变方向。

随着电感电流不断减小，到某一时刻，电容电流减小到 0，电容停止吸收能量，但由于此时电感两端电压依旧小于 0，电感继续释放能量，电感电流继续减小，由式(4-4)可知，电容电流 i_C 将变为正值，电容将由吸收能量状态转变为释放能量状态，电容两端电压也会随之下降。

当电容电压下降到 $u_{dc,ref}$ 时，电路中电压 u_{dc} 的低频振荡现象，亦即直流配电系统的低频振荡现象完成一个振荡周期，随后，电路中各变量的变化关系将恢复到初始时刻，随着时间持续下去。

将电容电压的一个振荡周期依据其变化趋向及其与直流电压源 $u_{dc,ref}$ 的大小关系划分为四个阶段，在这一个周期之中，电容电感的能量转化与其电压电流变

化的动态关系如表 4-4 所示。

表 4-4　电压首个振荡周期中电容电感能量转化及其电压电流的关系

阶段	直流电压状态	电容	电感	电容电压	电容电流	电感电压	电感电流
第一阶段	$u_{dc}<u_{dc,ref}$ 并呈下降趋势	释放能量	吸收能量	逐渐减小	反向突增并逐渐减小到 0	由 0 开始逐渐增大	逐渐增大
第二阶段	$u_{dc}<u_{dc,ref}$ 并呈上升趋势	吸收能量	吸收能量	逐渐增大	逐渐增大	逐渐减小到 0	逐渐增大
第三阶段	$u_{dc}>u_{dc,ref}$ 并呈上升趋势	吸收能量	释放能量	逐渐增大	逐渐减小到 0	变为负值逐渐增大	逐渐减小
第四阶段	$u_{dc}>u_{dc,ref}$ 并呈下降趋势	释放能量	释放能量	逐渐减小	变为负值逐渐增大	由负值极点逐渐减小到 0	逐渐减小

在这一振荡周期结束之后，电路会反复进行上述四个过程导致电容电压继续振荡下去，但由于电路中耗能元件电阻的存在，振荡过程不会一直持续下去，当等效电阻 R_{eq} 上消耗的能量与直流电压源 $u_{dc,ref}$ 上产生的能量达到新的平衡时，电路达到新的稳定状态，此时，电容 C 与电感 L 的能量不再变化，相较原来的稳定状态，电感上积聚的能量会更大，而电容上的能量并未发生变化，即电感上流过的电流增大，电容电压依旧等于直流电压源的电压。

4.3.2　等效电路模型仿真验证

为了验证上述电路动态过程分析的正确性，利用 MATLAB 搭建等效电路进行仿真，分析电路中电容 C 与电感 L 在单个振荡周期内的电压电流变化趋势与关键时间点的对应准确度，即可验证理论分析的正确性。图 4-9～图 4-12 分别为电

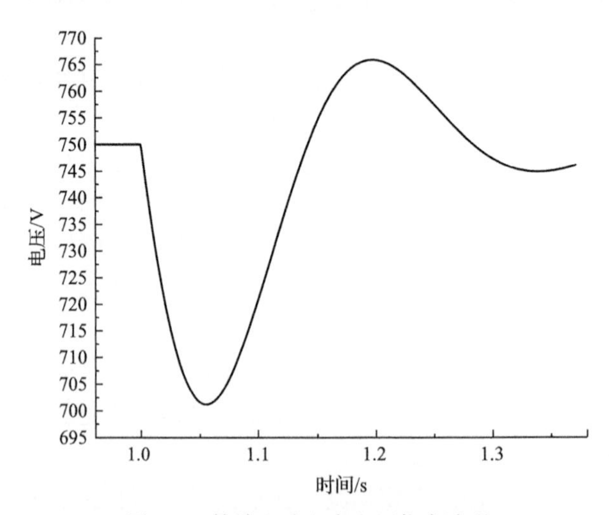

图 4-9　等效电路电容电压仿真波形

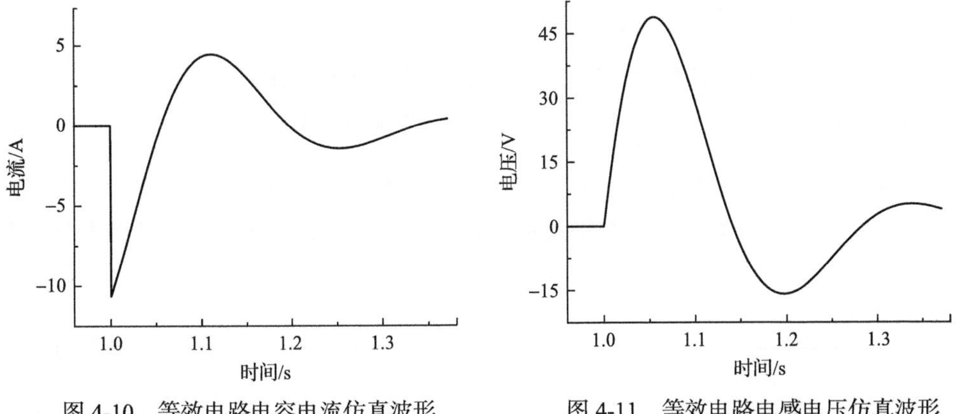

图 4-10　等效电路电容电流仿真波形　　图 4-11　等效电路电感电压仿真波形

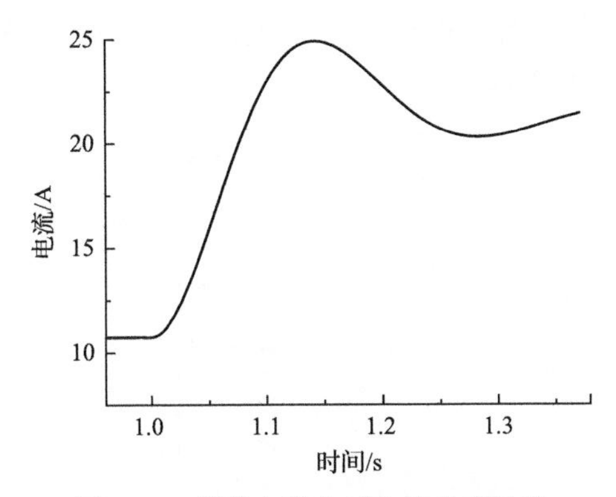

图 4-12　等效电路电感电流仿真波形

容电压、电容电流、电感电压、电感电流的仿真波形。

观察图 4-9～图 4-12 可以发现，电容、电感的电压电流动态波形与表 4-4 描述特性一致，且各个时间点也对应一致，验证了理论分析的正确性。

4.4　高频振荡频率解析

4.4.1　主从控制系统的电压振荡频率解析

根据高频振荡微分方程的降阶表达式，令式(3-87)的特征方程为

$$a_3\lambda^2 + b_3\lambda + c_3 = 0 \tag{4-9}$$

式中

$$\begin{cases} a_3 = LC_{\text{dc}}/K \\ b_3 = (RC_{\text{dc}} + k_{i,\text{p}}k_{\text{ceg}}C_{\text{dc}})/K + L/KR_{\text{load}} \\ c_3 = (R + k_{i,\text{p}}k_{\text{ceg}})/KR_{\text{load}} + k_{i,\text{p}}k_{u,\text{p}}k_{\text{ceg}} \end{cases} \tag{4-10}$$

简化后的式(3-87)为二阶微分方程，其解析振荡频率和特征方程式(4-9)的共轭复根的虚部相关，满足判别条件 $\Delta<0$ 时产生振荡，且振荡频率如式(4-11)所示。

$$\omega = \sqrt{4a_3c_3 - b_3^2}\Big/(2a_3) \tag{4-11}$$

为了验证降阶二阶方程描述系统振荡的正确性，分别给出四阶系统和二阶系统直流侧滤波电容、交流侧等效电感、外环比例系数等参数对振荡频率的影响曲线，如图 4-13～图 4-15 所示。

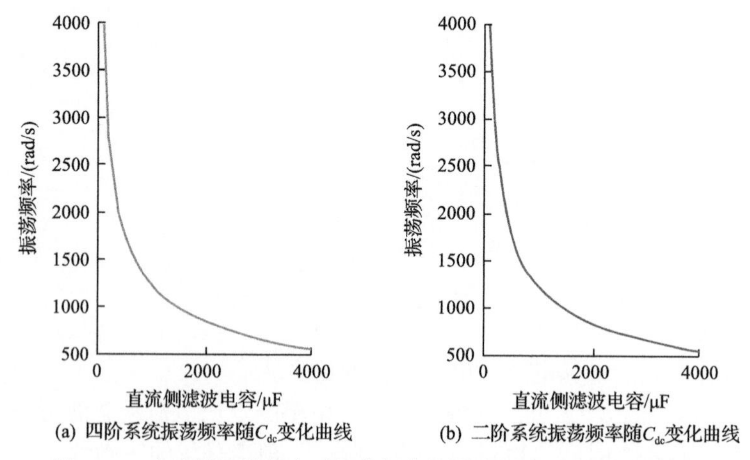

图 4-13 直流侧滤波电容对振荡频率的影响规律(主从控制系统)

可以看出，交流侧等效电感、外环比例系数和直流侧滤波电容的变化对系统振荡频率有较大影响，对比图 4-13～图 4-15 可以看出，降阶的二阶方程振荡频率和四阶方程振荡频率基本一致，验证了降阶方程的正确性。

4.4.2 U_{dc}-P 下垂控制系统的电压振荡频率解析

设推导得到的降阶微分方程的特征方程为

$$a_4\lambda^2 + b_4\lambda + c_4 = 0 \tag{4-12}$$

式中

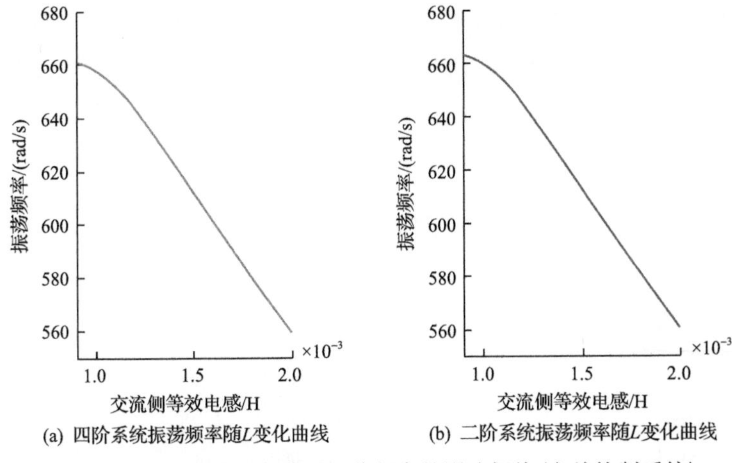

图 4-14　交流侧等效电感对振荡频率的影响规律(主从控制系统)

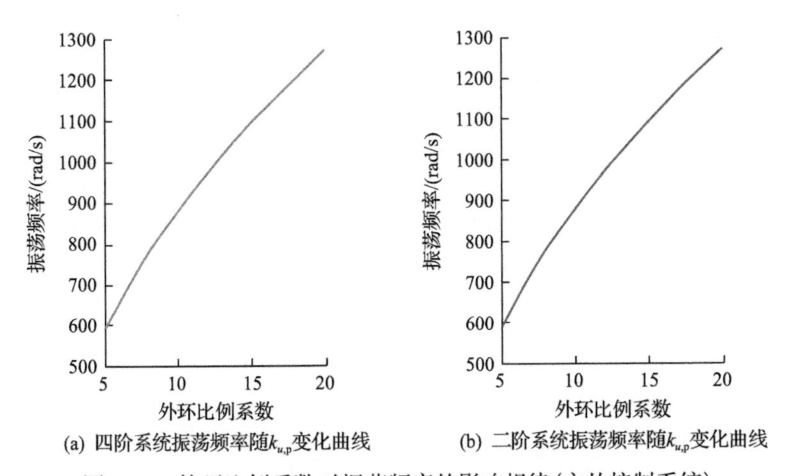

图 4-15　外环比例系数对振荡频率的影响规律(主从控制系统)

$$\begin{cases} a_4 = C_{\mathrm{dc}}L / K \\ b_4 = (RC_{\mathrm{dc}} + C_{\mathrm{dc}}k_{\mathrm{ceg}}k_{i,\mathrm{p}}(1+1.5u_{\mathrm{d}}k_{u,\mathrm{p}})) / K + L / R_{\mathrm{load}}K \\ c_4 = k_{\mathrm{ceg}}k_{u,\mathrm{p}}k_{i,\mathrm{p}}k_{\mathrm{d}} + (R + k_{\mathrm{ceg}}k_{i,\mathrm{p}}(1+1.5u_{\mathrm{d}}k_{u,\mathrm{p}})) / R_{\mathrm{load}}K \end{cases} \tag{4-13}$$

二阶微分方程振荡频率和特征方程式(4-12)的共轭复根的虚部相关，满足判别条件式(4-14)时产生振荡，且振荡频率如式(4-15)所示：

$$\varDelta = b_4^2 - 4a_4c_4 < 0 \tag{4-14}$$

$$\omega = \sqrt{4a_4c_4 - b_4^2} / (2a_4) \tag{4-15}$$

为了验证降阶方程描述电压振荡频率的正确性，分别给出四阶系统和二阶系统直流侧滤波电容、交流侧等效电感、下垂系数对振荡频率的影响曲线，如图 4-16～图 4-18 所示。

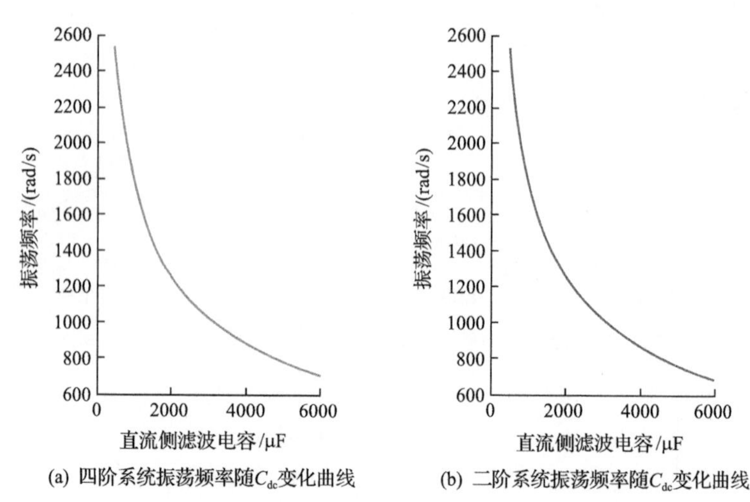

(a) 四阶系统振荡频率随C_{dc}变化曲线　　(b) 二阶系统振荡频率随C_{dc}变化曲线

图 4-16　直流侧滤波电容对振荡频率的影响规律（U_{dc}-P 下垂控制系统）

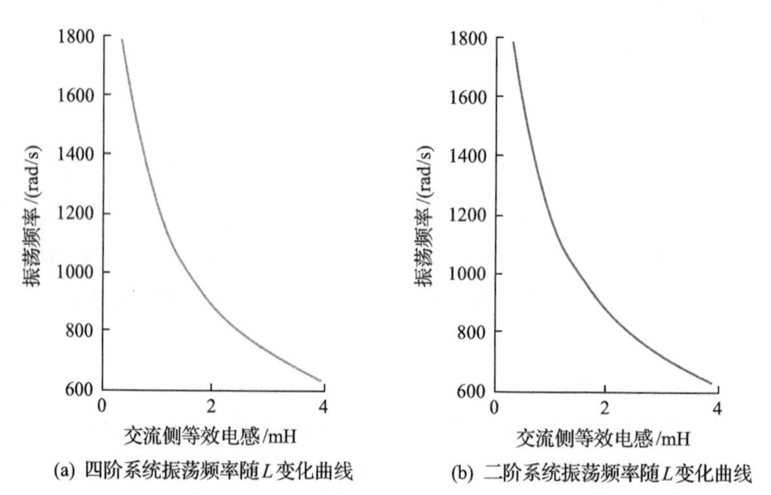

(a) 四阶系统振荡频率随L变化曲线　　(b) 二阶系统振荡频率随L变化曲线

图 4-17　交流侧等效电感对振荡频率的影响规律（U_{dc}-P 下垂控制系统）

由图 4-16～图 4-18 可以看出，直流侧滤波电容、交流侧等效电感、下垂系数的变化对系统振荡频率有较大影响，且降阶前后刻画的直流电压振荡频率基本一致，验证了降阶方程的正确性。

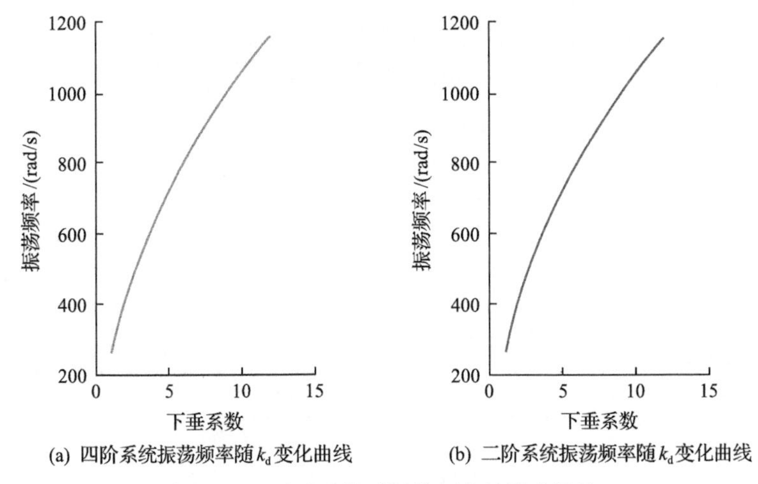

(a) 四阶系统振荡频率随 k_d 变化曲线　(b) 二阶系统振荡频率随 k_d 变化曲线

图 4-18　下垂系数对振荡频率的影响规律

4.5　高频振荡机理分析

4.5.1　主从控制系统的高频振荡机理分析

根据降阶二阶方程，可获得振荡频率解析式，如式(4-16)所示[3,4]：

$$\omega=\sqrt{\frac{k_{\mathrm{ceg}}k_{i,\mathrm{p}}\left(1+2k_{u,\mathrm{p}}R_{\mathrm{load}}K\right)+R}{2C_{\mathrm{dc}}LR_{\mathrm{load}}}-\frac{1}{4C_{\mathrm{dc}}^{2}R_{\mathrm{load}}^{2}}-\frac{\left(R+k_{\mathrm{ceg}}k_{i,\mathrm{p}}\right)^{2}}{4L^{2}}} \tag{4-16}$$

约束条件为判别式 $\varDelta<0$，如式(4-17)所示：

$$\varDelta=\frac{L^{2}}{K^{2}R_{\mathrm{load}}^{2}}+\frac{C_{\mathrm{dc}}^{2}\left(k_{\mathrm{ceg}}k_{i,\mathrm{p}}+R\right)^{2}}{K^{2}}-\frac{2C_{\mathrm{dc}}L\left(k_{\mathrm{ceg}}k_{i,\mathrm{p}}+R+2k_{\mathrm{ceg}}k_{i,\mathrm{p}}k_{u,\mathrm{p}}R_{\mathrm{load}}K\right)}{K^{2}R_{\mathrm{load}}}<0 \tag{4-17}$$

影响高频振荡的因素有两类：一是电路等效阻抗和换流器直流侧电容，其构成的 LC 环节会引起直流电压的高频振荡；二是直流侧滤波电容等元件的参数改变也使得系统固有谐振频率和阻尼比发生变化。其中振荡频率的变化与图 4-13～图 4-15 一致。表 4-5 和表 4-6 分别给出了直流侧滤波电容和交流侧等效电感变化时阻尼比的变化情况。

表 4-5 数据表明，随着直流侧滤波电容的增大，阻尼比增大，这说明直流侧滤波电容的增大使得振荡衰减速度变快。表 4-6 数据表明，随着交流侧等效电感的减小，阻尼比增大，这说明交流侧等效电感的减小使得振荡衰减速度变快。

表 4-5 主从控制系统直流侧滤波电容变化时阻尼比的值

直流侧滤波电容/μF	阻尼比	直流侧滤波电容/μF	阻尼比
200	0.1518	2200	0.3711
600	0.2122	2600	0.4013
1000	0.2609	3000	0.4293
1400	0.3021	3400	0.4556
1800	0.3384	3800	0.4805

表 4-6 主从控制系统交流侧等效电感变化时阻尼比的值

交流侧等效电感/mH	阻尼比	交流侧等效电感/mH	阻尼比
0.5	0.9700	4	0.3551
1	0.6895	5	0.3207
2	0.4924	6	0.2956
3	0.4061	7	0.2763

另外，直流配电系统中控制算法和控制参数的多样化也使得直流电压高频振荡现象更为复杂[5]，表 4-7 给出了外环比例系数变化时阻尼比的变化情况。

表 4-7 主从控制系统外环比例系数变化时阻尼比的值

外环比例系数	阻尼比	外环比例系数	阻尼比
5	0.5384	13	0.3363
7	0.4565	15	0.3132
9	0.4033	17	0.2944
11	0.3653	19	0.2785

表 4-7 数据表明，随着外环比例系数的减小，阻尼比增大，这说明外环比例系数的减小使得高频振荡衰减速度变快。

式(4-16)、式(4-17)解释了系统何时产生高频振荡的问题，表 4-5～表 4-7 分析了影响振荡衰减速度的因素，下面将具体阐述各参数与振荡频率的数值解析关系，进一步揭示振荡机理。

1. 直流侧滤波电容对高频振荡的影响规律

对式(4-17)进行变换并整理成以 C_{dc} 为自变量的形式，可以看出约束条件方程 Δ 是开口向上的二次方程，且纵坐标取值为负半轴，因此可知在整个横坐标范围内振荡频率曲线为开口向下的，高频振荡极值点下的直流侧滤波电容取值 $C_{\mathrm{dc,p}}$ 为

$$C_{\mathrm{dc,p}} = \frac{L}{R_{\mathrm{load}}\left(R + k_{i,\mathrm{p}}k_{\mathrm{ceg}} + 2Kk_{i,\mathrm{p}}k_{\mathrm{ceg}}k_{u,\mathrm{p}}R_{\mathrm{load}}\right)} \tag{4-18}$$

当 $C_{dc}>C_{dc,p}$ 时，振荡频率随 C_{dc} 的增大而递减，高频振荡频率与直流侧滤波电容呈负相关。为了验证式(4-18)的正确性，将表 3-2 参数代入式(4-18)，计算求得高频振荡极值点时直流侧滤波电容值为 7.6429×10^{-7}F，即当 $C_{dc}>7.6429\times10^{-7}$F 时，振荡频率和电容值大小呈负相关。这和图 4-13 描述的曲线相符，验证了其正确性。

系统的闭环传递函数如式(4-19)所示：

$$G_{u,\mathrm{cl}}=G_{u,\mathrm{ol}}/(1+G_{u,\mathrm{ol}}) \tag{4-19}$$

式中

$$G_{u,\mathrm{ol}}=KG_{i,\mathrm{cl}}R_{\mathrm{load}}\left(k_{u,\mathrm{p}}s+k_{u,\mathrm{i}}\right)\Big/\left(R_{\mathrm{load}}Cs^2+s\right) \tag{4-20}$$

$$G_{i,\mathrm{cl}}=\left(k_{i,\mathrm{p}}k_{\mathrm{ceg}}s+k_{i,\mathrm{i}}k_{\mathrm{ceg}}\right)\Big/\left[Ls^2+\left(R+k_{i,\mathrm{p}}k_{\mathrm{ceg}}\right)s+k_{i,\mathrm{i}}k_{\mathrm{ceg}}\right] \tag{4-21}$$

其中，$G_{u,\mathrm{cl}}$、$G_{u,\mathrm{ol}}$、$G_{i,\mathrm{cl}}$ 分别为电压外环闭环传递函数、电压外环开环传递函数、电流环闭环传递函数。

依据式(4-19)得到电容参数增大时系统特征根轨迹，如图 4-19 所示。由于虚轴幅值描述了系统的振荡频率，对根轨迹分析可知，随着电容参数的增大振荡频率逐渐减小，二者呈负相关，这与式(4-18)得出的结论一致，也验证了其正确性。

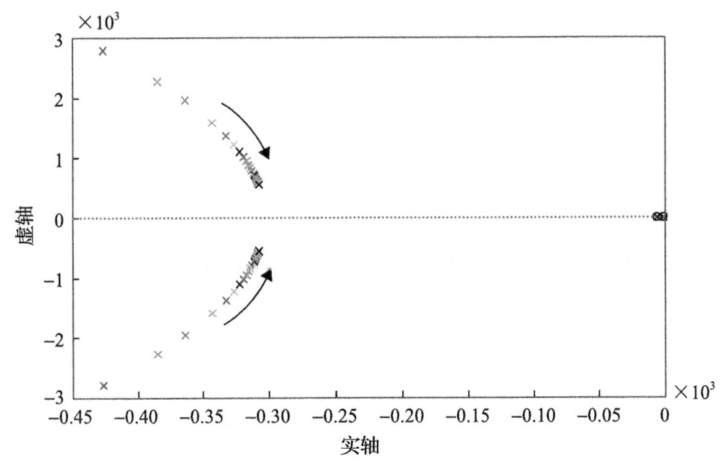

图 4-19　C_{dc} 增大时系统特征根轨迹

2. 交流侧等效电感对高频振荡的影响规律

约束方程以 L 为自变量时，Δ 为开口向上且纵坐标取负半轴的二次曲线，振荡频率极值点下的交流侧等效电感取值 L_p 如式(4-22)所示。

$$L_{\mathrm{p}}=\frac{C_{\mathrm{dc}}R_{\mathrm{load}}\left(R+k_{i,\mathrm{p}}k_{\mathrm{ceg}}\right)^{2}}{R+k_{i,\mathrm{p}}k_{\mathrm{ceg}}+2Kk_{i,\mathrm{p}}k_{\mathrm{ceg}}k_{u,\mathrm{p}}R_{\mathrm{load}}} \tag{4-22}$$

当 $L>L_{\mathrm{p}}$ 时，高频振荡频率与交流侧电感 L 呈负相关。为验证式(4-22)的正确性，将表 3-2 数据代入式(4-22)，计算求得取得极值点时的交流侧等效电感值为 9.4014×10^{-4}H，即当 $L>9.4014\times10^{-4}$H 时，振荡频率和交流侧等效电感值大小呈负相关，与图 4-14 曲线描述相符。

同样地，依据式(4-19)得到交流侧等效电感增大时系统特征根轨迹，如图 4-20 所示。

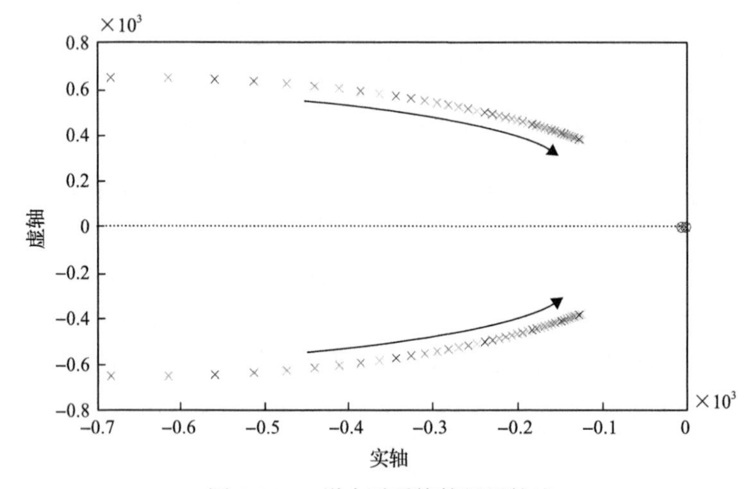

图 4-20　L 增大时系统特征根轨迹

由根轨迹可知，随着交流侧等效电感的增大振荡频率逐渐减小，二者呈负相关，这与式(4-22)得出的结论一致，同样验证了其正确性。

3. 外环 PI 控制器比例系数对高频振荡的影响规律

约束方程以 $k_{u,\mathrm{p}}$ 为自变量时，$\varDelta$ 单调递减且纵坐标取负半轴，当外环比例系数满足式(4-23)时，高频振荡频率和外环比例系数呈正相关。为验证式(4-23)的正确性，将表 3-2 数据代入式(4-23)，计算求得高频振荡极点时外环比例系数为 1.3669，即当 $k_{u,\mathrm{p}}>1.3669$ 时，振荡频率和外环比例系数呈正相关，这与图 4-15 曲线描述相符。

$$k_{u,\mathrm{p}}>\frac{L}{4KC_{\mathrm{dc}}k_{i,\mathrm{p}}k_{\mathrm{ceg}}R_{\mathrm{load}}^{2}}-\frac{1}{2KR_{\mathrm{load}}}-\frac{R}{2Kk_{i,\mathrm{p}}k_{\mathrm{ceg}}R_{\mathrm{load}}}+\frac{C_{\mathrm{dc}}\left(R+k_{i,\mathrm{p}}k_{\mathrm{ceg}}\right)^{2}}{4LKk_{i,\mathrm{p}}k_{\mathrm{ceg}}} \tag{4-23}$$

同样地，依据式(4-19)得到外环比例系数增大时系统的特征根轨迹，如图 4-21 所示。

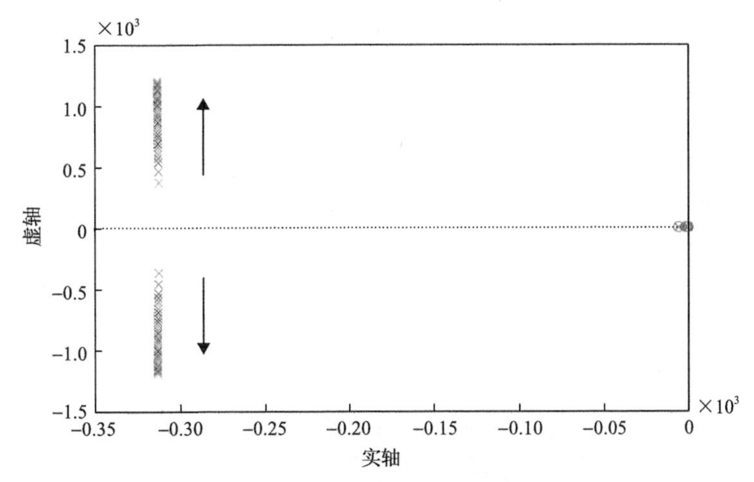

图 4-21　$k_{u,p}$ 增大时系统特征根轨迹

由根轨迹可知，随着外环比例系数的增大振荡频率逐渐增大，二者呈正相关，这与式(4-23)得出的结论一致，验证了其正确性。

4.5.2　U_{dc}-P 下垂控制系统的高频振荡机理分析

根据降阶二阶方程对系统振荡特点和振荡机理进行分析，定量分析参数变化对振荡频率的影响。

电路等效阻抗和换流器直流侧电容构成的 LC 环节会引起直流电压的高频振荡，同时直流侧滤波电容等元件参数选取不当，也使得系统固有振荡频率和阻尼比发生变化。表 4-8 和表 4-9 分别给出了直流侧滤波电容和交流侧等效电感变化时阻尼比的变化情况。

表 4-8　U_{dc}-P 下垂控制系统直流侧滤波电容变化时阻尼比的值

直流侧滤波电容/μF	阻尼比	直流侧滤波电容/μF	阻尼比
500	0.099	2900	0.216
900	0.126	3300	0.230
1300	0.149	3700	0.243
1700	0.168	4100	0.256
2100	0.186	4500	0.267

表 4-8 数据表明，随着直流侧滤波电容的增大，阻尼比增大，这说明直流侧滤波电容的增大使得振荡衰减速度变快。

表 4-9　U_{dc}-P 下垂控制系统交流侧等效电感变化时阻尼比的值

交流侧等效电感/mH	阻尼比	交流侧等效电感/mH	阻尼比
0.5	0.499	2.5	0.227
1.0	0.354	3.0	0.207
1.5	0.293	3.5	0.193
2.0	0.252	4.0	0.181

表 4-9 数据表明，随着交流侧等效电感的减小，阻尼比增大，这说明交流侧等效电感的减小使得振荡衰减速度变快。

下垂系数的变化会使系统产生振荡现象[6,7]，表 4-10 给出了下垂系数变化时阻尼比的变化情况，随着下垂系数的减小，阻尼比增大，这说明下垂系数的减小使得振荡衰减速度变快。

表 4-10　U_{dc}-P 下垂控制系统下垂系数变化时阻尼比的值

下垂系数	阻尼比	下垂系数	阻尼比
2	0.469	6	0.273
3	0.385	7	0.252
4	0.333	8	0.236
5	0.298	9	0.223

式(4-14)、式(4-15)解释了何时产生振荡以及为什么振荡的问题，表 4-8～表 4-10 分析了影响振荡衰减速度的因素，下面将分析影响高频振荡的参数与振荡频率的解析关系，进一步揭示高频振荡机理。

1. 下垂系数对高频振荡的影响规律

当下垂系数满足式(4-24)时，高频振荡频率和下垂系数呈正相关[3]。为验证式(4-24)的正确性，将表 3-3 数据代入式(4-24)，求得高频振荡极点时下垂系数为 0.45，即当 $k_d>0.45$ 时，振荡频率和下垂系数呈正相关，这与图 4-18 曲线描述相符。

$$
\begin{aligned}
k_{d,p} = &\frac{C_{dc}k_{ceg}k_{i,p}(1+3k_{u,p}u_d+2.25k_{u,p}^2u_d^2)}{4k_{u,p}LK}+\frac{L^2}{4C_{dc}k_{ceg}k_{i,p}k_{u,p}LKR_{load}^2} \\
&+\frac{C_{dc}R(2k_{ceg}k_{i,p}+R+3k_{ceg}k_{i,p}k_{u,p}u_d)}{4k_{ceg}k_{i,p}k_{u,p}LK}-\frac{2R+2k_{ceg}k_{i,p}+3k_{ceg}k_{i,p}k_{u,p}u_d}{4k_{ceg}k_{i,p}k_{u,p}KR_{load}}
\end{aligned}
\tag{4-24}
$$

下垂控制系统的闭环传递函数如式(4-25)所示：

$$G_{u,\mathrm{cl}}=\frac{G_{u,\mathrm{ol}}}{1+G_{u,\mathrm{ol}}} \tag{4-25}$$

$$G_{u,\mathrm{ol}}=k_{\mathrm{d}}G_{p,\mathrm{cl}}\frac{R_{\mathrm{load}}K}{1+sCR_{\mathrm{load}}} \tag{4-26}$$

$$G_{p,\mathrm{cl}}=\frac{G_{p,\mathrm{ol}}}{1+1.5G_{p,\mathrm{ol}}u_{\mathrm{d}}} \tag{4-27}$$

$$G_{p,\mathrm{ol}}=G_{i,\mathrm{cl}}\left(k_{u,\mathrm{p}}+\frac{k_{u,\mathrm{i}}}{s}\right) \tag{4-28}$$

$$G_{i,\mathrm{cl}}=\frac{k_{i,\mathrm{p}}k_{\mathrm{ceg}}s+k_{i,\mathrm{i}}k_{\mathrm{ceg}}}{s^2L+(R+k_{i,\mathrm{p}}k_{\mathrm{ceg}})s+k_{i,\mathrm{i}}k_{\mathrm{ceg}}} \tag{4-29}$$

式中，$G_{u,\mathrm{cl}}$、$G_{u,\mathrm{ol}}$、$G_{p,\mathrm{cl}}$、$G_{p,\mathrm{ol}}$、$G_{i,\mathrm{cl}}$ 分别为电压环闭环传递函数、电压环开环传递函数、功率环闭环传递函数、功率环开环传递函数、电流环闭环传递函数。

依据式(4-25)得到下垂系数增大时系统特征根轨迹，如图 4-22 所示。由特征根轨迹可知，随着下垂系数的增大振荡频率逐渐增大，二者呈正相关，这与式(4-24)得出的结论一致，验证了其正确性。

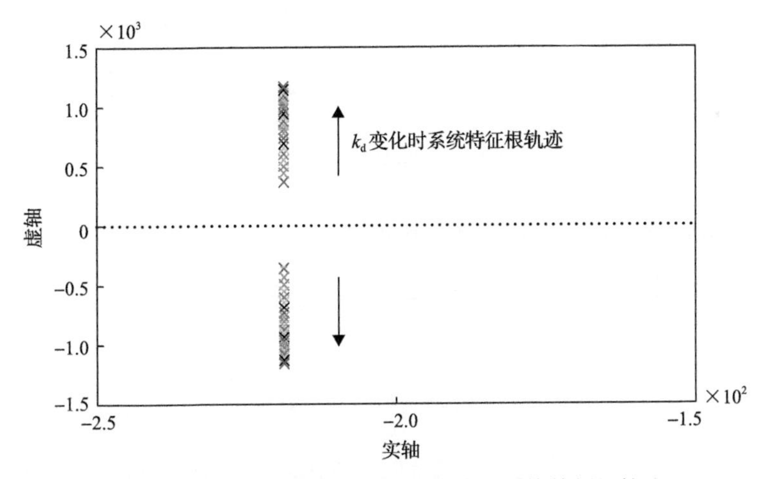

图 4-22　U_{dc}-P 下垂控制系统 k_{d} 增大时系统特征根轨迹

2. 直流侧滤波电容对高频振荡的影响规律

对式(4-16)和式(4-17)进行变换，可知系统取得高频振荡极值点时直流侧滤波电容取值 $C_{\mathrm{dc,p}}$ 为

$$C_{\mathrm{dc,p}}=-\frac{2L}{R_{\mathrm{load}}[2R+k_{i,\mathrm{p}}k_{\mathrm{ceg}}(2+4k_{\mathrm{d}}Kk_{u,\mathrm{p}}R_{\mathrm{load}}+3k_{u,\mathrm{p}}u_{\mathrm{d}})]} \tag{4-30}$$

根据式(4-16)和式(4-17)可得，当 $C_{\mathrm{dc}}>C_{\mathrm{dc,p}}$ 时，高频振荡频率与直流侧滤波电容呈负相关。将表 3-3 参数代入式(4-30)，求得 $C_{\mathrm{dc,p}}$ 取值小于 0，即当 $C_{\mathrm{dc}}>0$ 时，振荡频率和直流侧滤波电容大小呈负相关，这和图 4-16 描述的曲线相符，验证了其正确性。

依据式(4-25)得到直流侧滤波电容增大时系统特征根轨迹，如图 4-23 所示。由特征根轨迹可知，随着直流侧滤波电容的增大振荡频率逐渐减小，二者呈负相关，这与式(4-30)得出的结论一致，验证了其正确性。

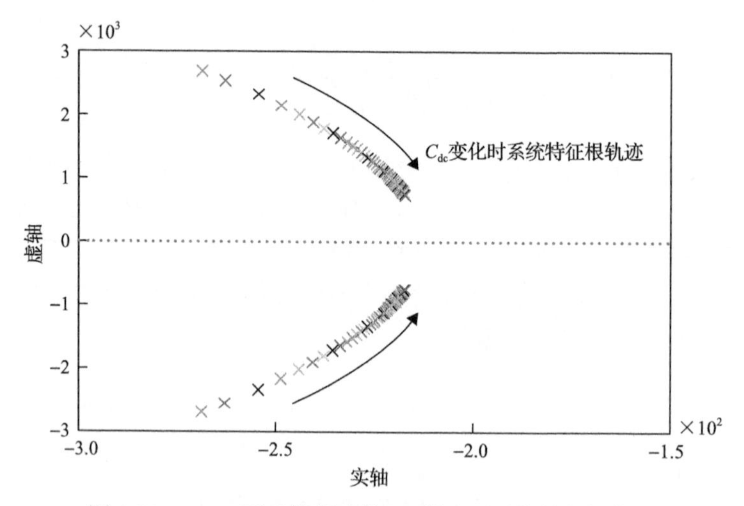

图 4-23　U_{dc}-P 下垂控制系统 C_{dc} 增大时系统特征根轨迹

3. 交流侧等效电感对高频振荡的影响规律

当振荡频率取得极值点时，交流侧等效电感的取值 L_{p} 为

$$L_{\mathrm{p}}=-\frac{2}{C_{\mathrm{dc}}R_{\mathrm{load}}[2R+k_{i,\mathrm{p}}k_{\mathrm{ceg}}(2+4k_{\mathrm{d}}Kk_{u,\mathrm{p}}R_{\mathrm{load}}+3k_{u,\mathrm{p}}u_{\mathrm{d}})]} \tag{4-31}$$

当 $L>L_{\mathrm{p}}$ 时，高频振荡频率与交流侧等效电感 L 呈负相关。将表 3-3 数据代入式(4-31)，求得 L_{p} 取值小于 0，即当 $L>0$ 时，振荡频率和交流侧等效电感呈负相关，这和图 4-17 曲线描述相符。

依据式(4-31)得到交流侧等效电感增大时系统特征根轨迹，如图 4-24 所示。

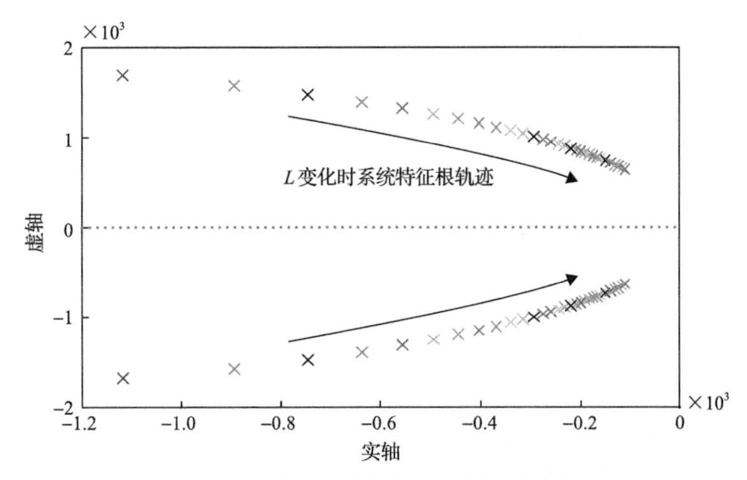

图 4-24　下垂控制系统 L 增大时系统特征根轨迹

由特征根轨迹可知，随着交流侧等效电感参数的增大振荡频率逐渐减小，二者呈负相关，这与式(4-31)得出的结论一致，验证了其正确性。

4.6　高频振荡验证与分析

4.6.1　主从控制下的振荡机理验证

本节根据图 4-25 分别搭建了低压、中压直流配电系统的详细模型，其中换流器采用三相全控桥式电路，可以实现能量的双向流动，满足直流配电系统的运行需求，采用直流电压外环和电流内环的双闭环控制方式。

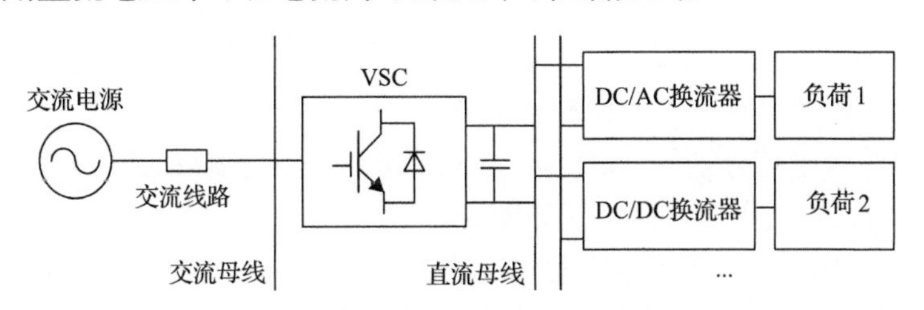

图 4-25　直流配电系统仿真拓扑

1. 低压直流配电系统仿真验证

初始状态负荷 1 并网运行，在 t=0.6s 时负荷 2 投入，投入时功率为 11.7kW，此时直流配电网直流电压出现振荡现象。

1) 直流侧滤波电容对高频振荡的影响

直流侧滤波电容分别取 2000μF、3000μF、4000μF，控制参数取值为 $k_{u,\mathrm{p}}$=6，

$k_{u,\mathrm{i}}$=6，$k_{i,\mathrm{p}}$=2，$k_{i,\mathrm{i}}$=12，此时直流电压的振荡情况如图 4-26 所示。

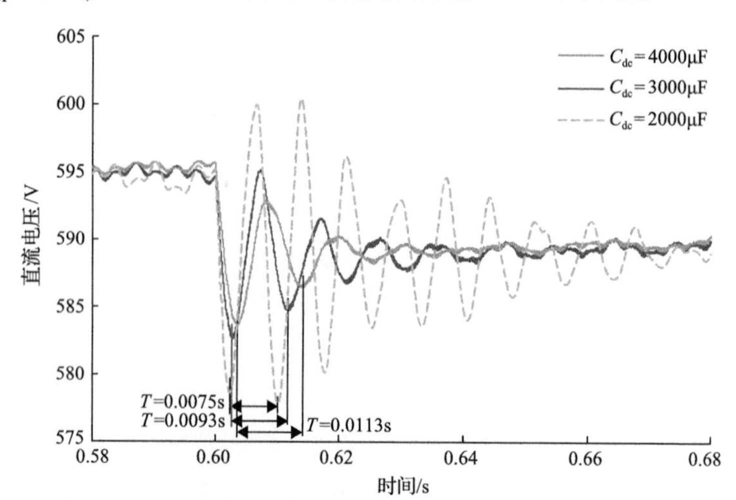

图 4-26　主从控制系统变 C_{dc} 直流电压仿真波形(低压直流配电系统)

图 4-26 表明，随着直流侧滤波电容的不断增加，高频振荡频率逐渐减小，直流电压波形更加稳定，这与前述理论分析一致。根据图 4-26 得出了仿真振荡频率与计算振荡频率的对比情况，如表 4-11 所示，两者结果基本一致。

表 4-11　主从控制系统变 C_{dc} 时振荡频率对比(低压直流配电系统)

C_{dc}/μF	仿真振荡频率/(rad/s)	计算振荡频率/(rad/s)	误差/%
4000	555.752	560.498	0.85
3000	675.269	671.122	–0.61
2000	837.333	843.978	0.79

2) 交流侧等效电感对高频振荡的影响

交流侧等效电感分别取 2mH、1.5mH、0.9mH，控制参数取值为 $k_{u,\mathrm{p}}$=6，$k_{u,\mathrm{i}}$=6，$k_{i,\mathrm{p}}$=2，$k_{i,\mathrm{i}}$=12，直流电压振荡情况如图 4-27 所示。

图 4-27 表明，交流侧等效电感的减小使得直流电压高频振荡频率增大，这与前述理论分析一致。由于交流侧等效电感反映了交流互联电网的强弱程度，图 4-27 也表明强电网条件下，系统稳定性较好，而弱电网下，系统稳定性较差。根据图 4-27 得出仿真振荡频率与计算振荡频率的对比情况，如表 4-12 所示，验证了式(4-16)的有效性。

3) 外环比例系数对高频振荡影响

外环比例系数分别取 6、12、18，其余控制参数取值为 $k_{u,\mathrm{i}}$=6，$k_{i,\mathrm{p}}$=2，$k_{i,\mathrm{i}}$=12，直流电压的振荡情况如图 4-28 所示。

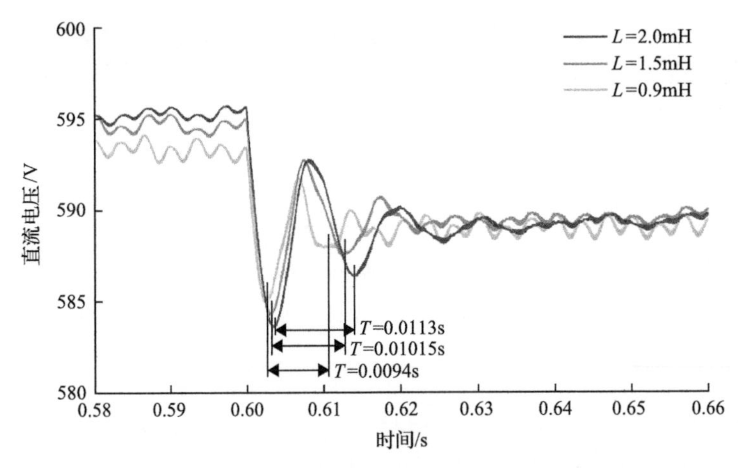

图 4-27　主从控制系统变 L 直流电压仿真波形(低压直流配电系统)

表 4-12　主从控制系统变 L 时振荡频率对比(低压直流配电系统)

L/mH	仿真振荡频率/(rad/s)	计算振荡频率/(rad/s)	误差/%
2.0	555.752	560.498	0.85
1.5	618.719	611.787	–1.12
0.9	668.085	661.190	–1.03

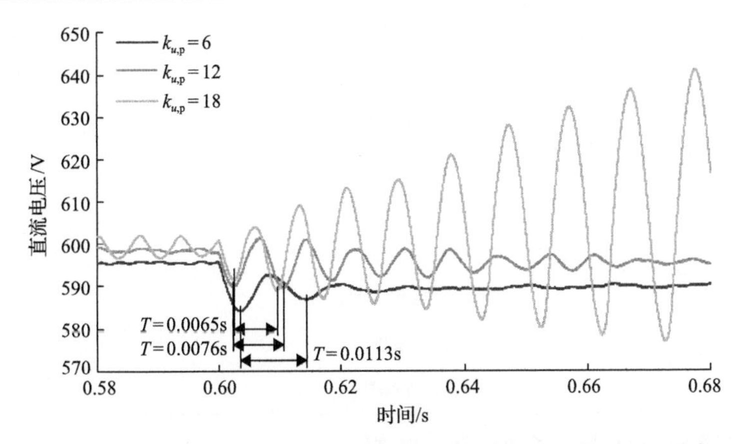

图 4-28　主从控制系统变 $k_{u,p}$ 直流电压仿真波形(低压直流配电系统)

图 4-28 表明，随着外环比例系数的增加，直流电压的振荡频率越来越高，这与前述理论分析一致。而且随着振荡频率的增加，直流电压最终不再收敛，这也为实际工程参数选择提供了依据，即需要权衡跟踪效果和高频振荡之间的关系。根据图 4-28 得出了仿真频率与计算频率的对比情况，如表 4-13 所示，验证了式(4-16)的有效性。

表 4-13 主从控制系统变 $k_{u,p}$ 时振荡频率对比(低压直流配电系统)

$k_{u,p}$	仿真振荡频率/(rad/s)	计算振荡频率/(rad/s)	误差/%
6	555.752	560.498	0.85
12	826.316	847.193	2.53
18	966.154	1059.592	9.67

由表 4-11～表 4-13 可以得出，除了振荡发散情况下误差在 9.67%左右，所建立的降阶模型均能比较准确地反映低压直流配电系统的高频振荡频率。

2. 中压直流配电系统仿真验证

在中压直流配电系统中，初始状态负荷 1 并网运行，在 t=1.5s 时负荷 2 投入，投入功率为 3510kW，此时直流配电网电压出现振荡现象，电路参数和控制参数取值如表 4-14 所示。

表 4-14 主从控制系统中压直流配电系统基本参数

符号	参数名称	参数取值
$u_{s,r}$	额定交流电压(线)	10kV
$U_{dc,ref}$	直流电压参考值	20kV
L	交流侧等效电感	3mH
R	交流侧等效电阻	0.04Ω
f	换流器开关频率	10kHz
C_{dc}	直流侧滤波电容	3000μF
R_{load}	等效直流负荷	185Ω
$k_{u,p}/k_{u,i}$	外环比例/积分系数	6/14
$k_{i,p}/k_{i,i}$	内环比例/积分系数	1/12
K	比例系数	0.75
k_{ceg}	换流器等效增益	1

1)直流侧滤波电容对高频振荡的影响

直流侧滤波电容取值、直流电压的振荡情况如图 4-29 所示。可以得出随着直流侧滤波电容的增大,高频振荡频率逐渐减小,这与前述理论分析一致。根据图 4-29 得到仿真振荡频率与计算振荡频率的对比，如表 4-15 所示，验证了式(4-16)的有效性。

2)交流侧等效电感对高频振荡的影响

交流侧等效电感取值、直流电压振荡情况如图 4-30 所示。

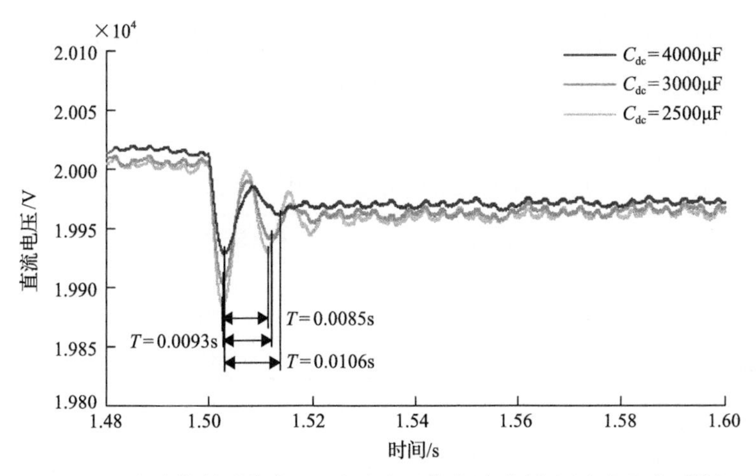

图 4-29　主从控制系统变 C_{dc} 直流电压仿真波形(中压直流配电系统)

表 4-15　主从控制系统变 C_{dc} 时振荡频率对比(中压直流配电系统)

C_{dc}/μF	仿真振荡频率/(rad/s)	计算振荡频率/(rad/s)	误差/%
4000	592.453	588.915	–0.60
3000	675.269	686.946	1.73
2500	738.824	756.277	2.36

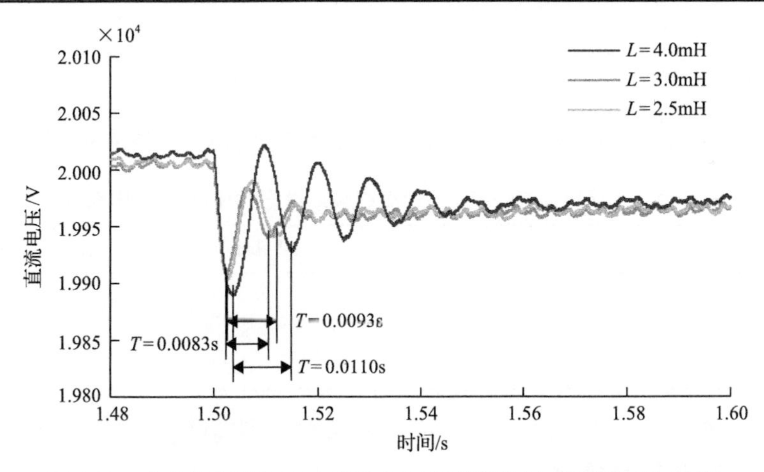

图 4-30　主从控制系统变 L 直流电压仿真波形(中压直流配电系统)

可以看出，随着交流侧等效电感的减小，直流电压高频振荡频率增大，这与前述理论分析一致。根据图 4-30 得出了仿真振荡频率与计算振荡频率的对比情况，如表 4-16 所示，验证了式(4-16)的有效性。

3) 外环比例系数对高频振荡的影响

外环比例系数取值、直流电压的振荡情况如图 4-31 所示。可以看出，随着外环比例系数的增加，直流电压的振荡频率变高，这与前述理论分析一致。根据图 4-31 得出了仿真振荡频率与计算振荡频率的对比情况，如表 4-17 所示，验证了式(4-16)的有效性。

表 4-16　主从控制系统变 L 时振荡频率对比(中压直流配电系统)

L/mH	仿真振荡频率/(rad/s)	计算振荡频率/(rad/s)	误差/%
4	570.909	599.652	5.03
3	675.269	686.946	1.73
2.5	756.627	747.691	–1.18

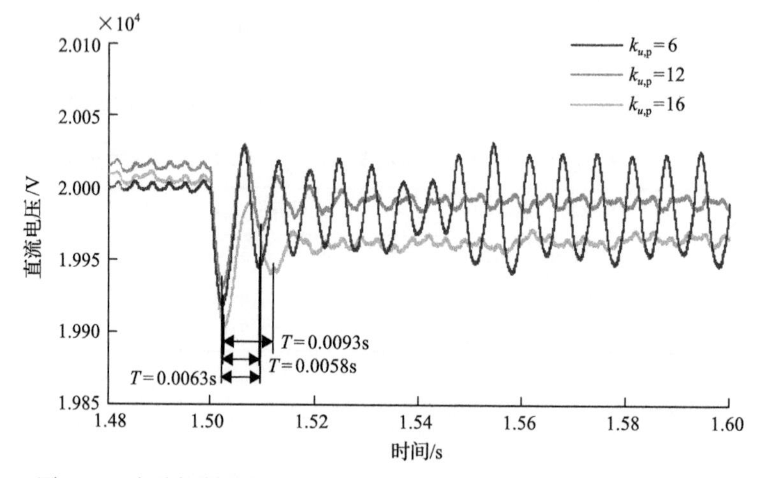

图 4-31　主从控制系统变 $k_{u,p}$ 直流电压仿真波形(中压直流配电系统)

表 4-17　主从控制系统变 $k_{u,p}$ 时振荡频率对比(中压直流配电系统)

$k_{u,p}$	仿真振荡频率/(rad/s)	计算振荡频率/(rad/s)	误差/%
6	675.269	686.946	1.73
12	996.825	985.946	–1.09
16	1082.759	1142.572	5.52

由表 4-15～表 4-17 可以看出，所建立的降阶模型能够较为准确地反映中压直流配电系统的高频振荡特性。

4.6.2　U_{dc}-P 下垂控制下的振荡机理验证

按图 4-25 所示结构搭建采用 U_{dc}-P 下垂控制的直流配电系统详细模型，初始状态负荷 1 并网运行，在 t=1.5s 时负荷 2 投入，负荷 2 额定功率为 24kW，投入时为额定功率的 75%。

1. 直流侧滤波电容对高频振荡的影响

直流侧滤波电容分别取 3000μF、4000μF、5000μF，此时直流电压的振荡情况如图 4-32～图 4-34 所示。

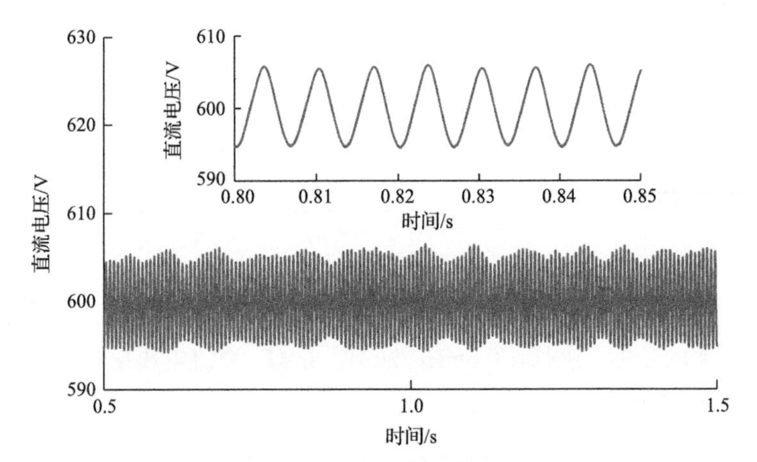

图 4-32　C_{dc}=3000μF 时直流电压

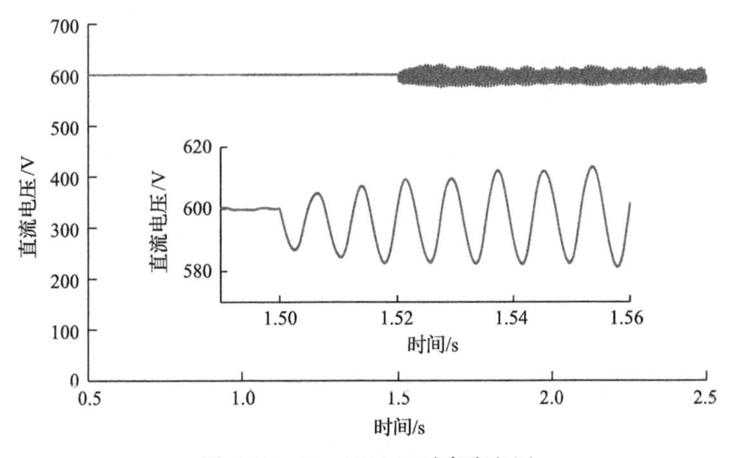

图 4-33　C_{dc}=4000μF 时直流电压

图 4-32～图 4-34 表明，随着直流侧滤波电容的不断增加，高频振荡频率逐渐减小，直流电压波形更加稳定，这与前述理论分析一致。根据图 4-32～图 4-34 得出了仿真振荡频率与计算振荡频率的对比情况，如表 4-18 所示，验证了振荡频率解析式的有效性。

2. 交流侧等效电感对高频振荡的影响

为了有效对比，选取 L=2mH 为参照，L 取值为 2mH 时的振荡情况与图 4-33

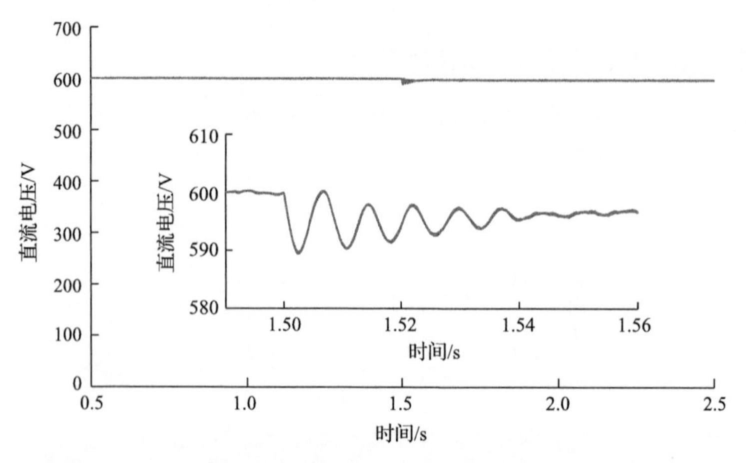

图 4-34　C_{dc}=5000μF 时直流电压

一致。交流侧等效电感分别取 0.6mH、2mH、4mH，直流电压振荡情况如图 4-35、图 4-33 和图 4-36 所示。

表 4-18　U_{dc}-P 下垂控制系统 C_{dc} 变化时振荡频率对比

C_{dc}/μF	仿真振荡频率/(rad/s)	计算振荡频率/(rad/s)	误差/%
5000	765.85	777.97	1.58
4000	854.42	876.52	2.59
3000	951.52	1019.82	7.18

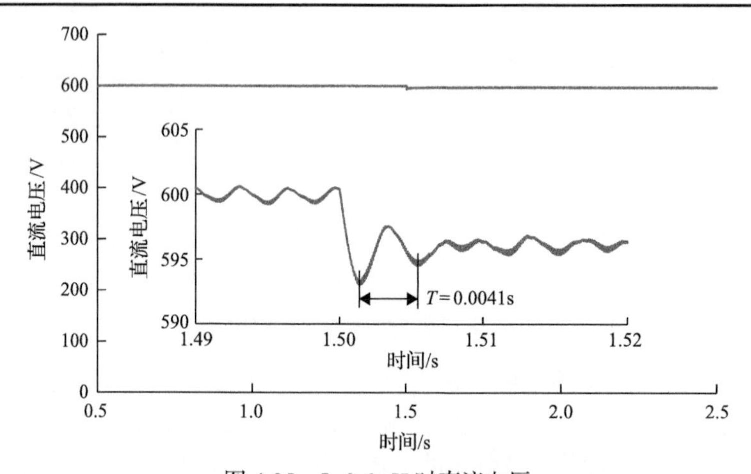

图 4-35　L=0.6mH 时直流电压

图 4-33、图 4-35 和图 4-36 表明，随着交流侧等效电感的减小，直流电压高频振荡频率增大，这与前述理论分析一致。根据图 4-33、图 4-35 和图 4-36 得出了仿真振荡频率与计算振荡频率的对比情况，如表 4-19 所示，验证了所推导的振

荡频率解析式的有效性。

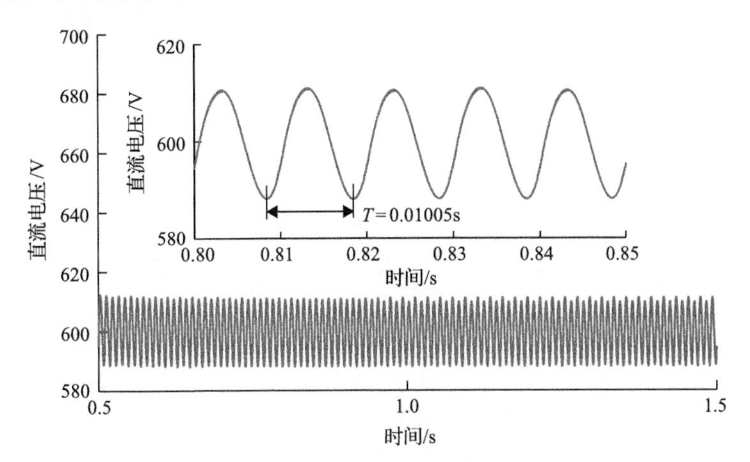

图 4-36　L=4mH 时直流电压

表 4-19　U_{dc}-P 下垂控制系统 L 变化时振荡频率对比

L/mH	仿真振荡频率/(rad/s)	计算振荡频率/(rad/s)	误差/%
4.0	624.88	630.99	0.98
2.0	854.42	876.52	2.59
0.6	1531.71	1475.5	–3.67

3. 下垂系数对高频振荡的影响

选取 k_d=7 作为参照，k_d 取值为 7 时的振荡情况与图 4-33 一致。下垂系数分别取 6、7、9，直流电压的振荡情况如图 4-37、图 4-33 和图 4-38 所示。

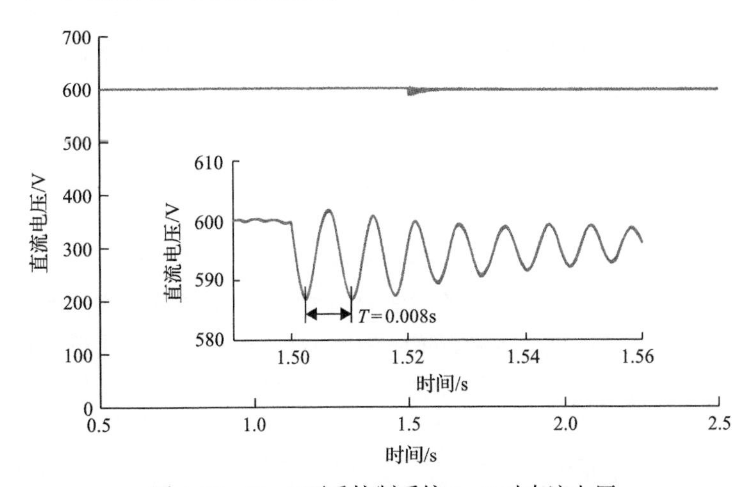

图 4-37　U_{dc}-P 下垂控制系统 k_d=6 时直流电压

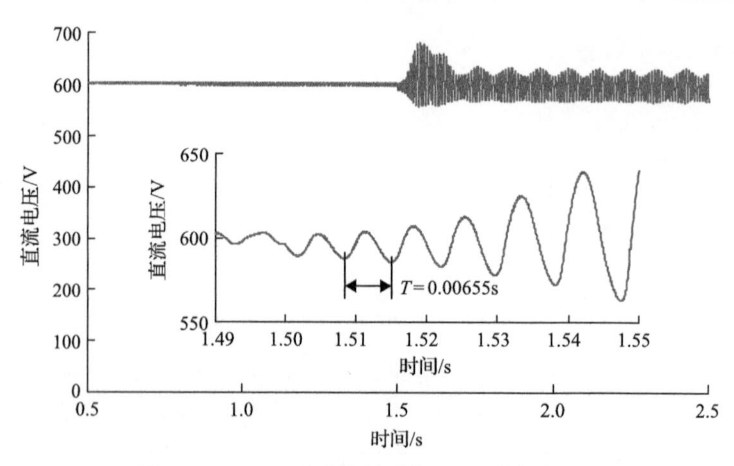

图 4-38 U_{dc}-P 下垂控制系统 k_d=9 时直流电压

图 4-33、图 4-37 和图 4-38 表明，随着下垂系数的增加，直流电压的振荡频率越来越高，这与前述理论分析一致。而且随着下垂系数的增加，直流电压最终等幅振荡，这为实际工程参数提供了选择依据。根据图 4-33、图 4-37 和图 4-38 得出了仿真振荡频率与计算振荡频率的对比情况，如表 4-20 所示，验证了振荡频率解析式的有效性。

表 4-20 U_{dc}-P 下垂控制系统 k_d 变化时振荡频率对比

k_d	仿真振荡频率/(rad/s)	计算振荡频率/(rad/s)	误差/%
6	785.00	807.49	2.86
7	854.42	876.52	2.59
9	966.15	1000.39	3.54

由表 4-18～表 4-20 可以得出，所建立的降阶模型能够较为准确地反映直流配电系统的高频振荡频率。

4.7 本章小结

本章对直流配电系统低频振荡和高频振荡机理进行了分析。

(1)针对直流配电系统低频振荡问题，依据控制环节的微分表达形式将其等效为物理电路，建立了直流配电系统的等效物理电路模型，推导出低频振荡的解析表达形式，并依据影响因素的灵敏度提出降阶等效模型，分析了振荡频率与关键参数间的关系。

(2)针对直流配电系统高频振荡问题，推导了高阶微分方程，灵敏度分析结果表明内外环积分系数对振荡频率的影响可以忽略，据此实现系统降阶，推导了振荡频率解析式，获取了关键参数与振荡频率的关系。

参 考 文 献

[1] 李海荣. 柔性直流配电系统低频振荡机理分析与优化控制[D]. 淄博: 山东理工大学, 2021.

[2] 李海荣, 彭克, 陈羽, 等. 直流配电系统直流电压控制时间尺度的低频振荡机理分析[J]. 高电压技术, 2021, 47(6): 2232-2242.

[3] Yao G Z, Peng K, Li X D, et al. A reduced-order model for high-frequency oscillation mechanism analysis of droop control based flexible DC distribution system[J]. International Journal of Electrical Power and Energy Systems, 2021, 130: 106927.

[4] 姚广增, 彭克, 李海荣, 等. 柔性直流配电系统高频振荡降阶模型与机理分析[J]. 电力系统自动化, 2020, 44(20): 29-36.

[5] 钟庆, 冯俊杰, 王钢, 等. 含多电压源型换流器配电网高频谐振特性分析[J]. 电力系统自动化, 2017, 41(5): 99-105.

[6] 李霞林, 王成山, 郭力, 等. 直流微电网稳定控制关键技术研究综述[J]. 供用电, 2015, 32(10): 1-14.

[7] 彭克, 陈佳佳, 徐丙垠, 等. 柔性直流配电系统稳定性及其控制关键问题[J]. 电力系统自动化, 2019, 43(23): 90-98, 115.

第 5 章　直流配电系统控制

本章针对直流配电系统的低频振荡及高频振荡问题，围绕附加阻尼补偿、虚拟惯量以及鲁棒控制等策略，介绍直流配电系统的振荡抑制策略，从而提升直流配电系统的动态性能及稳定性。

5.1　基于附加阻尼补偿的振荡抑制策略

5.1.1　基于附加阻尼补偿的低频振荡抑制策略

1. 基于附加阻尼补偿策略的下垂控制分析

由于 U_{dc}-P 下垂控制存在阻尼特性弱、稳定性差等问题，并且随着直流线路电阻值和电感值的增大，系统的稳定性减弱，为了提升 U_{dc}-P 下垂控制与直流线路参数值兼容的稳定性，本小节介绍基于附加阻尼的控制策略。

1) 附加阻尼补偿策略原理

当直流配电系统发生小扰动时，系统阻尼决定了直流电压的振荡情况，而附加阻尼对直流电压的振荡有抑制作用，因此通过主动增加系统阻尼可以有效地提高系统稳定性。直流电压作为阻尼补偿函数的注入信号时，其提供的阻尼与换流器的出力呈一定程度的负相关，但基于直流电流的阻尼补偿函数与换流器出力呈正相关，因此阻尼补偿效果更好。若附加阻尼提供的电压与系统发生扰动引起的扰动电压大小相等、方向相反，则可完全抑制系统振荡，使系统达到新的稳定状态。

2) 附加阻尼补偿器结构

附加阻尼的形式有阻性补偿、感性补偿和复合补偿等，下面分别进行介绍。

(1) 阻性补偿。阻性补偿具有抑制系统振荡和提高系统稳定性的作用，并且采用直流线路电阻作为阻尼补偿时，阻尼补偿函数提供的阻尼与换流器的出力呈正相关，系统稳定性更好。为解决阻性补偿环节有直流电流稳态分量流入的问题，本小节采用一阶高通滤波器滤除直流电流的稳态分量，一阶高通滤波器的传递函数为

$$G_c(s)=\frac{sk_c}{s+\omega_c} \tag{5-1}$$

式中，k_c 和 ω_c 分别为高通滤波器的增益和截止角频率。补偿后的控制框图如图 5-1 所示。

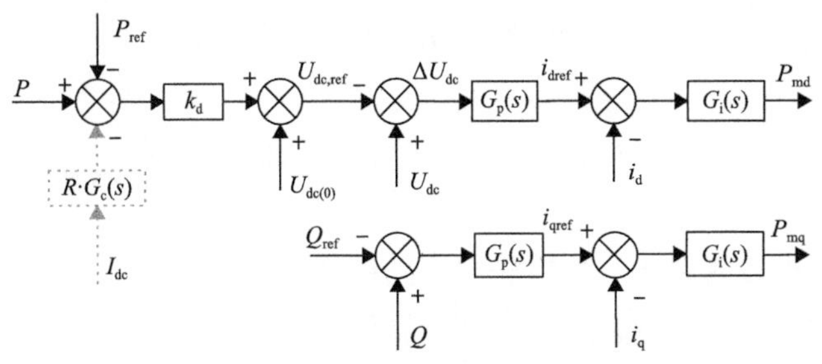

图 5-1　阻性补偿控制框图

$U_{dc(0)}$-直流电压稳态运行值；P_{md}、P_{mq}-换流器调制系数

(2)感性补偿。相较于阻性补偿，感性补偿模型中存在微分环节，因此不需要额外的滤波环节去除直流电流中的稳态分量，并且采用直流电感作为阻尼补偿时，在换流器出力发生变化时，动态响应较快，系统能够快速地提供阻尼抑制波动。补偿后的控制框图如图 5-2 所示。

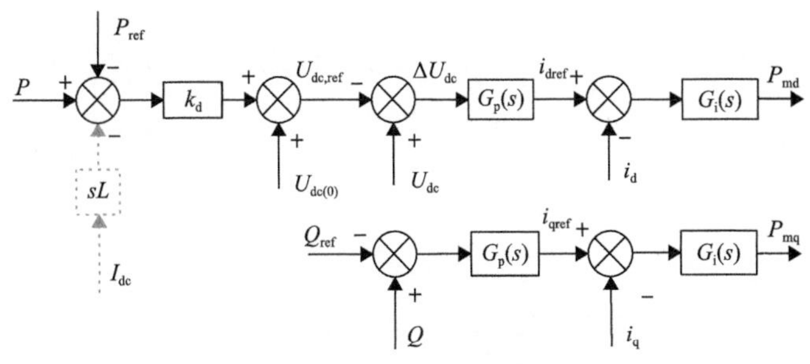

图 5-2　感性补偿控制框图

(3)复合补偿。复合补偿由阻性补偿和感性补偿共同组成，因此其结合了两者的优势，与相同参数的阻性补偿、感性补偿相比具有更好的阻尼特性以及动态响应特性。补偿后的控制框图如图 5-3 所示。

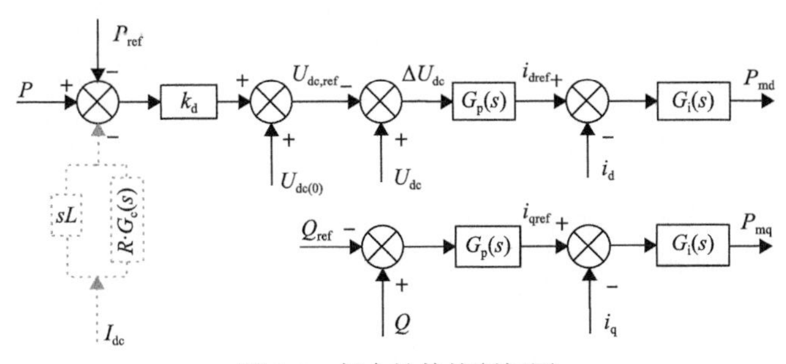

图 5-3　复合补偿控制框图

3) 附加阻尼补偿数学模型

(1)阻性补偿模型。基于阻性补偿函数的 U_{dc}-P_{Rcom} 下垂环节电压外环有功通

道表达式如式(5-2)所示，其余的控制模型表达式与 U_{dc}-P 下垂环节相同。

$$I_{dref}=G_p(s)\left\{U_{dc}-\left[U_{dc,ref}+k_d\left(P-P_{ref}-I_{dc}\frac{k_c sR_{line}}{s+\omega_c}\right)\right]\right\} \tag{5-2}$$

对式(5-2)进行线性化，然后联立下垂控制环节可得到 U_{dc}-P_{Rcom} 下垂环节阻性补偿的动态导纳函数 $\Delta Y_{R\_load}(s)$，如式(5-3)所示。

$$\Delta Y_{R\_load}(s)=\frac{\dfrac{3}{2}\left\{\left(sC_f+\dfrac{1}{R_g+sL_g}\right)\left[U_{d(0)}+I_{d(0)}\left(R_f+sL_f\right)\right]+I_{d(0)}\right\}\times\left[\dfrac{U_{d(0)}}{U_{dc(0)}}+G_p(s)G_i(s)\left(1-k_d\dfrac{sk_cR_{line}}{s+\omega_c}\dfrac{I_{dc(0)}}{U_{dc(0)}}\right)\right]}{U_{dc(0)}\left(\begin{array}{l}\left(sC_f+\dfrac{1}{R_g+sL_g}\right)\left(R_f+sL_f+G_i(s)\right)+\dfrac{3}{2}k_dG_p(s)G_i(s)\left[1-\dfrac{sk_cR_{line}}{U_{dc(0)}\left(s+\omega_c\right)}\right]\\ \times\left\{\left(sC_f+\dfrac{1}{R_g+sL_g}\right)\left[U_{d(0)}+I_{d(0)}\left(R_f+sL_f\right)\right]+I_{d(0)}\right\}+1\end{array}\right)}-\frac{I_{dc(0)}}{U_{dc(0)}} \tag{5-3}$$

式中，R_g、L_g 为交流系统等效电阻和等效电感；R_f、C_f、L_f 为交流线路电阻、电容、电感；R_{line} 为直流线路电阻。

U_{dc}-P 下垂控制和 U_{dc}-P_{Rcom} 下垂控制的奈奎斯特曲线如图 5-4 所示。

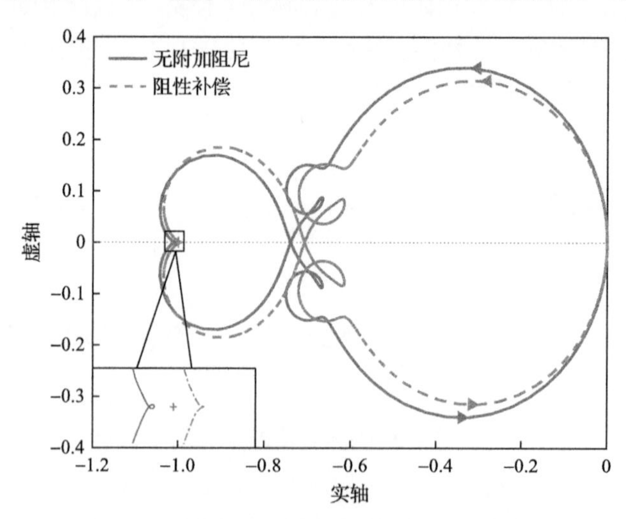

图 5-4　无附加阻尼和阻性补偿奈奎斯特曲线

由图 5-4 可知，直流线路电阻参数相同的情况下，基于阻性补偿的下垂控制的奈奎斯特曲线与负实轴的交点位于点(–1, j0)的右侧，系统保持稳定，因此补偿后的系统阻尼特性及稳定性更好。

(2)感性补偿模型。基于感性补偿函数的 U_{dc}-P_{Lcom} 下垂环节电压外环有功通道表达式如式(5-4)所示，其余的控制模型表达式与 U_{dc}-P 下垂环节相同。

$$I_{dref}=\left\{U_{dc}-\left[U_{dc,ref}+k_d\left(P-P_{ref}-I_{dc}sL_{line}\right)\right]\right\}G_p(s) \tag{5-4}$$

对式(5-4)进行线性化，然后联立下垂控制环节可得到 U_{dc}-P_{Lcom} 下垂环节感性补偿的动态导纳函数 $\Delta Y_{L\_load}(s)$，如式(5-5)所示。

$$\Delta Y_{L\_load}(s)=\frac{\begin{gathered}\frac{3}{2}\left\{\left(sC_f+\frac{1}{R_g+sL_g}\right)\left[U_{d(0)}+I_{d(0)}\left(R_f+sL_f\right)\right]+I_{d(0)}\right\}\\ \times\left(\frac{U_{d(0)}}{U_{dc(0)}}+G_p(s)G_i(s)\frac{U_{dc(0)}-sL_{line}k_dI_{dc(0)}}{U_{dc(0)}}\right)\end{gathered}}{U_{dc(0)}\left(\begin{gathered}\left(sC_f+\frac{1}{R_g+sL_g}\right)\left(R_f+sL_f+G_i(s)\right)+\frac{3}{2}k_dG_p(s)G_i(s)\left(1-\frac{sL_{line}}{U_{dc(0)}}\right)\\ \times\left\{\left(sC_f+\frac{1}{R_g+sL_g}\right)\left[U_{d(0)}+I_{d(0)}\left(R_f+sL_f\right)\right]+I_{d(0)}\right\}+1\end{gathered}\right)}-\frac{I_{dc(0)}}{U_{dc(0)}} \tag{5-5}$$

式中，L_{line} 为直流线路电感。

U_{dc}-P 下垂控制和 U_{dc}-P_{Lcom} 下垂控制的奈奎斯特特曲线图如图 5-5 所示。

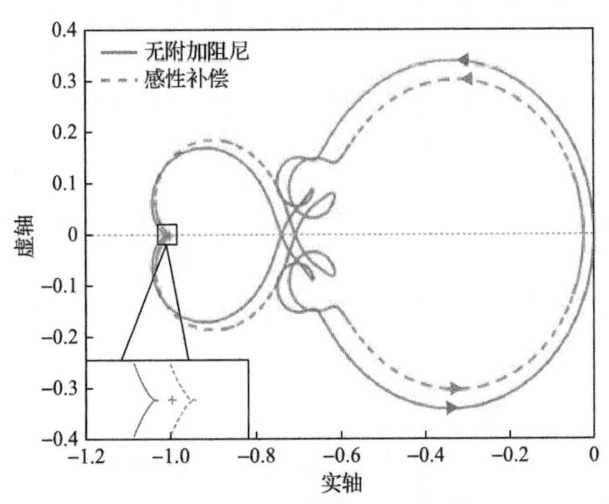

图 5-5　无附加阻尼和感性补偿奈奎斯特曲线

由图 5-5 可知，直流线路电感参数值相同的情况下，基于感性补偿的下垂控制的奈奎斯特曲线与负实轴的交点位于点(–1, j0)的右侧，系统保持稳定，因此补偿后的系统阻尼特性及稳定性更好。

(3)复合补偿模型。基于复合补偿函数的 U_{dc}-P_{RLcom} 下垂环节电压外环有功通道表达式如式(5-6)所示，其余的控制模型表达式与 U_{dc}-P 下垂环节相同。

$$I_{dref} = G_p(s)\left\{U_{dc} - U_{dc,ref} + k_d \times \left[P - P_{ref} - I_{dc}\left(sL_{line} + \frac{R_{line}s}{s+\omega_c}\right)\right]\right\} \tag{5-6}$$

对式(5-6)进行线性化，然后联立下垂控制环节可得到 U_{dc}-P_{RLcom} 下垂环节复合补偿的动态导纳函数 $\Delta Y_{RL\_load}(s)$，如式(5-7)所示。

$$\Delta Y_{RL\_load}(s) = \frac{\dfrac{3}{2}\left\{\left(sC_f + \dfrac{1}{R_g + sL_g}\right)\left[U_{d(0)} + I_{d(0)}\left(R_f + sL_f\right)\right] + I_{d(0)}\right\}\left(\dfrac{U_{d(0)}}{U_{dc(0)}} + G_p(s)G_i(s)F_{ceg}\right)}{U_{dc(0)}\left(\begin{array}{l}\left(sC_f + \dfrac{1}{R_g + sL_g}\right)\left(R_f + sL_f + G_i(s)\right) + \dfrac{3}{2}k_d G_p(s)G_i(s)E_{ceg} \\ \times\left\{\left(sC_f + \dfrac{1}{R_g + sL_g}\right)\left[U_{d(0)} + I_{d(0)}\left(R_f + sL_f\right)\right] + I_{d(0)}\right\} + 1\end{array}\right)} - \frac{I_{dc(0)}}{U_{dc(0)}} \tag{5-7}$$

式中

$$\begin{cases} F_{ceg} = \dfrac{-s^2 k_d I_{dc(0)} L_{line} + s\left[U_{dc(0)} - k_d I_{dc(0)}(\omega_c L_{line} + k_c R_{line})\right] + \omega_c U_{dc(0)}}{sU_{dc(0)} + \omega_c U_{dc(0)}} \\ E_{ceg} = \dfrac{-s^2 L_{line} + s(U_{dc(0)} - \omega_c L_{line} - k_c R_{line}) + \omega_c U_{dc(0)}}{sU_{dc(0)} + \omega_c U_{dc(0)}} \end{cases}$$

U_{dc}-P 下垂控制和 U_{dc}-P_{RLcom} 下垂控制的奈奎斯特曲线图如图 5-6 所示。

由图 5-6 可知，直流线路电阻、电感参数值相同的情况下，基于复合补偿的下垂控制的奈奎斯特曲线与负实轴的交点位于点(–1, j0)的右侧，系统保持稳定，因此补偿后的系统阻尼特性及稳定性更好。

4)附加阻尼稳定性分析

(1)阻性补偿和复合补偿。保持阻性补偿以及复合补偿参数相同，两种补偿模式的奈奎斯特曲线如图 5-7 所示。由图 5-7 可知，参数相同的情况下，复合补偿

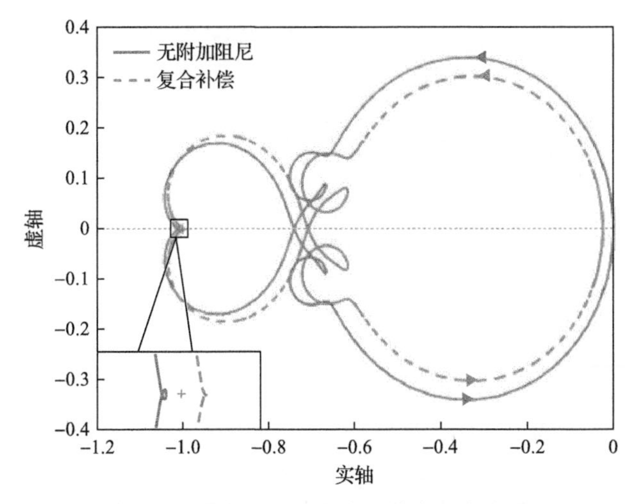

图 5-6　无附加阻尼和复合补偿奈奎斯特曲线

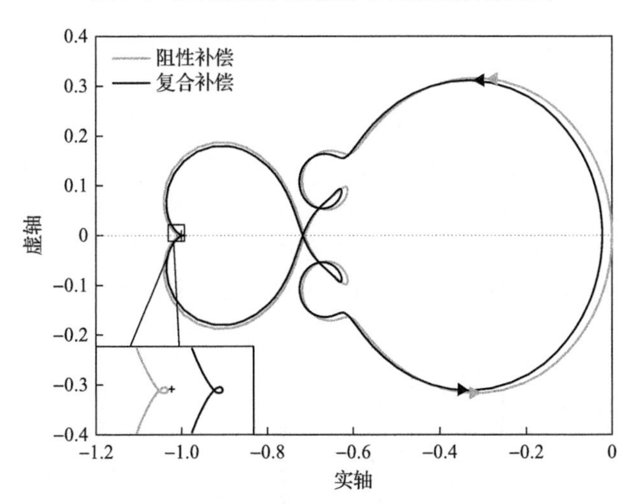

图 5-7　阻性补偿和复合补偿奈奎斯特曲线

提升稳定性效果更加突出。

(2)感性补偿和复合补偿。保持感性补偿、复合补偿参数相同，两种补偿模式的奈奎斯特曲线如图 5-8 所示。由图 5-8 可知，保持参数相同的情况下，采用复合补偿的下垂控制稳定性提升效果更加突出。

综上所述，直流线路电阻、电感参数值越大，系统阻尼特性就越弱，而基于阻性补偿、感性补偿和复合补偿函数的控制策略均可以提高系统的阻尼，进而达到增强系统稳定性的效果，且复合补偿兼备感性补偿和阻性补偿的优势，系统稳定性更好。

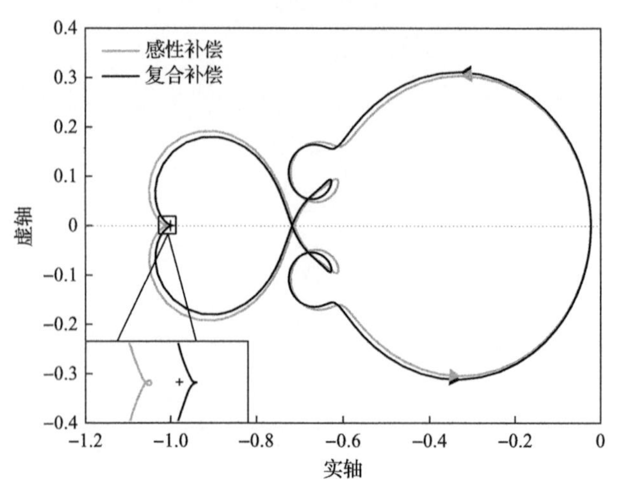

图 5-8　感性补偿和复合补偿奈奎斯特曲线

2. 仿真验证与分析

搭建如图 5-9 所示放射式直流配电系统算例结构，考虑到容量问题等因素，以换流器并联的辐射状结构作为研究对象，更具有一般性意义。换流器分别采用典型的 U_{dc}-P 下垂控制、基于阻性补偿的 U_{dc}-P_{Rcom} 下垂控制、基于感性补偿的 U_{dc}-P_{Lcom} 下垂控制和基于复合补偿的 U_{dc}-P_{RLcom} 下垂控制，不同控制模式下换流器的控制参数均相同，其中直流配电网参数如表 5-1 所示，控制系统参数如表 5-2 所示。

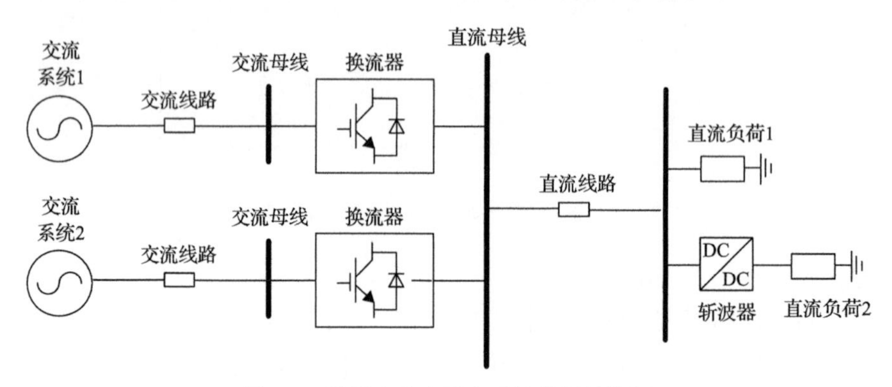

图 5-9　放射式直流配电系统算例结构图

表 5-1　直流配电网参数

类型	变量	数值
电压源换流器	交流侧相电压有效值 U_s	220V
	直流侧电压有效值 U_{dc}	400V

续表

类型	变量	数值
直流配电线路	线路电阻 R_{line}	0.15Ω
	线路电感 L_{line}	0.2mH
高通滤波器	增益 k_{c}	25.6
	截止角频率 ω_{c}	40
阻尼补偿	阻性补偿系数	0.15
	感性补偿系数	0.2

表 5-2　控制系统参数

类型	变量	数值
电流内环	比例系数 K_{i_p}	0.34
	积分系数 K_{i_i}	34
电压外环	比例系数 K_{u_p}	0.205
	积分系数 K_{u_i}	4.27
	下垂系数 k_{d}	2

1) U_{dc}-P 下垂控制和 U_{dc}-P_{RLcom} 下垂控制

设置 4s 时直流负荷增加 10%，20s 时仿真结束。直流电压波形图如图 5-10 所示。由图 5-10 可知，在 4s 时直流负荷增大导致直流电压失稳，由于 U_{dc}-P 下垂控制阻尼特性弱，系统无法恢复稳定。复合补偿具有阻性补偿和感性补偿的特性，因此可以提供更大的阻尼抑制系统振荡，在负荷增大时，可以使系统达到新的稳定状态。

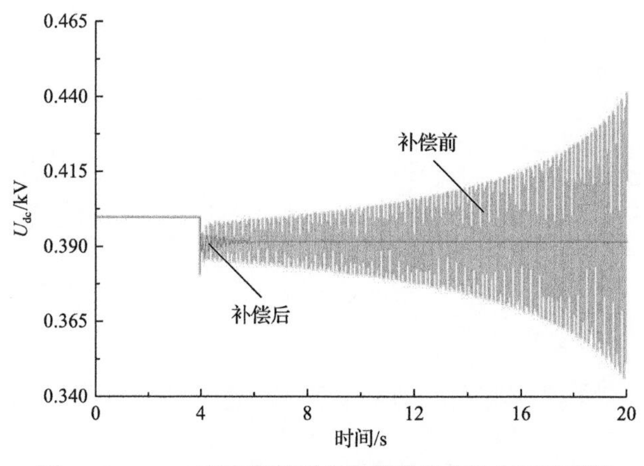

图 5-10　U_{dc}-P 下垂控制复合补偿前后直流电压波形图

2) U_{dc}-P_{Rcom}下垂控制和 U_{dc}-P_{RLcom}下垂控制

设置 4s 时直流负荷增加 10%，11s 时负荷变为原来的 1.276 倍，20s 时仿真结束。直流电压波形图如图 5-11 所示。由图 5-11 可知，在 4s 时直流负荷增大到 1.1 倍，两种补偿方式均可以抑制电压波动，使系统达到新的稳定状态，且 U_{dc}-P_{RLcom}下垂控制较 U_{dc}-P_{Rcom}下垂控制达到稳态的速度更快，动态特性更好。在 11s 时系统负荷变为原来的 1.276 倍，U_{dc}-P_{Rcom}下垂控制系统失稳，而 U_{dc}-P_{RLcom}下垂控制系统达到新的稳态，因此稳定性更好。

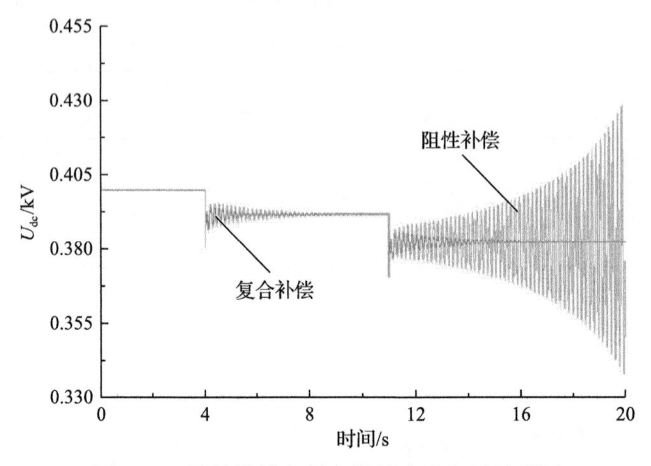

图 5-11　阻性补偿和复合补偿直流电压波形图

3) U_{dc}-P_{Lcom}下垂控制和 U_{dc}-P_{RLcom}下垂控制

设置 4s 时直流负荷增加 10%，11s 时负荷变为原来的 1.276 倍，20s 时仿真结束。直流电压波形图如图 5-12 所示。

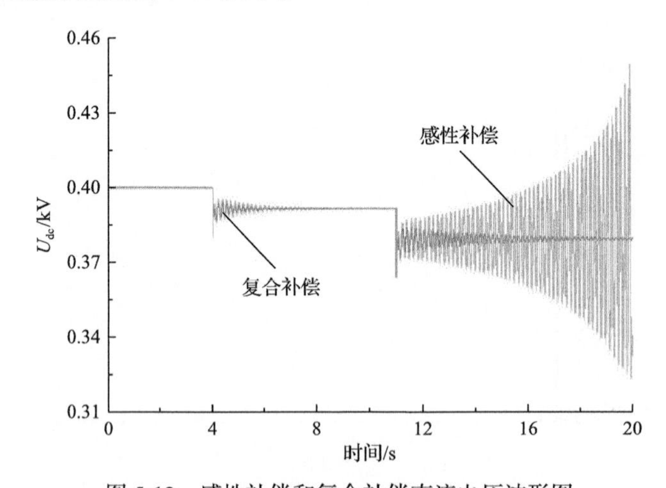

图 5-12　感性补偿和复合补偿直流电压波形图

由图 5-12 可知，在 4s 时直流负荷增大到 1.1 倍，两种补偿方式均可以抑制电压波动，使系统达到新的稳定状态，且 U_{dc}-P_{RLcom} 下垂控制较 U_{dc}-P_{Lcom} 下垂控制达到稳态的时间更短，动态特性更好。在 11s 时系统负荷变为原来的 1.276 倍，U_{dc}-P_{Lcom} 下垂控制系统失稳，而 U_{dc}-P_{RLcom} 下垂控制系统达到新的稳态，因此稳定性更好。

综上所述，基于阻性补偿、感性补偿和复合补偿的下垂控制均能实现增强系统阻尼、提高系统稳定性的目的，而且复合补偿兼备阻性补偿和感性补偿的优势，具有更好的动态特性以及稳定性。

5.1.2　基于附加阻尼补偿的高频振荡抑制策略

1. 高频控制器设计方法

1) 串联系统频率振荡特性分析

当 n 个线性系统的传递函数串联时，其等效系统传递函数等于串联系统中 n 个传递函数的乘积，即

$$H(s) = H_1(s) \times H_2(s) \times \cdots \times H_n(s) \tag{5-8}$$

或者

$$H(s) = \frac{s - z_1}{s - \lambda_1} \cdot \frac{s - z_2}{s - \lambda_2} \cdot \cdots \cdot \frac{1}{s - \lambda_n} \tag{5-9}$$

式中，$z_1, z_2, \cdots$ 为串联系统的零点；$\lambda_1, \lambda_2, \cdots, \lambda_n$ 为串联系统的极点。由传递函数的串联特性以及式(5-9)可知，n 个独立线性系统传递函数零、极点共同构成串联系统传递函数的零、极点，串联的各个独立系统间的零、极点分布不会相互影响。由于系统的频率动态特性受传递函数零点和极点分布的影响，故系统整体的频率动态特性等于各个独立传递函数频率特性的叠加。

因此，鉴于下垂控制环节、直流侧线路与负荷等均可导致高频振荡现象，本小节针对这两个环节提出适应于不同频率振荡特性的控制器设计方法。

2) 考虑下垂环节影响的高频控制器设计

为了提高下垂控制系统的阻尼特性，在下垂环节的前置环节引入前馈控制器，通过反馈直流电流的形式将直流线路的 $R/L/C$ 参数兼顾到控制器的设计，对下垂控制环节的阻尼提供正向支撑，抑制下垂控制器 k_d 参数选择不合适导致的高频振荡问题，提高系统稳定性。高频控制器原理图如图 5-13 所示，换流器控制框图如图 5-14 所示，其中 $G_p(s)$ 和 $G_i(s)$ 分别为换流器电压外环和电流内环 PI 控制环节，$U_{dc(0)}$ 为直流电压的稳态值，U_d 为换流器交流电压的 d 轴分量。

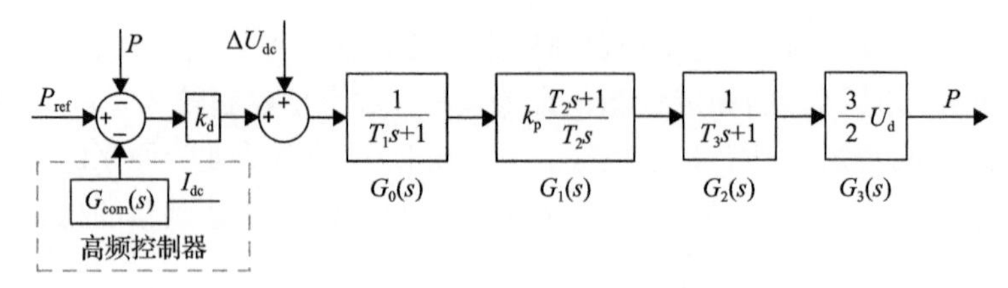

图 5-13　高频控制器原理框图

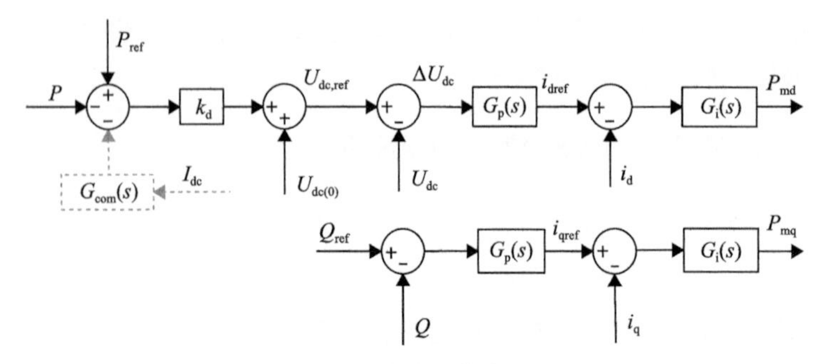

图 5-14　换流器控制框图

$G_{\text{com}}(s)$ 表达式为

$$G_{\text{com}}(s)=\left(R+\frac{1}{sC}\right)\cdot\frac{sk_{\text{c}}}{s+\omega_{\text{c}}}+sL \tag{5-10}$$

由式(5-10)可知，下垂控制环节高频振荡控制器由阻性、感性和容性参数共同组成，当系统存在外部扰动时，换流器出力变化引起直流电流 I_{dc} 发生改变，此时，控制器中阻性参数提供的阻尼与换流器的出力呈正相关，可以有效地抑制系统高频振荡。为解决控制器中直流电流稳态分量馈入的问题，采用一阶高通滤波器滤除直流电流的稳态分量，同时控制器中感性分量的微分环节在换流器出力发生变化时可以快速响应，为系统提供阻尼抑制高频振荡。

加入高频振荡控制器后控制系统的传递函数为

$$C_{1,\text{com}}(s)=\frac{3U_{\text{d}}U_{\text{dc}}k_{\text{p}}C\left(T_2s^2+s\right)\left(s+\omega_{\text{c}}\right)}{A_{11}s^5+B_{11}s^4+C_{11}s^3+D_{11}s^2+E_{11}s} \tag{5-11}$$

式中

$$\begin{cases}A_{11}=2CU_{\text{dc}}T_1T_2T_3\\ B_{11}=CT_2\left[2U_{\text{dc}}\left(T_1+T_3+T_1T_3\omega_{\text{c}}\right)+3U_{\text{d}}k_{\text{p}}kL\right]\\ C_{11}=2CU_{\text{dc}}T_2\left[\omega_{\text{c}}\left(T_1+T_3\right)+1\right]+3CU_{\text{d}}k_{\text{p}}k\left[T_2\left(k_{\text{c}}R+U_{\text{dc}}+\omega_{\text{c}}L\right)+L\right]\\ D_{11}=2CU_{\text{dc}}T_2\omega_{\text{c}}+3U_{\text{d}}k_{\text{p}}k\left\{C\left[U_{\text{dc}}(\omega_{\text{c}}T_2+1)+\omega_{\text{c}}L+k_{\text{c}}R\right]-T_2k_{\text{c}}\right\}\\ E_{11}=3U_{\text{d}}k_{\text{p}}k\left(CU_{\text{dc}}\omega_{\text{c}}-k_{\text{c}}\right)\end{cases}$$

3) 考虑直流侧系统影响的高频控制器设计

直流线路是直流配电系统的重要组成部分，但线路电阻、电感参数增大会导致阻尼减弱，且恒功率负荷呈负电阻特性，导致系统的阻尼随着负荷的增加呈现下降特性。因此，考虑直流侧线路的影响进行高频控制器的设计尤为重要。目前针对换流器弱阻尼状况下的虚拟阻抗主要通过阻容性虚拟阻抗或者阻感性虚拟阻抗的方式进行补偿[1,2]，使系统保持较大的正阻性，而对直流线路参数引发高频振荡的研究较少。因此，为了缓解直流线路及负荷阻尼减弱引起的直流电压振荡，采用改进虚拟阻抗的形式，在直流侧等效模型中反向串联一个受直流电流 I_{dc} 控制的阻尼补偿电压 Δu_{dc}，改进后的直流线路及直流负荷等效模型如图 5-15 所示，U_{RC} 为直流负荷电压。

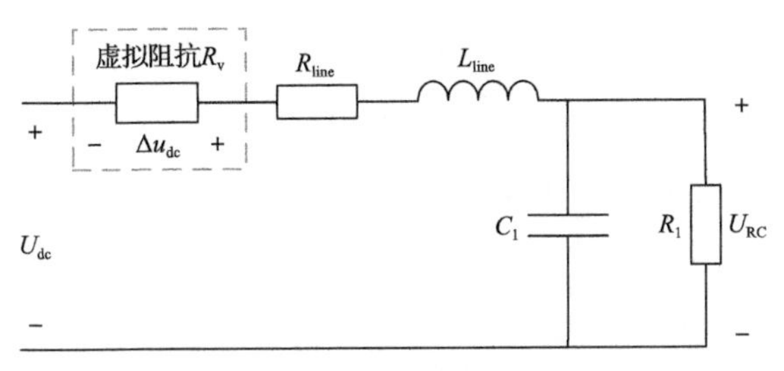

图 5-15　接入虚拟阻抗的等效模型

由图 5-15 可知，如果虚拟阻抗的补偿电压与负荷扰动所引起的电压偏移大小相等、相位相反，则可以有效抑制母线电压的增幅振荡。Δu_{dc} 的表达式为

$$\Delta u_{dc}=R_v\cdot I_{dc} \tag{5-12}$$

式中，R_v 的表达式如(5-13)所示：

$$R_v=\frac{R_{line}s}{s+\omega_{c1}} \tag{5-13}$$

其中，ω_{c1} 为一阶高通滤波器的截止角频率。

虚拟阻抗由换流器的输出阻抗串联产生，但会导致输出电压在重负荷时显著下降[3,4]。针对现有技术的不足，本小节提出基于一阶高通滤波器的改进虚拟阻抗的控制方式，此控制方式不仅能主动增强系统阻尼，而且在大负载情况下也能保证较好的电压调节效果，控制原理如图 5-16 所示，传递函数如式(5-14)所示。

$$C_{2,com}=\frac{R_1}{R_1C_1L_{line}s^2+\left(R_v+R_1+R_{line}\right)+\left[R_1C_1\left(R_v+R_{line}\right)+L_{line}\right]s} \tag{5-14}$$

接入虚拟阻抗后，式(5-14)所对应的阻尼比如式(5-15)所示。由式(5-15)可知，引入虚拟阻抗后，阻尼比 $\xi_{2,com}$ 的分子项呈指数规律增长，阻尼增强效果明显。

$$\xi_{2,\text{com}}=\frac{1}{2}\sqrt{\frac{\left(R_1C_1(R_{\text{line}}+R_{\text{v}})+L_{\text{line}}\right)^2}{R_1C_1L_{\text{line}}\left(R_1+R_{\text{v}}+R_{\text{line}}\right)}} \tag{5-15}$$

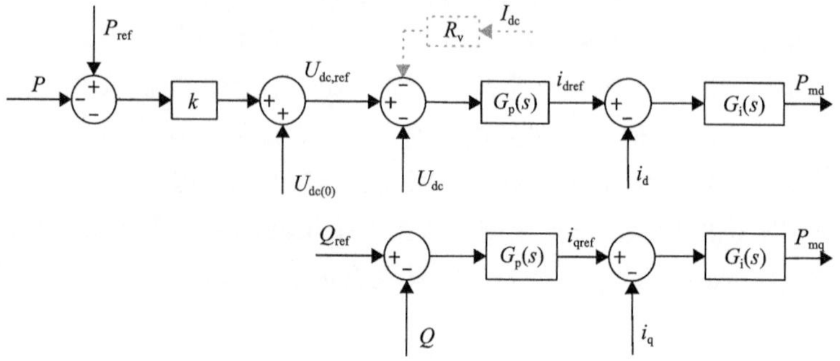

图 5-16　接入虚拟阻抗控制原理框图

综上可知，上述两种高频控制器共同施加于控制系统时，可以有效地抑制由下垂控制器外环比例增益、下垂系数、直流线路参数以及恒功率直流负荷引起的高频振荡。

2. 仿真分析与验证

本小节所用直流配电系统模型如图 5-9 所示，分别对考虑下垂控制环节影响的高频控制器(简记为 CK)、考虑线路侧影响的高频控制器(简记为 CL)以及两者共同作用(简记为 CKL)的直流配电系统进行仿真，分析不同控制器设计方法对系统高频振荡特性的抑制效果。系统参数如表 5-3 所示。

表 5-3　直流配电控制系统线路负荷参数

模块	参数	数值
典型下垂控制器	下垂系数 k_d	2
	开关频率	10kHz
	外环 PI 系数(K_{u_p}/K_{u_i})	0.59/11.8
	内环 PI 系数 K_{i_p}/K_{i_i}	2/12
直流线路	电阻(R_{line})	0.15Ω
	电感(L_{line})	0.3mH
直流负荷	容量 P_{CPL}	18kW
	等效参数 R_1	20Ω
	等效参数 C_1	1000μF

续表

模块	参数	数值
CK	阻性/感性/容性（$R/L/C$）	0.15Ω/0.3mH/5μF
	增益（k_c）	6.2
	截止角频率（ω_c）	40
CL	截止角频率（ω_{c1}）	40

1）CK 控制方式分析

施加 CK 控制前后的换流器直流侧系统的频率振荡及直流电压曲线图如图 5-17（a）和（b）所示。

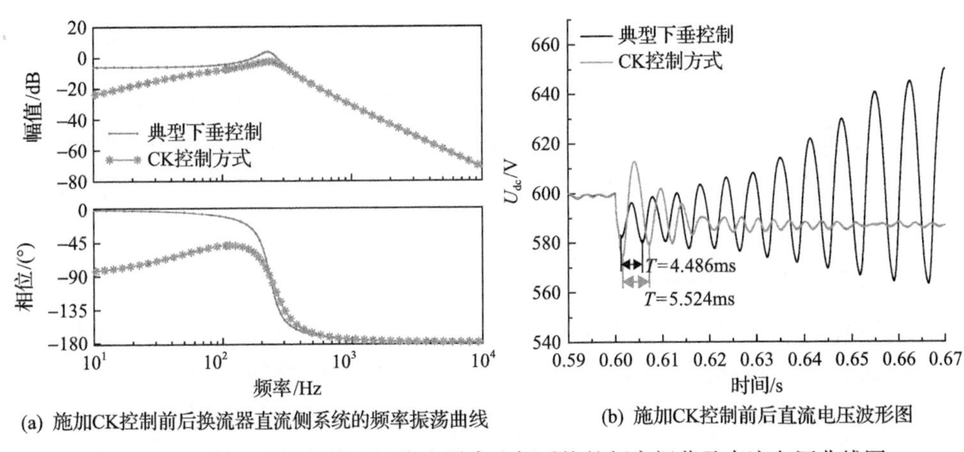

(a) 施加CK控制前后换流器直流侧系统的频率振荡曲线　(b) 施加CK控制前后直流电压波形图

图 5-17　施加 CK 控制前后的换流器直流侧系统的频率振荡及直流电压曲线图

从图 5-17（a）可知，施加 CK 控制后，频率振荡曲线的峰值降低。由图 5-17（b）可知，当换流器运行于典型 U_{dc}-P 下垂控制方式下，在 0.6s 时直流配电系统负荷变为原来的 1.2 倍，直流电压发生高频振荡，振荡周期为 4.486ms（约 223Hz），且为增幅振荡。采用 CK 控制方式后，直流电压的振荡周期变化为 5.524ms，增幅振荡现象得到明显抑制，直流电压重新趋于稳定。通过对比可知 CK 控制方法可以有效地增强控制系统阻尼特性，抑制下垂控制环节引起的电压高频增幅振荡。

2）CL 控制方式分析

施加 CL 控制前后换流器直流侧系统的频率振荡及直流电压曲线图如图 5-18（a）和（b）所示。

由图 5-18（a）可知，考虑 CL 后，换流器直流侧系统的频率振荡曲线峰值降低。由图 5-18（b）可知，当换流器运行于典型 U_{dc}-P 下垂控制方式下，在 0.6s 时负荷变

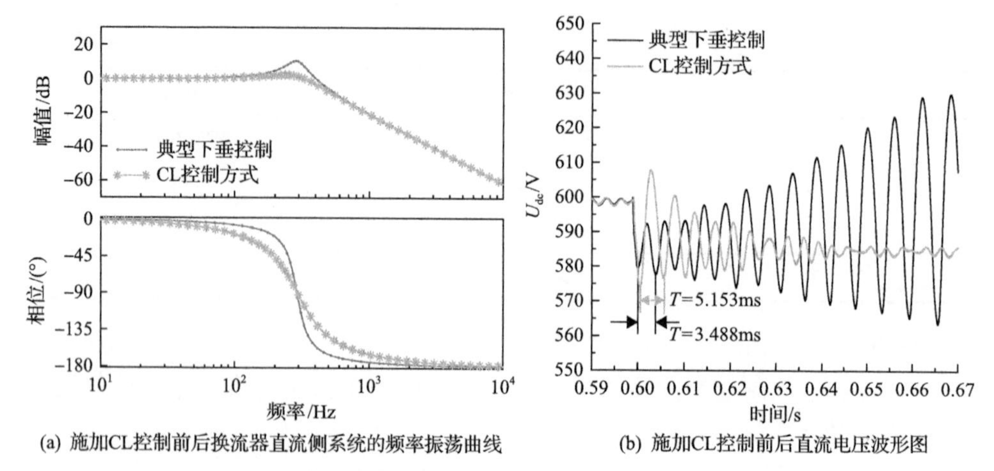

(a) 施加CL控制前后换流器直流侧系统的频率振荡曲线　　(b) 施加CL控制前后直流电压波形图

图 5-18　施加 CL 控制前后换流器直流侧系统的频率振荡及直流电压曲线图

为原来的 1.2 倍时，直流电压出现高频增幅振荡，振荡周期为 3.488ms(约 286Hz)。采用 CL 控制方式后，直流电压的振荡周期变化为 5.153ms，且直流电压增幅振荡得到有效抑制，直流电压趋于稳定。通过对比可知，CL 控制方法可以有效地增强控制系统阻尼特性，抑制线路侧引起的高频振荡。

3) CKL 控制方式分析

下面对 CKL 作用下的换流器直流侧系统的频率振荡特性进行仿真，频率振荡曲线图如图 5-19(a)所示，CKL 控制方式下的直流电压波形图如图 5-19(b)～(d)所示。

从图 5-19(a)可知，直流配电系统运行于 CKL 控制方式时，可以增强整个直流配电系统的阻尼特性，有效地抑制下垂控制环节、直流线路和负荷引起的高频

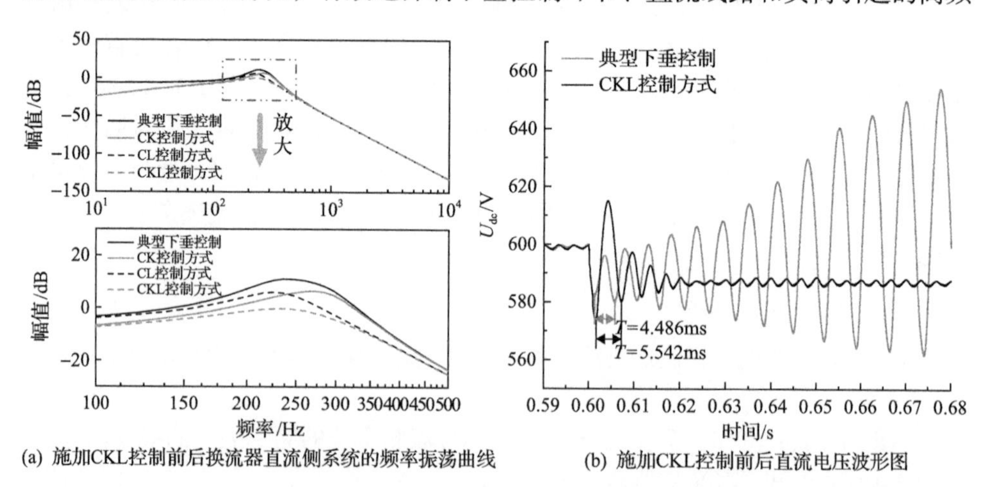

(a) 施加CKL控制前后换流器直流侧系统的频率振荡曲线　　(b) 施加CKL控制前后直流电压波形图

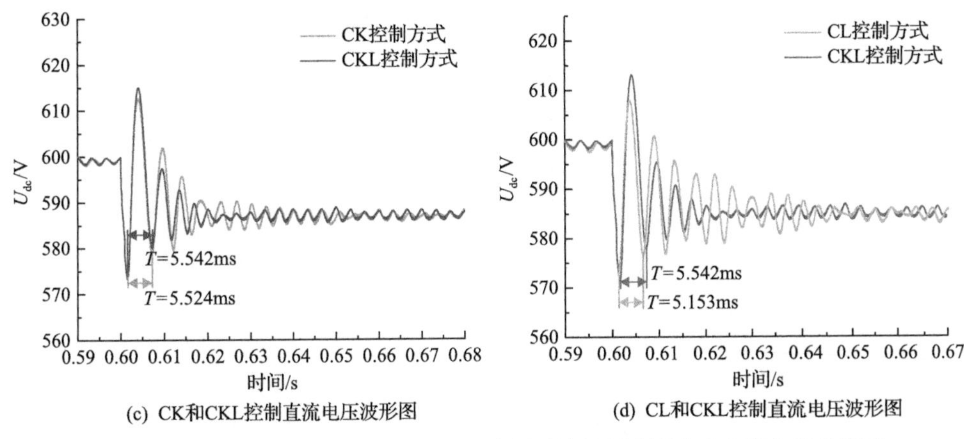

(c) CK和CKL控制直流电压波形图　(d) CL和CKL控制直流电压波形图

图 5-19　施加 CKL 控制前后换流器直流侧系统的频率振荡及直流电压曲线图

振荡现象。由图 5-19(b)可知，直流配电系统运行于典型 U_{dc}-P 下垂控制方式下时，在 0.6s 时负荷变为原来的 1.2 倍，直流电压发生高频振荡，振荡周期为 4.486ms(约 223Hz)，且为增幅振荡。当运行于 CKL 控制方式下时，直流电压振荡现象得到明显抑制，直流电压趋于稳定。由图 5-19(c)可知，运行于 CKL 控制方式下的直流配电系统较 CK 控制方式时阻尼特性明显增强，抑制电压振荡的效果更好。由图 5-19(d)可知，相较于 CL 控制方式，运行于 CKL 控制方式下的直流配电系统直流电压趋于稳定的时间更短，阻尼及动态特性更好。

综上可知，CK 和 CL 均可以实现增强系统阻尼、抑制直流电压振荡的目的，而且两者共同作用时抑制效果最好。

5.2　基于 H_∞回路成形法的鲁棒抑制策略

5.2.1　基于 H_∞回路成形法的低频振荡鲁棒抑制策略

1. H_∞回路成形控制器

H_∞控制是鲁棒控制理论中的重要工具之一，它主要是对系统承受最大扰动或最大模型不确定时进行最优控制器设计，以满足系统动态性能及鲁棒稳定性的要求。回路成形是一种图形化方法，其物理概念清晰，能够直接在鲁棒性能和鲁棒稳定性之间进行折中。H_∞回路成形法集回路成形和 H_∞控制的优点于一身，可实现系统鲁棒稳定性和系统鲁棒性能之间的平衡，同时还能保证系统的闭环稳定。

1) AC/DC 换流器标准反馈控制系统及其性质分析

AC/DC 换流器主从控制及 U_{dc}-P 下垂控制扩展的鲁棒控制模型分别如图 5-20、图 5-21 所示。

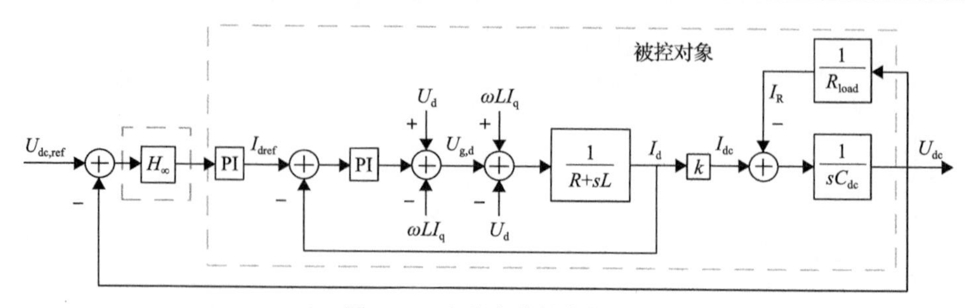

图 5-20　主从鲁棒控制框图

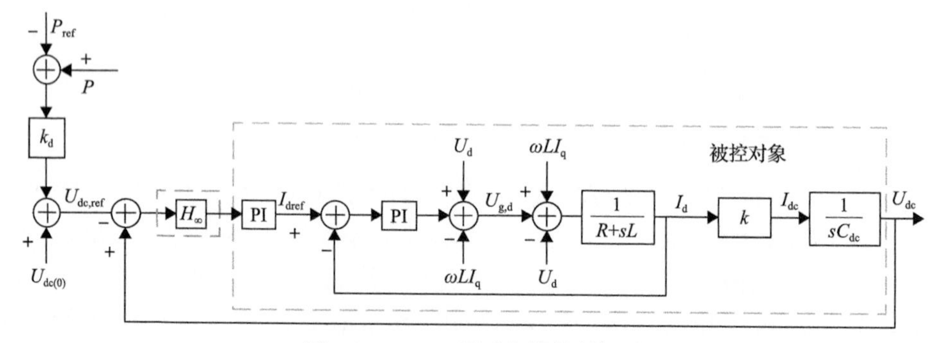

图 5-21　U_{dc}-P 下垂鲁棒控制框图

将 AC/DC 换流器控制系统中虚线框内被控对象外加测量时的互感器噪声转化为图 5-22 所示的标准反馈控制系统[4,5]。该标准反馈控制系统包括被控对象 $\boldsymbol{G}$，鲁棒稳定控制器 $\boldsymbol{K}$，施加在系统上的指令 r 即 U_{dc}-P 下垂控制环节产生的或主从控制环节直接设定的直流电压参考信号 $U_{dc,ref}$，互感器噪声 n，由负荷引起的系统被控对象输入干扰 d_1、输出干扰 d_2，系统输出 y 即直流电压 U_{dc}，系统被控对象的输入 u_c 以及控制器的输出 u。

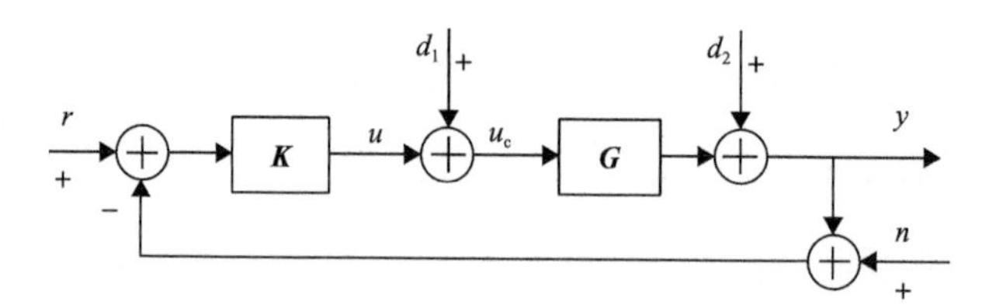

图 5-22　标准反馈控制系统

其中，控制器 $\boldsymbol{K}$ 即图 5-20 和图 5-21 中的 H_∞鲁棒稳定控制器，被控对象 $\boldsymbol{G}$ 为电压开环和电流闭环的互联结构。

由图 5-22 标准反馈控制系统可得

$$y = \boldsymbol{T}_o(r-n) + \boldsymbol{S}_o\boldsymbol{G}d_1 + \boldsymbol{S}_o d_2 \tag{5-16}$$

$$u_c = \boldsymbol{KS}_o(r-n) - \boldsymbol{KS}_o d_2 + \boldsymbol{S}_i d_1 \tag{5-17}$$

$$u = \boldsymbol{KS}_{\text{o}}(r-n) - \boldsymbol{KS}_{\text{o}}d_2 - \boldsymbol{T}_{\text{i}}d_1 \tag{5-18}$$

$$r - y = \boldsymbol{S}_{\text{o}}(r-d_2) + \boldsymbol{T}_{\text{o}}n - \boldsymbol{S}_{\text{o}}\boldsymbol{G}d_1 \tag{5-19}$$

式中，$\boldsymbol{S}_{\text{i}}$ 为输入灵敏度矩阵，$\boldsymbol{S}_{\text{i}} = (\boldsymbol{I}+\boldsymbol{KG})^{-1}$；$\boldsymbol{S}_{\text{o}}$ 为输出灵敏度矩阵，$\boldsymbol{S}_{\text{o}} = (\boldsymbol{I}+\boldsymbol{GK})^{-1}$；$\boldsymbol{T}_{\text{i}}$ 为输入补灵敏度矩阵，$\boldsymbol{T}_{\text{i}} = \boldsymbol{I}-\boldsymbol{S}_{\text{i}}$；$\boldsymbol{T}_{\text{o}}$ 为输出补灵敏度矩阵，$\boldsymbol{T}_{\text{o}} = \boldsymbol{I}-\boldsymbol{S}_{\text{o}}$，$\boldsymbol{I}$ 为单位矩阵。

由式(5-16)可知，在整个频段内回路增益不可能取任意高，它们必须满足一定的性能折中和设计限制。

(1)要想减小输入干扰 d_1 和输出干扰 d_2 对系统输出信号 y 的影响，则要使 $\overline{\sigma}(\boldsymbol{S}_{\text{o}}) \ll 1$，$\overline{\sigma}(\boldsymbol{S}_{\text{o}}\boldsymbol{G}) \ll 1$；另外，考虑到互感器噪声 n 在 (ω_2, ∞) 频段范围内显著，且 $\boldsymbol{S}_{\text{o}} + \boldsymbol{T}_{\text{o}} = \boldsymbol{I}$，为了抑制互感器噪声需要使得 $\overline{\sigma}(\boldsymbol{T}_{\text{o}}) \ll 1$，这与扰动抑制相矛盾，需要进行折中考虑。$\overline{\sigma}(\cdot)$ 和 $\underline{\sigma}(\cdot)$ 表示求最大与最小奇异值。

(2)针对系统存在模型不确定性时的稳定问题，假设系统被控对象存在乘性摄动，即从 $\boldsymbol{G}$ 摄动到 $(\boldsymbol{I}+\boldsymbol{\Delta})\boldsymbol{G}$，并设系统是名义稳定的，即 $\boldsymbol{\Delta}=0$ 时系统闭环稳定，其中 $\boldsymbol{\Delta}$ 为乘性误差。

若 $\det(\boldsymbol{I}+(\boldsymbol{I}+\boldsymbol{\Delta})\boldsymbol{GK}) = \det(\boldsymbol{I}+\boldsymbol{GK})\det(\boldsymbol{I}+\boldsymbol{\Delta T}_{\text{o}})$ 无右半平面的零点，则摄动的闭环系统稳定。一般在 $\boldsymbol{\Delta}$ 影响显著的 (ω_2, ∞) 频域范围内，要求 $\overline{\sigma}(\boldsymbol{T}_{\text{o}})$ 很小，但此时 $\overline{\sigma}(\boldsymbol{S}_{\text{o}})$ 较大，这将导致扰动抑制与模型不确定性存在矛盾，需要进行折中考虑，其中 $\boldsymbol{\Delta T}_{\text{o}}$ 为 $\boldsymbol{T}_{\text{o}}$ 的乘性误差。

由式(5-17)可知，为了提高系统被控对象的输入 u_{c} 的抗干扰性能，则要使 $\overline{\sigma}(\boldsymbol{S}_{\text{i}}) \ll 1$，$\overline{\sigma}(\boldsymbol{S}_{\text{i}}\boldsymbol{K}) \ll 1$。

由式(5-18)可知，为了防止执行装置饱和，要使 $\overline{\sigma}(\boldsymbol{K}) \ll M$，其中 M 不能太大。

综上所述，为了实现系统良好的信号跟踪与扰动抑制性能，要求系统在 $(0, \omega_1)$ 频段范围内需满足 $\underline{\sigma}(\boldsymbol{GK}) \gg 1$，$\underline{\sigma}(\boldsymbol{KG}) \gg 1$，$\underline{\sigma}(\boldsymbol{K}) \gg 1$；为了实现互感器噪声与未建模动态的抑制，则要求系统在 (ω_2, ∞) 频段范围内，满足 $\overline{\sigma}(\boldsymbol{GK}) \ll 1$，$\overline{\sigma}(\boldsymbol{KG}) \ll 1$，$\overline{\sigma}(\boldsymbol{K}) \ll M$，其中 M 不能太大。

2) H_∞ 回路成形法设计步骤

H_∞ 回路成形法设计控制器的目标是在保证 H_∞ 设计方法具有良好的稳定特性的同时，达到回路成形中对象性能指标和鲁棒稳定性之间的折中。基于该方法设计鲁棒控制器主要包含以下 3 个步骤[3-5]。

步骤 1：回路成形。根据系统对于频率响应的要求，选定期望的开环奇异值形状，通过设置一前置权函数 W_1 和/或一后置权函数 W_2 对原开环系统 $\boldsymbol{G}$ 进行回路成形，使得成形后系统的开环奇异值曲线近似为期望的开环奇异值形状，成形后的系统传递函数可以表示为 $\boldsymbol{G}_{\mathrm{s}}=\boldsymbol{W}_2\boldsymbol{G}\boldsymbol{W}_1$（这里假设 $\boldsymbol{W}_1$ 和 $\boldsymbol{W}_2$ 使 $\boldsymbol{G}_{\mathrm{s}}$ 无不稳定隐含模态，即没有右半平面的零极点对消）。

步骤 2：鲁棒镇定。

①计算系统最大鲁棒稳定裕度 $\varepsilon_{\max}$：

$$\varepsilon_{\max}=\left(\inf_{\boldsymbol{K}\text{镇定}}\left\|\begin{bmatrix}\boldsymbol{I}\\ \boldsymbol{K}\end{bmatrix}(\boldsymbol{I}+\boldsymbol{G}_{\mathrm{s}}\boldsymbol{K})^{-1}\boldsymbol{M}^{-1}\right\|_{\infty}\right)^{-1}=\sqrt{1-\left\|\boldsymbol{N}\quad \boldsymbol{M}\right\|_H^2}<1 \tag{5-20}$$

式中，$\boldsymbol{N}$ 和 $\boldsymbol{M}$ 为成形后系统被控对象 $\boldsymbol{G}_{\mathrm{s}}$ 的正规化左互质分解，即 $\boldsymbol{G}_{\mathrm{s}}=\boldsymbol{M}^{-1}\boldsymbol{N}$；$\varepsilon_{\max}$ 为系统最大鲁棒稳定裕度。当 $\varepsilon_{\max}$ 的取值范围为 0.15～1 时，即可认为满足系统鲁棒稳定性要求，较大的鲁棒稳定裕度会使系统设计过于保守。但如果 $\varepsilon_{\max}\ll 1$，则认为成形后的系统不满足鲁棒稳定性的要求，则应回到步骤 1 中重新选择前置与后置权函数 W_1 和 W_2，直至达到系统鲁棒稳定性的指标。

②满足①时，选取 $\varepsilon\leqslant\varepsilon_{\max}$，设计鲁棒镇定控制器 $\boldsymbol{K}_{\infty}$ 使得

$$\left\|\begin{bmatrix}\boldsymbol{I}\\ \boldsymbol{K}_{\infty}\end{bmatrix}(\boldsymbol{I}+\boldsymbol{G}_{\mathrm{s}}\boldsymbol{K}_{\infty})^{-1}\boldsymbol{M}^{-1}\right\|_{\infty}\leqslant\varepsilon^{-1} \tag{5-21}$$

它可镇定一类常见的互质因子不确定性扰动模型集：

$$\boldsymbol{G}_{\Delta}=[\boldsymbol{M}+\boldsymbol{\Delta}_M]^{-1}[\boldsymbol{N}+\boldsymbol{\Delta}_N] \tag{5-22}$$

式中，$\boldsymbol{\Delta}_M$ 和 $\boldsymbol{\Delta}_N$ 为系统被控对象 $\boldsymbol{G}_{\mathrm{s}}$ 的不确定性，且满足

$$\begin{cases}\left\|\boldsymbol{\Delta}_M,\ \boldsymbol{\Delta}_N\right\|_{\infty}\leqslant\varepsilon\\ [\boldsymbol{\Delta}_M,\ \boldsymbol{\Delta}_N]\in RH_{\infty}\end{cases} \tag{5-23}$$

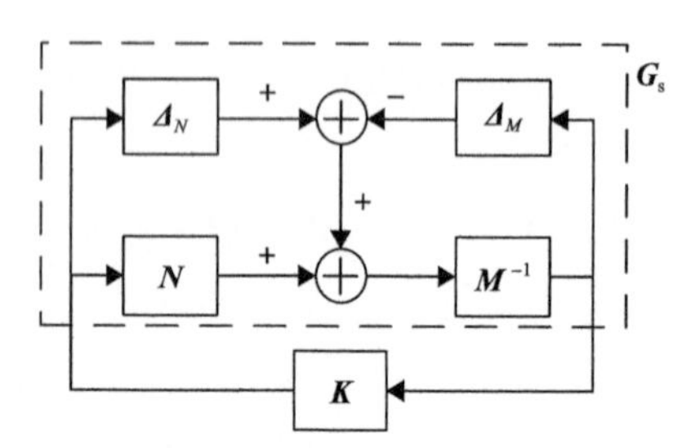

图 5-23　正规化互质因子摄动反馈系统模型

正规化互质因子摄动反馈系统模型如图 5-23 所示。

步骤 3：组合求得的 H_{∞} 鲁棒镇定控制器 $\boldsymbol{K}_{\infty}$ 以及选取的权函数 W_1 和 W_2，构成最终的鲁棒反馈控制器，$\boldsymbol{K}=W_2\boldsymbol{K}_{\infty}W_1$。若所设计的控制器阶数较高，可利用频率加权的汉克尔(Hankel)奇异值算法来简化控制器，对其进行降阶，以得到满足鲁棒稳定性要求的降阶控制器 $\boldsymbol{K}_{\mathrm{h}}$。

被控系统的回路成形设计过程如图 5-24 所示。

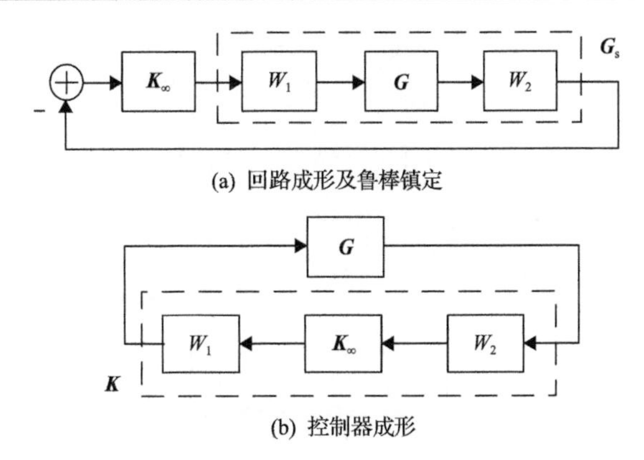

(a) 回路成形及鲁棒镇定

(b) 控制器成形

图 5-24　被控系统的回路成形设计过程

3）权函数的选择方法

权函数的选择对于鲁棒稳定控制器设计的有效性至关重要，选择合适的权函数可以有效提高系统的鲁棒稳定性以及抗干扰能力，下面给出权函数的选择依据，以降低 H_∞回路成形法设计的复杂度。

选取权函数 W_1 和 W_2 以调整开环奇异值曲线达到期望的开环回路形状，需满足：①在 $(0, \omega_1)$ 频段范围内要求开环传递函数最小奇异值曲线不低于 20dB，以保证系统快速跟踪输入信号以及抑制扰动的能力；②在 $[\omega_1, \omega_2]$ 频段范围内要求开环传递函数奇异值曲线穿越 0dB 线时斜率应为–40～–20dB/dec，以使系统具有一定的带宽，达到系统的动态和稳态性能指标；③在 (ω_2, ∞) 频段范围内要求奇异值曲线低于期望值，一般此频段奇异值曲线斜率至少为–40dB/dec，以解决未建模动态问题并消除互感器噪声的影响。

2. 基于下垂控制的低频 H_∞鲁棒控制器设计

建立如图 5-25 所示的直流配电系统仿真算例，其中直流配电系统参数以及各换流器的控制参数分别如表 5-4、表 5-5 所示。根据直流配电系统存在的低频振荡(7Hz)现象，对应于权函数的选择，选取 ω_1 和 ω_2 分别为 75rad/s 和 1000rad/s，以提高系统对低频振荡的抑制能力。

在图 5-25 中，R_{line} 和 L_{line} 分别为直路线路的等效电阻、电感参数，光伏电池的 DC/DC 换流器采用恒功率控制策略[6]，其控制框图如图 5-26 所示。采用恒功率控制的分布式电源对直流配电系统的稳定性影响较大[7,8]，因此下面主要分析分布式电源的接入对系统稳定性的影响。

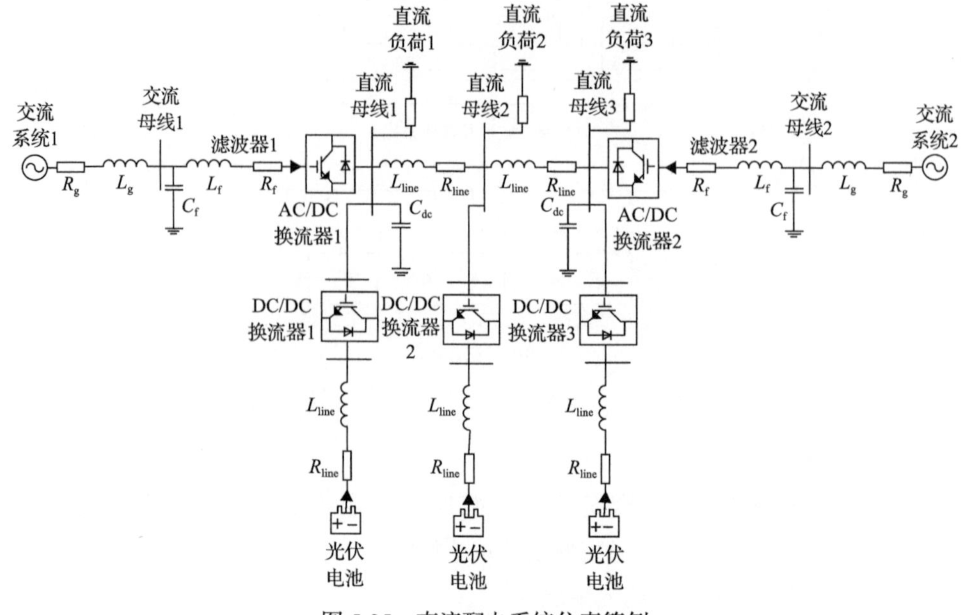

图 5-25　直流配电系统仿真算例

表 5-4　低频鲁棒控制的直流配电系统参数

子系统	参数名称	数值
交流系统 1/2	输入电压 U_g/V 交流线路 $R_g/L_g/l$ 滤波电路 $R_f/L_f/C_f$	220 0.018Ω/0.5mH/1km 0.05Ω/2.12mH/10μF
直流侧电网	直流电压 U_{dc} 直流负荷 1/2/3 直流线路 R_{line}/L_{line} 直流侧滤波电容 C_{dc} 斩波器储能电感/电阻 L_d/R_0	800V 5kW/5kW/5kW 7mΩ/0.22mH 4700μF 5mH/0.1Ω
光伏电池	输入电压 U_s	600V
AC/DC 换流器 1/2	容量 S	0.1MV·A/0.025MV·A

表 5-5　换流器控制参数(基于下垂控制)

控制参数	AC/DC 换流器 1/2	DC/DC 换流器 1/2/3
下垂系数 k_d	0.4	
内环比例系数 K_{ip}	0.146	1
内环积分系数 K_{ii}	14.6	20
外环比例系数 K_{pp}	0.3	1
外环积分系数 K_{pi}	6	40

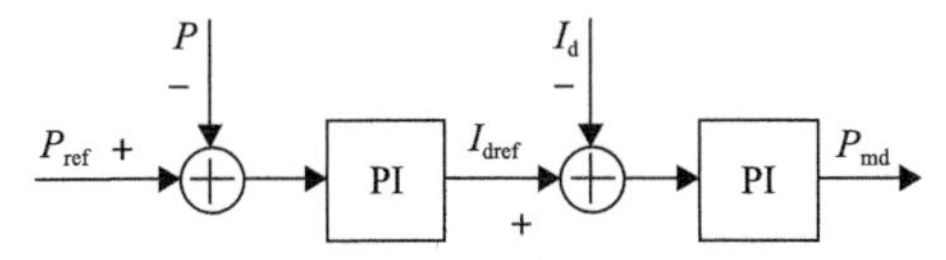

图 5-26　DC/DC 换流器控制框图

1) 低频鲁棒控制器的求解

根据图 5-21 中 U_{dc}-P 下垂控制框图可得被控对象的开环传递函数为

$$G(s)=\frac{k_{\text{d}}K_{\text{ip}}K_{\text{pp}}s^2+k_{\text{d}}(K_{\text{ip}}K_{\text{pi}}+K_{\text{pp}}K_{\text{ii}})s+k_{\text{d}}K_{\text{ii}}K_{\text{pi}}}{LC_{\text{dc}}s^4+C_{\text{dc}}(R+K_{\text{ip}})s^3+C_{\text{dc}}K_{\text{ii}}s^2} \tag{5-24}$$

将表 5-4、表 5-5 中的参数代入式(5-24)中，可得

$$G(s)=\frac{0.0254s^2+3.048s+50.81}{0.00001231s^4+0.001006s^3+0.06862s^2} \tag{5-25}$$

在选取权函数之前，先确定期望回路的开环奇异值曲线形状，即选取期望开环传递函数，选择低频 H_∞鲁棒控制的期望开环传递函数形式为[4,9]

$$G_{\text{s}}(s)=a\frac{\dfrac{s}{b}+1}{s^2\left(\dfrac{s}{c}+1\right)} \tag{5-26}$$

式中，a 为频率增益的大小；b 和 c 分别为中频段开始和结束的频率，用来调节开环奇异值曲线的截止频率。

根据回路成形原理对开环奇异值曲线进行回路成形，并考虑系统频宽的选择以 $G_{\text{s}}(s)$ 的 0dB 穿越频率作为基准且频宽越大系统性能越好，通过不断尝试与试验，期望的开环传递函数为

$$G_{\text{s}}(s)=\frac{106.7s+8000}{0.005s^3+s^2} \tag{5-27}$$

此时系统可满足鲁棒稳定性要求，对期望开环系统的奇异值曲线与原开环系统的奇异值曲线进行比较，如图 5-27 所示。

由式(5-25)和式(5-27)，进而确定前后置权函数为

$$\begin{cases} W_1(s)=\dfrac{G_{\text{s}}(s)}{G(s)} \\ W_2(s)=1 \end{cases} \tag{5-28}$$

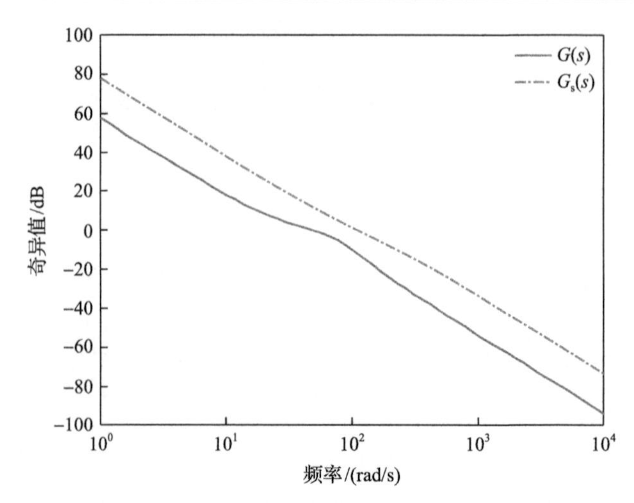

图 5-27 原开环系统与期望开环系统奇异值曲线比较图(基于下垂控制)

由于式(5-28)中前后置权函数是直接根据期望的开环系统奇异值曲线进行设计得到的，因此成形后系统的奇异值曲线趋近理想的奇异值曲线，从而有效地减少了权函数选择的次数，降低了鲁棒控制器设计的复杂性。

利用仿真软件鲁棒控制工具箱中的回路成形命令进行控制器的设计，可以求得系统最大鲁棒稳定裕度 $\varepsilon_{\max} = 0.43805$，满足对鲁棒稳定性的要求，且求得低频鲁棒控制器 $K(s)$，如式(5-29)所示：

$$K(s) = \frac{3.471\times10^8 s^{11} + 2.98\times10^{12} s^{10} + 6.966\times10^{15} s^9 + 2.464\times10^{18} s^8 + 3.399\times10^{20} s^7 +}{s^{13} + 1.715\times10^4 s^{12} + 1.135\times10^8 s^{11} + 3.566\times10^{11} s^{10} + 5.182\times10^{14} s^9 +} \rightarrow$$

$$\leftarrow \quad \frac{2.574\times10^{22} s^6 + 1.077\times10^{24} s^5 + 1.741\times10^{25} s^4 + 1.7\times10^{22} s^3 + 6.304\times10^{18} s^2 +}{2.822\times10^{17} s^8 + 6.45\times10^{19} s^7 + 6.498\times10^{21} s^6 + 2.717\times10^{23} s^5 +} \rightarrow$$

$$\leftarrow \quad \frac{1.051\times10^{15} s + 6.553\times10^{10}}{3.307\times10^{24} s^4 + 1.615\times10^{21} s^3 + 1.793\times10^{17} s^2 + 5.24\times10^{10} s + 5.815\times10^6} \tag{5-29}$$

可知所求得的低频鲁棒控制器为 13 阶，阶数较高，故可采用频率加权的 Hankel 奇异值算法对低频鲁棒控制器进行降阶。

2) Hankel 奇异值算法降阶

基于频率加权的 Hankel 奇异值算法可有效降低控制器的阶数，采用该方法将低频鲁棒控制器由 13 阶降到 7 阶，降阶后的低频鲁棒控制器如式(5-30)所示。对比低频鲁棒控制器降阶前后的频率响应曲线，如图 5-28 所示，可以发现在所关心的低频段内，低频鲁棒控制器降阶前后的频率响应曲线基本一致，满足系统对控制性能的要求。

$$K_{\mathrm{h}}(s)=\frac{48.26s^6+3.466\times10^8s^5+4.018\times10^{10}s^4+2.904\times10^{12}s^3+6.68\times10^{13}s^2+}{s^7+8672s^6+2.087\times10^7s^5+9.023\times10^9s^4+8.095\times10^{11}s^3+}\rightarrow$$

$$\leftarrow\quad\frac{3.26\times10^{10}s+4.638\times10^6}{1.268\times10^{13}s^2+19.34s+411.5}\tag{5-30}$$

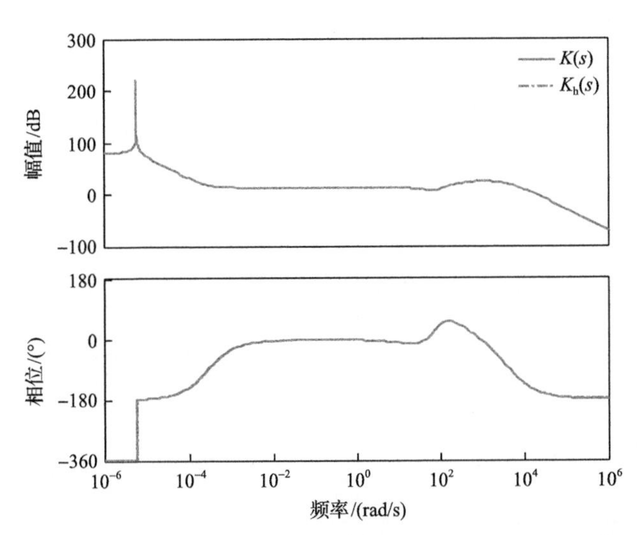

图 5-28　低频鲁棒控制器降阶前后频率响应曲线(基于下垂控制)

3) 时域与频域仿真验证

加入低频鲁棒控制器后的系统开环奇异值曲线、闭环奇异值曲线以及动态响应曲线分别如图 5-29～图 5-31 所示。

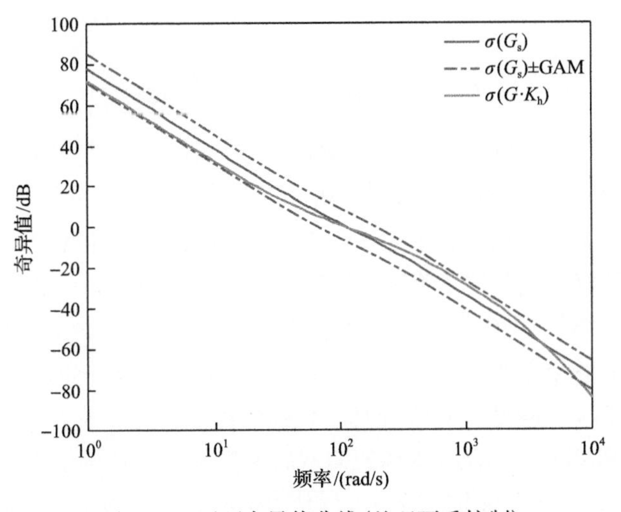

图 5-29　开环奇异值曲线(基于下垂控制)

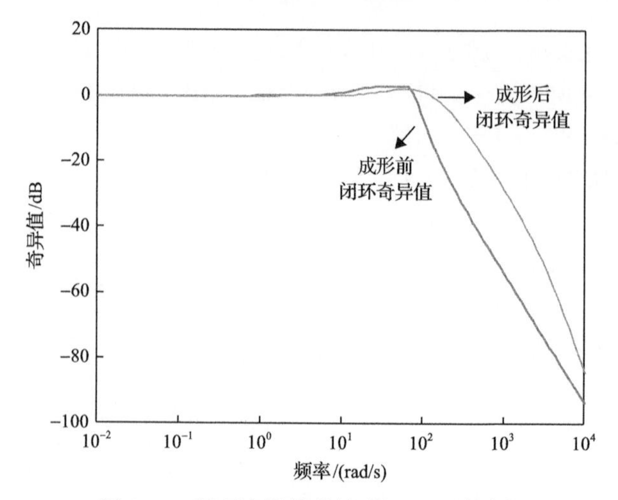

图 5-30　闭环奇异值曲线(基于下垂控制)

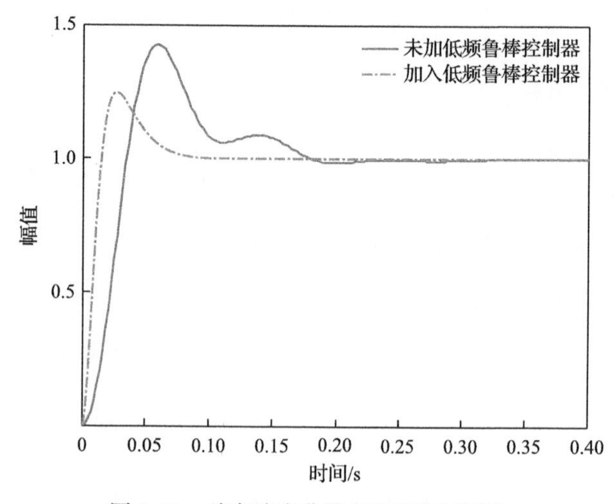

图 5-31　动态响应曲线(基于下垂控制)

由图 5-29 可知，加入所设计的低频鲁棒控制器后的系统开环增益($\sigma(G \cdot K_h)$线)能够满足期望回路成形的要求，其$(0, \omega_1)$频段范围内增益较大，(ω_2, ∞)频段范围内增益迅速衰减。图中，$\sigma(G_s)$是期望的开环奇异值曲线，$\sigma(G_s) \pm \mathrm{GAM}$是期望的开环奇异值曲线叠加了不确定性后的曲线(因为有加有减所以是两条曲线)

由图 5-30 可知，在$(0, \omega_1)$频段范围内系统的幅值近似为 0，保证了系统的跟踪精度，系统频带宽度约为 130rad/s，可知此控制器的设计使系统性能有相当大的改善，且谐振峰值降低，对扰动具有较强的抑制作用，提高了系统的鲁棒性。

由图 5-31 可知，加入低频鲁棒控制器后被控系统的超调量为 25%，调节时间为 0.06s，系统的动态性能得到提高，有利于扰动的抑制与信号跟踪的快速性。

4) 算例模型的仿真验证

搭建如图 5-25 所示的“手拉手”双端直流配电系统仿真算例，图中箭头方向代表系统实际的潮流方向，直流母线 1、2、3 分别用来模拟用户负荷不同的接入点。除所设计的低频鲁棒控制器以及所分析的系统参数扰动外，系统其他参数均保持不变。本节分别仿真分析了在直流负荷突变、滤波电感摄动、滤波电阻摄动、下垂系数摄动、分布式光伏电源瞬时接入以及交流线路长度变化等不确定性因素扰动下，直流配电系统加入低频鲁棒控制器前后的直流电压波动情况以及对系统稳定性的影响，从而验证所设计低频鲁棒控制器的正确性与有效性。

(1) 直流负荷突变：直流配电系统初始时刻轻载运行，设 4s 时直流负荷 1、2、3 功率突变，分别从 5kW 变为 12.25kW(负荷增加 145%)，10s 时仿真结束。直流母线 1、2、3 的直流电压波动情况基本相同，以直流母线 1 的直流电压作为观察对象，分析比较加入低频鲁棒控制器前后直流电压的稳定情况，波形如图 5-32 所示。

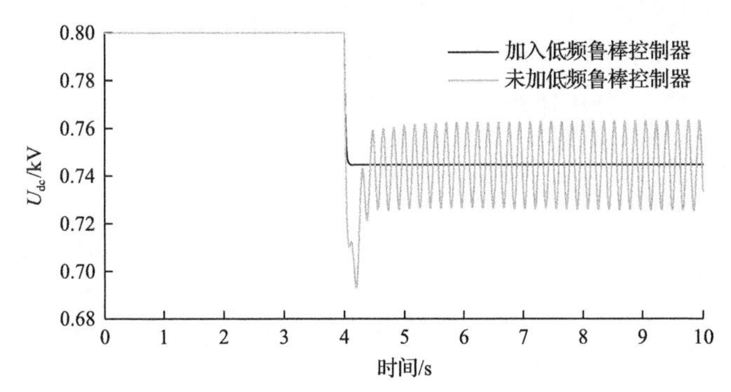

图 5-32　直流负荷突变下的直流电压波形图(基于下垂控制)

由图 5-32 可知，在 4s 直流负荷突增到 12.25kW 时，直流电压振荡发散，这是因为 U_{dc}-P 下垂控制鲁棒性不足，导致系统在负荷扰动下无法保持稳定运行。基于 H_∞ 回路成形法选取前后置权函数时，充分考虑了系统的低频扰动抑制能力以及信号跟踪性能，故所设计的低频鲁棒控制器在负荷突增时，可以有效地抑制系统的低频振荡，使系统快速达到新的稳定状态。

(2) 滤波电感摄动：设 0s 时两端源侧滤波电感均由 2.12mH 变为 2.35mH，10s 时仿真结束。直流母线 1、2、3 的直流电压波动情况基本相同，以直流母线 1 的直流电压作为观察对象，分析比较加入低频鲁棒控制器前后直流电压的稳定情况，波形如图 5-33 所示。

由图 5-33 可知，在 0s 系统滤波电感发生摄动时，基于 U_{dc}-P 下垂控制的直流电压振荡失稳，这是由于 U_{dc}-P 下垂控制是基于系统精确的线性模型进行控制器的设计，而未考虑内外部因素所导致的系统参数摄动，鲁棒性不足。而基于 H_∞

回路成形法所设计的低频鲁棒控制器是基于标称模型进行控制器设计并考虑到系统的互质因子不确定性，故对滤波电感摄动不敏感，仍然维持着系统直流电压的稳定。

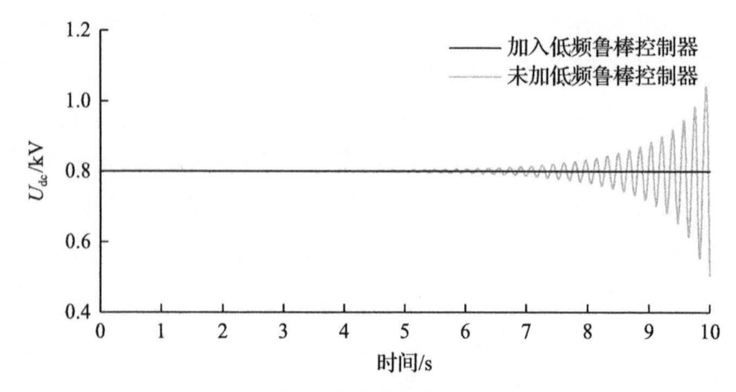

图 5-33　滤波电感摄动下直流电压波形图

(3)滤波电阻摄动：设 0s 时两端源侧滤波电阻均由 0.05Ω 变为 0Ω，10s 时仿真结束。直流母线 1、2、3 的直流电压波动情况基本相同，以直流母线 1 的直流电压作为观察对象，分析比较加入低频鲁棒控制器前后直流电压的稳定情况，波形如图 5-34 所示。

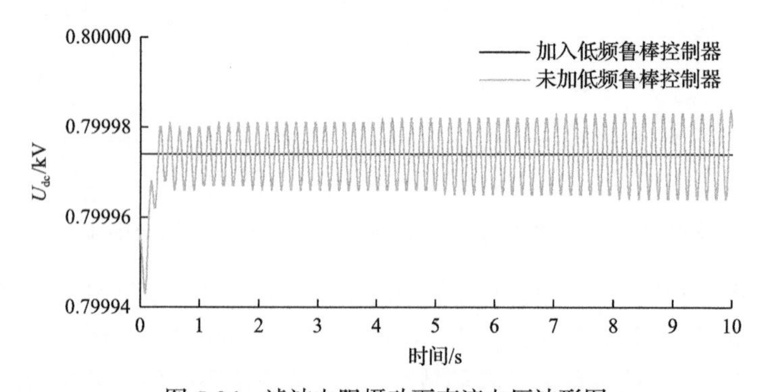

图 5-34　滤波电阻摄动下直流电压波形图

由图 5-34 可知，在 0s 系统滤波电阻发生摄动时，U_{dc}-P 下垂控制下直流电压振荡失稳，这是由于 U_{dc}-P 下垂控制是基于系统精确的线性模型进行控制器的设计，而未考虑内外部因素所导致的系统参数摄动，鲁棒性不足。而基于 H_∞回路成形法所设计的低频鲁棒控制器是基于标称模型进行控制器设计并考虑到系统的互质因子不确定性，故对滤波电阻摄动不敏感，仍然维持着系统直流电压的稳定。

(4)下垂系数摄动：下垂系数越大系统越稳定，但同时当负荷突变时，根据图 2-16 的下垂曲线，电压降落也相对较大，因此下垂系数的选择需要考虑到系统稳定性与电压降落之间的折中。设0s时AC/DC换流器1、2下垂系数均由0.4变为0.15，10s时仿真结束。直流母线1、2、3的直流电压波动情况基本相同，以直流母线1的直流电压作为观察对象，分析比较加入低频鲁棒控制器前后直流电压的稳定情况，波形如图5-35所示。

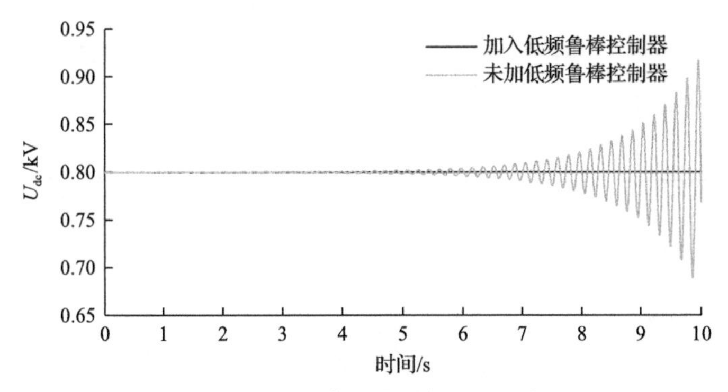

图5-35　下垂系数摄动下直流电压波形图

由图5-35可知，在0s直流配电系统下垂系数摄动时，即直流电压的参考值$U_{dc,ref}$发生变化时，U_{dc}-P下垂控制下直流电压振荡失稳，而加入了低频鲁棒控制器后的系统对下垂系数摄动不敏感，仍然维系着系统直流电压的稳定。

(5)分布式光伏电源瞬时接入：设4s时分布式光伏电源分别从直流母线1、2、3处接入直流配电系统，10s时仿真结束。直流母线1、2、3的直流电压波动情况基本相同，以直流母线1的直流电压作为观察对象，分析比较加入低频鲁棒控制器前后直流电压的稳定情况，波形如图5-36所示。

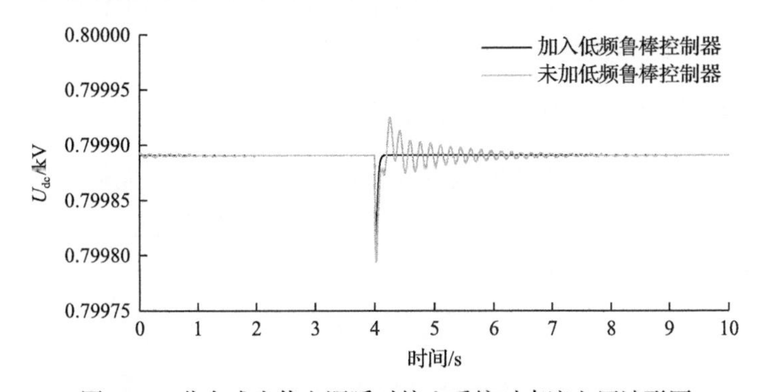

图5-36　分布式光伏电源瞬时接入系统时直流电压波形图

由图5-36可知，在4s分布式光伏电源接入系统时，U_{dc}-P下垂控制下直流电压产生低频振荡，需要经过较长的时间恢复稳定，而加入低频鲁棒控制器后的系统可以在较短的时间内恢复电压稳定，对分布式光伏电源的瞬时接入具有较强的鲁棒性。

(6)交流线路长度变化：设 0s 时两端交流线路长度 l 均由 1km 变为 1.25km。直流母线 1、2、3 的直流电压波动情况基本相同，以直流母线 1 的直流电压作为观察对象，分析比较加入低频鲁棒控制器前后直流电压的稳定情况，波形如图 5-37 所示。

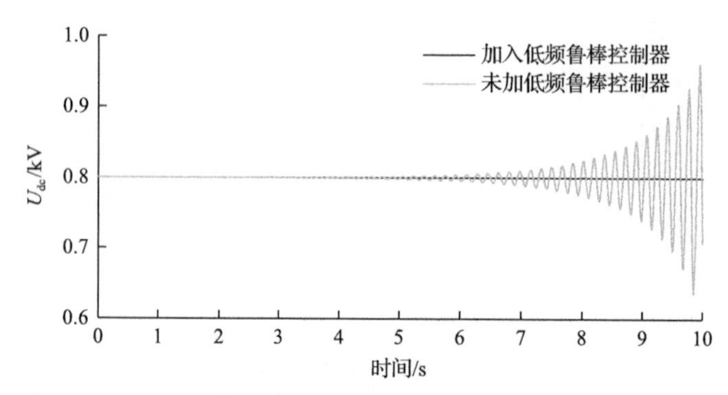

图 5-37　交流线路长度变化时直流电压波形图(基于下垂控制)

由图 5-37 可知，在 0s 交流线路长度变化时，U_{dc}-P 下垂控制下直流电压振荡失稳，这是由于交流线路长度变化，即等效电阻电感发生变化，因此 L 和 R 发生变化，基于系统精确模型的 U_{dc}-P 下垂控制难以对其进行有效抑制。而加入低频鲁棒控制器后的系统对交流线路电阻电感变化不敏感，仍然维系着系统直流电压的稳定。

通过上述分析可知，所设计的低频鲁棒控制器充分考虑了系统参数摄动以及光伏电源瞬时接入、直流负荷突变等不确定性因素对系统稳定性产生的影响，可以有效地保证系统的安全稳定运行，提高了系统的鲁棒性。

3. 基于主从控制的低频鲁棒控制器设计

搭建如图 5-38 所示的直流配电系统仿真算例，其中直流配电系统参数以及各换流器的控制参数分别如表 5-6、表 5-7 所示。根据直流配电系统存在的低频振荡(8Hz)现象，选取 ω_1 和 ω_2 分别为 80rad/s 和 1000rad/s。

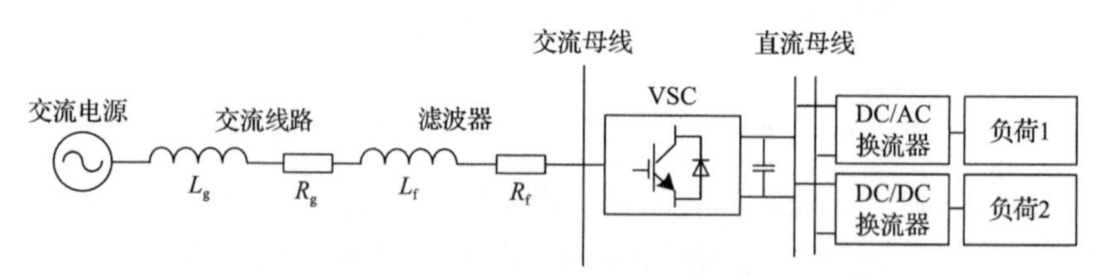

图 5-38　单端辐射状直流配电系统仿真模型(低频鲁棒控制器)

表 5-6　单端辐射状直流配电系统参数

子系统	参数名称	数值
交流侧电网	输入电压 U_g	10kV
	交流线路 $R_g/L_g/l$	0.018Ω/0.5mH/1km
	滤波回路 R_f/L_f	0.022Ω/2.5mH
直流侧电网	直流电压 U_{dc}	20kV
	等效直流负荷 R_{load}	74Ω
	直流侧滤波电容 C_{dc}	3000μF

表 5-7　单端辐射状直流配电系统换流器控制参数

控制参数	数值
内环比例系数 K_{ip}	1.45
内环积分系数 K_{ii}	145
外环比例系数 K_{pp}	0.08
外环积分系数 K_{pi}	10

1) 低频鲁棒控制器的求解

根据图 5-20 主从鲁棒控制框图可得被控对象的开环传递函数为

$$G(s)=\frac{k_d R_{load}[K_{ip}K_{pp}s^2+(K_{ip}K_{pi}+K_{pp}K_{ii})s+K_{ii}K_{pi}]}{LC_{dc}R_{load}s^4+(R_{load}C_{dc}R+R_{load}C_{dc}K_{ip}+L)s^3+(R_{load}C_{dc}K_{ii}+R+K_{ip})s^2+K_{ii}s} \tag{5-31}$$

将表 5-6、表 5-7 中的参数代入式(5-31)中，可得

$$G(s)=\frac{6.438s^2+1449s+80475}{0.000666s^4+0.3338s^3+33.68s^2+145s} \tag{5-32}$$

基于回路成形的要求，选取权函数的形式为

$$\begin{cases} W_1=a\dfrac{s+b}{s+c} \\ W_2=1 \end{cases} \tag{5-33}$$

选取的权函数为

$$\begin{cases} W_1(s) = \dfrac{0.1s + 1000}{2s + 100} \\ W_2(s) = 1 \end{cases} \tag{5-34}$$

此时系统可满足鲁棒稳定指标，并对期望开环系统的奇异值曲线与原开环系统的奇异值曲线进行比较，如图 5-39 所示。

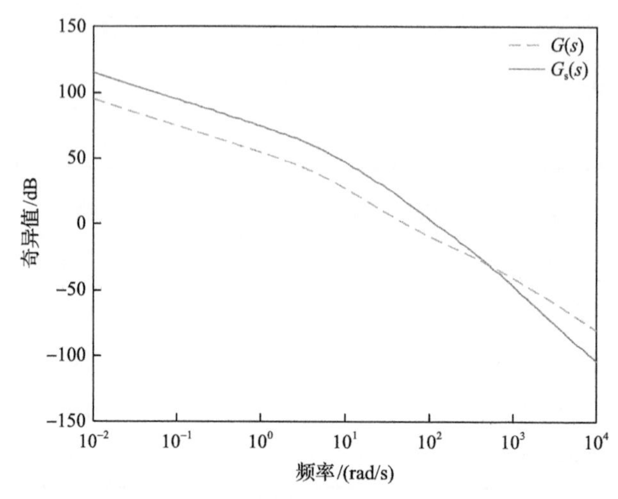

图 5-39　原开环系统与期望开环系统奇异值曲线比较图(基于主从控制)

利用仿真软件鲁棒控制工具箱中的回路成形命令进行控制器的设计，可求得系统最大鲁棒稳定裕度为 $\varepsilon_{\max} = 0.27933$，满足对鲁棒稳定性的要求，且求得低频鲁棒控制器 $K(s)$，如式(5-35)所示：

$$K(s) = \frac{2.792\times10^{6}s^{14} + 5.45\times10^{10}s^{13} + 3.45\times10^{14}s^{12} + 8.715\times10^{17}s^{11} + 8.306\times10^{20}s^{10} +}{s^{16} + 1.803\times10^{4}s^{15} + 1.288\times10^{8}s^{14} + 4.602\times10^{11}s^{13} + 8.607\times10^{14}s^{12} +} \rightarrow$$

$$\leftarrow \frac{3.947\times10^{23}s^{9} + 1.064\times10^{26}s^{8} + 1.733\times10^{28}s^{7} + 1.741\times10^{30}s^{6} + 1.063\times10^{32}s^{5} +}{8.399\times10^{17}s^{11} + 4.813\times10^{20}s^{10} + 1.732\times10^{23}s^{9} + 4.03\times10^{25}s^{8} + 6.118\times10^{27}s^{7} +} \rightarrow$$

$$\leftarrow \frac{3.691\times10^{33}s^{4} + 6.057\times10^{34}s^{3} + 2.07\times10^{35}s^{2} + 1.011\times10^{32}s +}{6.001\times10^{29}s^{6} + 3.668\times10^{31}s^{5} + 1.283\times10^{33}s^{4} + 2.088\times10^{34}s^{3} + 7.115\times10^{34}s^{2} +} \rightarrow$$

$$\leftarrow \frac{1.234\times10^{28}}{1.737\times10^{31}s + 3.354\times10^{20}} \tag{5-35}$$

可知所求得的低频鲁棒控制器为 16 阶，阶数较高，采用频率加权的 Hankel 奇异值算法对低频鲁棒控制器进行降阶。

2) Hankel 奇异值算法降阶

基于频率加权的 Hankel 奇异值算法可有效降低控制器的阶数，采用该方法将低频鲁棒控制器由 16 阶降到 5 阶，降阶后的低频鲁棒控制器如式(5-36)所示。对比低频鲁棒控制器降阶前后的频率响应曲线，如图 5-40 所示，可以发现在所关心的低频段内，低频鲁棒控制器降阶前后的频率响应曲线基本一致，满足系统对控制性能的要求。

$$K_{\mathrm{h}}(s)=\frac{72.94s^4+3.703\times10^6s^3+4.497\times10^8s^2+5.597\times10^9s+1.345\times10^6}{s^5+2484s^4+1.127\times10^6s^3+1.584\times10^8s^2+1.894\times10^9s+0.03658}\tag{5-36}$$

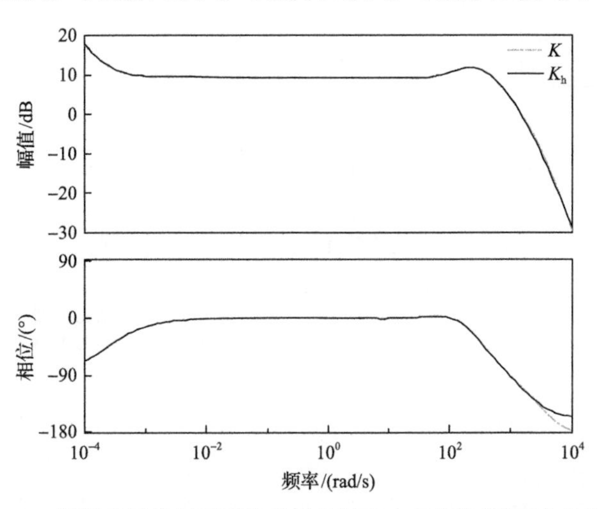

图 5-40　低频鲁棒控制器降阶前后的频率响应曲线(基于主从控制)

3) 时域与频域曲线验证

加入低频鲁棒控制器后的系统开环奇异值曲线、闭环奇异值曲线以及动态响应曲线分别如图 5-41～图 5-43 所示。

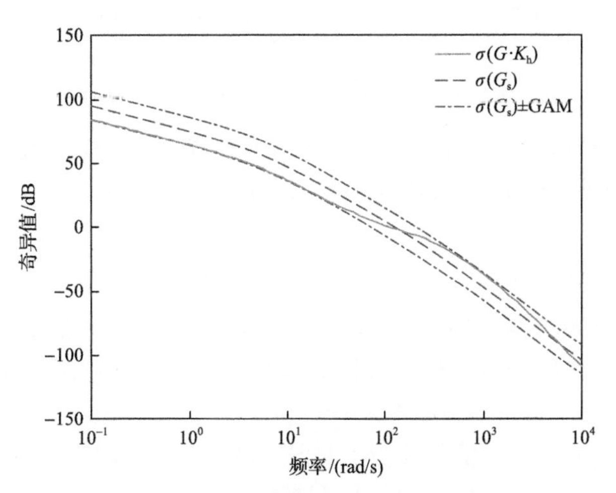

图 5-41　开环奇异值曲线(基于主从控制)

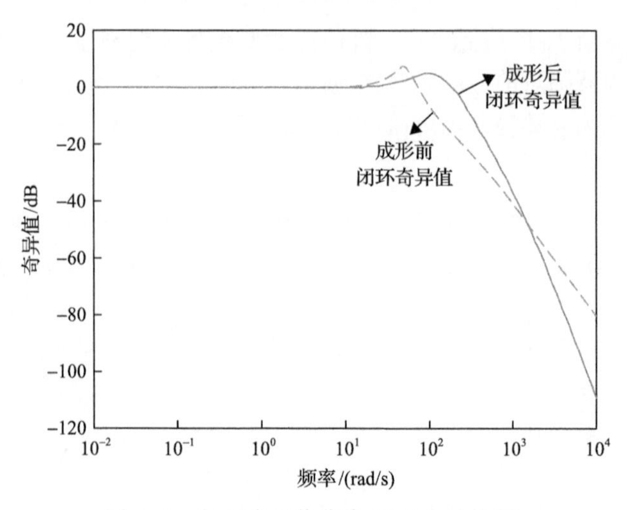

图 5-42　闭环奇异值曲线(基于主从控制)

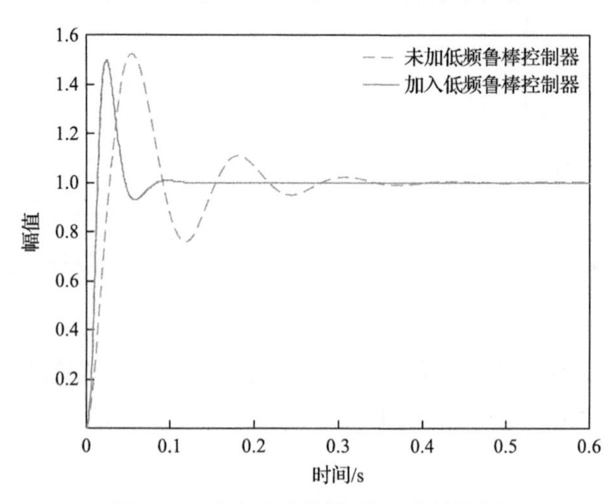

图 5-43　动态响应曲线(基于主从控制)

由图 5-41 可知，加入所设计的低频鲁棒控制器后的系统开环增益(实线)能够满足期望回路成形的要求，其$(0, \omega_1)$频段范围内增益较大，(ω_2, ∞)频段范围内增益迅速衰减。

由图 5-42 可知，在$(0, \omega_1)$频段范围内系统的幅值近似为 0，保证了系统的跟踪精度；系统频带宽度约为 230rad/s，可知此控制器的设计在系统性能上有相当大的改善；谐振峰值降低，对扰动具有较强的抑制作用，提高了系统的鲁棒性。

由图 5-43 可知，加入低频鲁棒控制器后被控系统的调节时间为 0.1s，系统的动态性能得到提高，有利于扰动的抑制与信号的快速跟踪。

4）算例模型的仿真验证

对于如图 5-38 所示的直流配电系统算例，分析在直流负荷扰动下，直流配电系统加入低频鲁棒控制器前后的电压波动情况以及对系统稳定性的影响，从而验证所设计的低频鲁棒控制器的有效性。

初始时刻负荷 1 投入，在 t=1s 时，负荷 2 投入，1.5s 时仿真结束。其中初始运行时，负荷 1 的功率为 5400kW，投入的负荷 2 为初始负荷的 67%(3600kW)。分析比较加入低频鲁棒控制器前后直流电压的稳定情况，波形如图 5-44 所示。

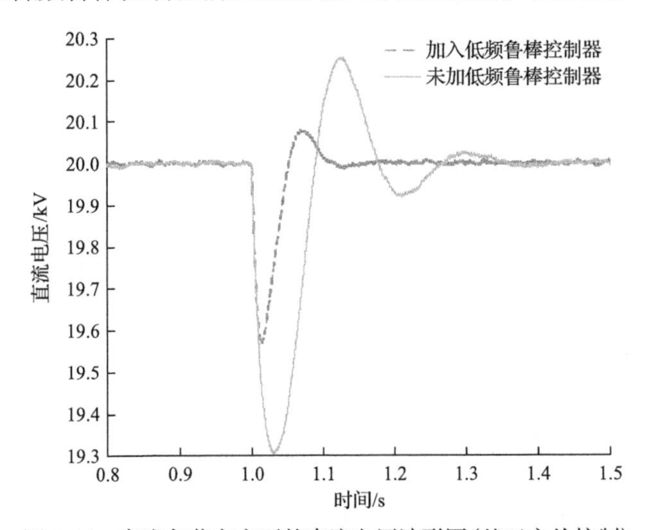

图 5-44　直流负荷突变下的直流电压波形图(基于主从控制)

由图 5-44 可知，在 1s 时直流负荷功率突增导致直流电压发生低频振荡，这是由于传统的双闭环控制阻尼特性弱，因此系统在负荷扰动下鲁棒性不足。基于 H_∞回路成形法选取权函数时，充分考虑了直流配电系统的扰动抑制能力以及信号跟踪性能，故所设计的低频鲁棒控制器在负荷突增时，可以有效地抑制系统的低频振荡，提高系统扰动下的鲁棒稳定性。

5.2.2　基于 H_∞回路成形法的高频振荡鲁棒抑制策略

上述 H_∞低频鲁棒控制器可以有效抑制直流配电系统低频振荡，提高系统的电压稳定性和鲁棒性。但是该鲁棒控制器仅仅能够抑制低频振荡，而当系统存在随机性与不确定性时，可能会发生高频振荡，因此针对直流配电系统存在的高频振荡问题，本节以主从控制为例，采用 H_∞方法设计了高频鲁棒控制器，并对加入高频鲁棒控制器前后的电压稳定性进行了比较，最后通过典型直流配电系统算例进行仿真验证。

1）高频鲁棒控制器的求解

建立如图 5-45 所示的直流配电系统仿真算例，其中直流配电系统参数以及各换流器的控制参数分别如表 5-6、表 5-8 所示。根据直流配电系统存在的高频振荡(200Hz)现象，对应于权函数的选择，选取 ω_1 和 ω_2 分别为 1.2×10^3rad/s 和 10^5rad/s。

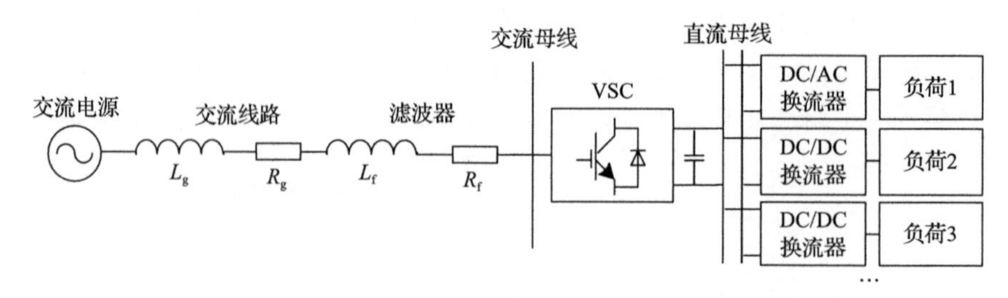

图 5-45　单端辐射状直流配电系统仿真模型(高频鲁棒控制器)

表 5-8　换流器控制参数(高频鲁棒控制器)

控制参数	数值
内环比例系数 K_{ip}	1
内环积分系数 K_{ii}	12
外环比例系数 K_{pp}	22
外环积分系数 K_{pi}	14

根据图 5-20 主从鲁棒控制框图和表 5-6、表 5-8 参数，可得被控对象的开环传递函数为

$$G(s)=\frac{1221s^2+15429s+9324}{0.000666s^4+0.2339s^3+3.704s^2+12s} \tag{5-37}$$

基于回路成形的要求，选取权函数的形式为

$$\begin{cases}W_1=a\dfrac{s+b}{s+c}\\W_2=1\end{cases} \tag{5-38}$$

选取的权函数为

$$\begin{cases}W_1(s)=\dfrac{s+1000}{s+1}\\W_2(s)=1\end{cases} \tag{5-39}$$

此时系统可满足对鲁棒稳定性要求，并比较期望开环系统的奇异值曲线 ($\sigma(G\cdot W)$) 与原开环系统的奇异值曲线，如图 5-46 所示。

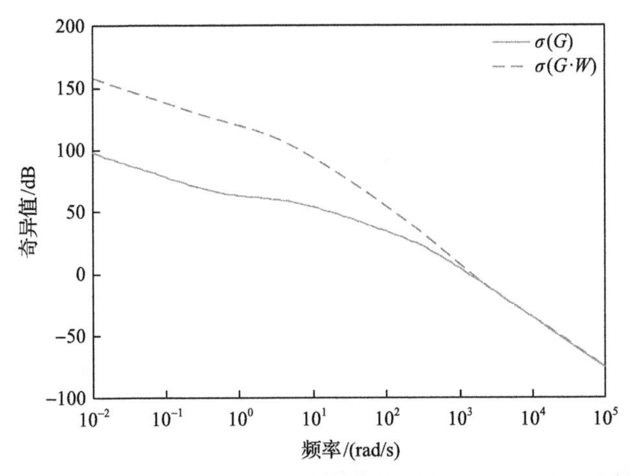

图 5-46　原开环系统与期望开环系统奇异值曲线比较图(高频鲁棒控制器)

利用仿真软件鲁棒控制工具箱中的回路成形命令进行控制器的设计，可求得系统最大鲁棒稳定裕度为 $\varepsilon_{\max}=0.165$，满足对鲁棒稳定性的要求，且求得高频鲁棒控制器 $K(s)$，如式(5-40)所示：

$$K(s)=\frac{8.882\times10^{-16}s^{16}-9.397\times10^{-11}s^{15}+6.501\times10^{7}s^{14}+6.806\times10^{11}s^{13}+}{s^{16}+2.117\times10^{4}s^{15}+1.896\times10^{8}s^{14}+9.417\times10^{11}s^{13}+2.748\times10^{15}s^{12}+}\rightarrow$$

$$\leftarrow\frac{2.428\times10^{15}s^{12}+3.547\times10^{18}s^{11}+2.478\times10^{21}s^{10}+}{4.401\times10^{18}s^{11}+3.121\times10^{21}s^{10}+7.216\times10^{23}s^{9}+2.738\times10^{25}s^{8}+}\rightarrow$$

$$\leftarrow\frac{8.714\times10^{23}s^{9}+1.326\times10^{26}s^{8}+4.634\times10^{27}s^{7}+6.719\times10^{28}s^{6}+}{4.221\times10^{26}s^{7}+3.062\times10^{27}s^{6}+1.021\times10^{28}s^{5}+1.428\times10^{28}s^{4}+}\rightarrow$$

$$\leftarrow\frac{4.48\times10^{29}s^{5}+1.26\times10^{30}s^{4}+1.125\times10^{30}s^{3}+3.109\times10^{29}s^{2}+}{8.607\times10^{27}s^{3}+1.864\times10^{27}s^{2}+4.546\times10^{23}s+}\rightarrow$$

$$\leftarrow\frac{1.4\times10^{26}s+1.568\times10^{22}}{2.721\times10^{15}}\tag{5-40}$$

所求得的高频鲁棒控制器为 16 阶，不利于工程实际，故采用频率加权的 Hankel 奇异值算法降阶。

2) Hankel 奇异值算法降阶

基于频率加权的 Hankel 奇异值算法可有效降低控制器的阶数，采用该方法将高频鲁棒控制器由 16 阶降到 6 阶，降阶后的高频鲁棒控制器如式(5-41)所示。对比鲁棒控制器降阶前后的频率响应曲线，如图 5-47 所示。可以发现在所关心的频段内，高频鲁棒控制器降阶前后的频率响应曲线基本一致，满足系统对控制性能的要求。

$$K_{\mathrm{h}}(s)=\frac{-16.1s^5+6.512\times10^7s^4+5.87\times10^{10}s^3+1.773\times10^{13}s^2+}{s^6+1.163\times10^4s^5+5.023\times10^7s^4+1.058\times10^{11}s^3+3.128\times10^{11}s^2+}\rightarrow$$
$$\leftarrow\frac{3.45\times10^{13}s+7.137\times10^9}{2.07\times10^{11}s+1239} \tag{5-41}$$

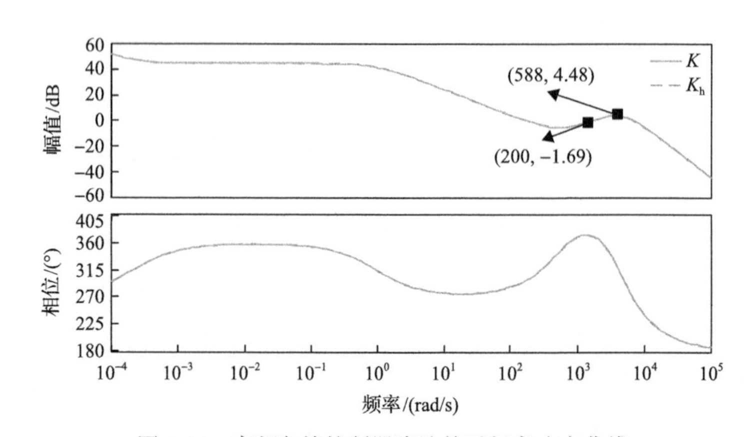

图 5-47　高频鲁棒控制器降阶前后频率响应曲线

由图 5-47 可知，当系统振荡频率为 200Hz 时，所设计的鲁棒控制器的开环增益 $20\lg K=-1.69\Rightarrow K=10^{-1.69/20}=0.823<1$，因此，系统不会出现 PI 控制器导致的积分饱和问题。

3) 时域与频域仿真验证

加入高频鲁棒控制器后的系统开环奇异值曲线、闭环奇异值曲线以及动态响应曲线分别如图 5-48～图 5-50 所示。

由图 5-48 可知，加入所设计的高频鲁棒控制器后的系统开环增益(灰实线)能够满足期望回路成形的要求，在 $(0,\ \omega_1)$ 频率范围内增益较大，在 $(\omega_2,\ \infty)$ 频率范围内增益迅速衰减。

由图 5-49 可知，在 $(0,\ \omega_1)$ 频率范围内系统的幅值近似为 0，保证了系统的跟踪精度；系统频带宽约为 2200rad/s，可知此控制器的设计对系统性能有相当大的改善；谐振峰值降低，对扰动具有较强的抑制作用，提高了系统的鲁棒性。

由图 5-50 可知，加入高频鲁棒控制器后被控系统的调节时间为 0.008s，系统的动态性能得到提高，有利于扰动的抑制与信号的快速跟踪。

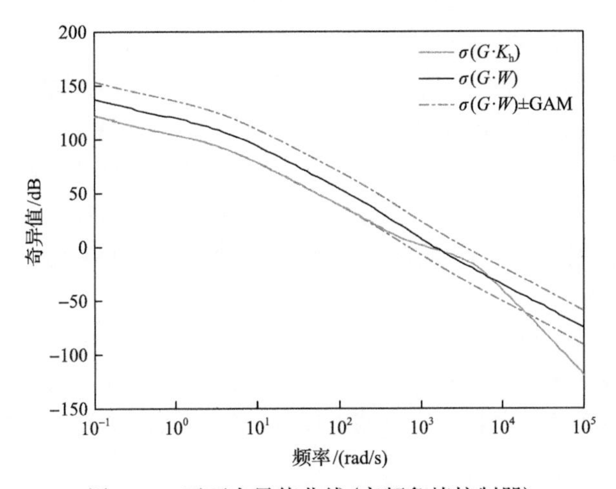

图 5-48　开环奇异值曲线(高频鲁棒控制器)

$\sigma(G\cdot K_{\mathrm{h}})$ -加入高频鲁棒控制器后的开环系统的奇异值曲线；$\sigma(G\cdot W)$ -期望的开环系统的奇异值曲线；$\sigma(G\cdot W)\pm$GAM -叠加了不确定性后的曲线

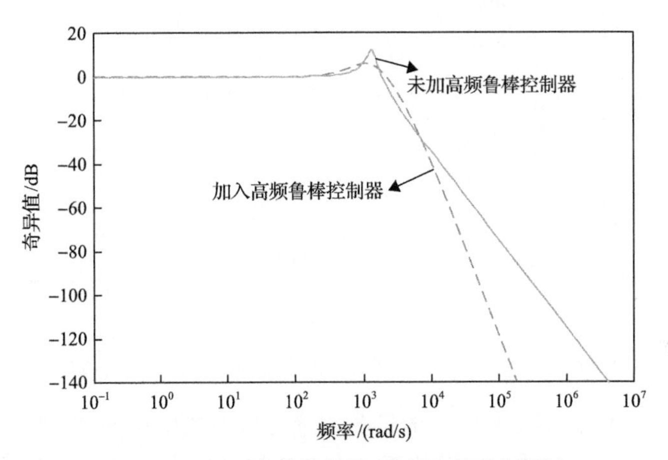

图 5-49　闭环奇异值曲线(高频鲁棒控制器)

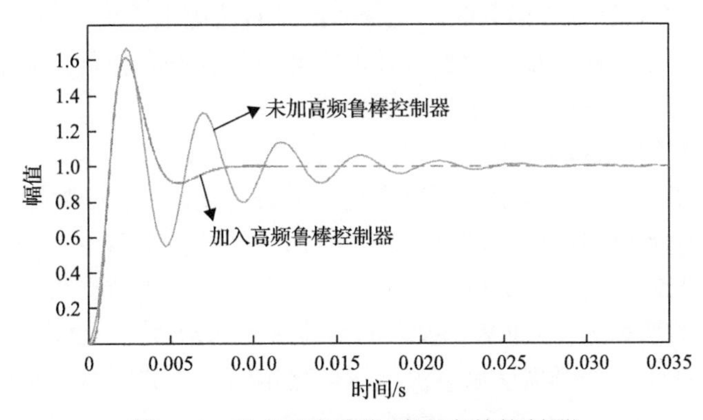

图 5-50　动态响应曲线(高频鲁棒控制器)

4) 算例模型的仿真验证

搭建如图 5-45 所示的单端辐射式直流配电系统仿真算例。除所设计的高频鲁棒控制器以及所分析的系统参数扰动外，系统其他参数均保持不变。本节分别仿真分析了在直流负荷突变、网侧滤波参数摄动、交流线路长度变化以及直流侧滤波电容摄动等不确定性因素扰动下，直流配电系统加入高频鲁棒控制器前后的电压波动情况以及对系统稳定性的影响，从而验证所设计高频鲁棒控制器的正确性与有效性。

(1) 直流负荷突变。

初始时刻负荷 1 投入，在 t=5s 时，负荷 2 投入，6s 时仿真结束。其中初始运行时，负荷 1 的功率为 5400kW，投入的负荷 2 为初始负荷的 67%(3600kW)。分析比较加入高频鲁棒控制器前后直流电压的稳定情况，波形如图 5-51 所示。

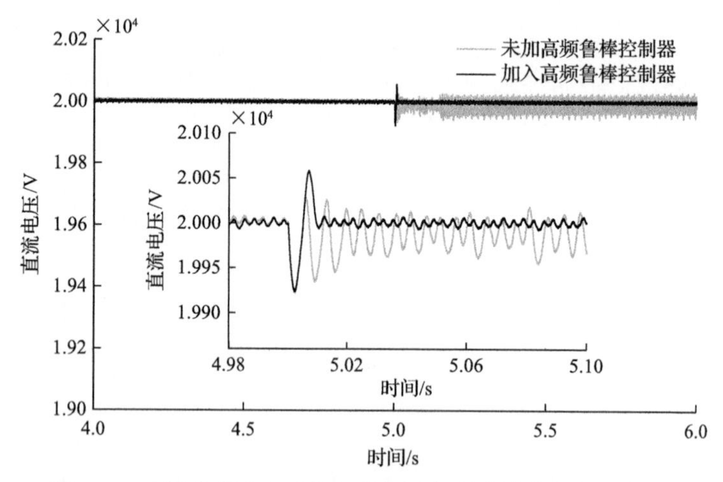

图 5-51　直流负荷突变下的直流电压波形图(高频鲁棒控制器)

由图 5-51 可知，在 5s 时直流负荷突增导致直流电压振荡失稳，这是由于传统的双闭环控制阻尼特性弱，因此系统在负荷扰动下无法恢复稳定，鲁棒性不足。基于 H_∞回路成形法选取权函数时，充分考虑了直流配电系统的高频扰动(200Hz)抑制能力以及信号跟踪性能，故所设计的高频鲁棒控制器在负荷突增时，可以有效地抑制系统的高频振荡，使系统恢复稳定。

(2) 网侧滤波参数摄动。

在实际的直流配电系统中，环境变化、设备老化以及负荷扰动引起的电感电流变化等都将引起网侧滤波参数摄动。设 0s 时网侧滤波电感由 2.5mH 变为 3mH，滤波电阻由 0.022Ω 变为 0.042Ω，5s 时负荷 3 投入，6s 时仿真结束。其中初始运行时，负荷 1 的功率为 5400kW，投入的负荷 3 为初始负荷的 23%(1250kW)。分析比较加入高频鲁棒控制器前后直流电压的稳定情况，波形如图 5-52 所示。

由图 5-52 可知，在网侧滤波参数发生摄动时，较小的负荷扰动也会使得系统

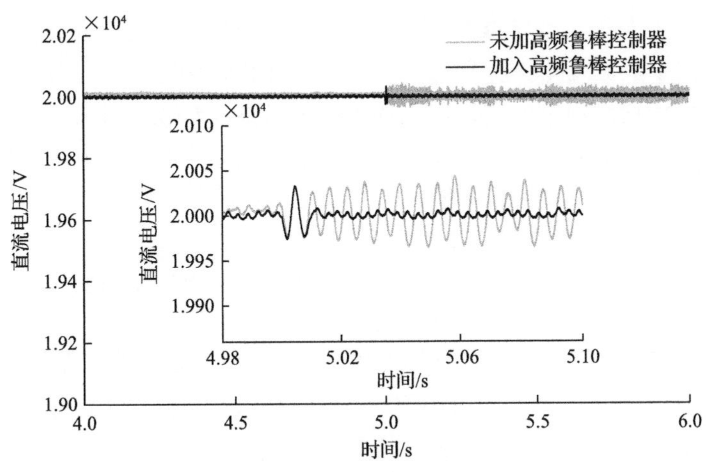

图 5-52　网侧滤波参数摄动下直流电压波形图

振荡失稳，这是由于传统的双闭环控制策略是基于系统精确的线性模型进行控制器的设计，而未考虑内外部因素所导致的系统参数摄动，鲁棒性不足。而基于 H_∞ 回路成形法所设计的高频鲁棒控制器是基于标称模型进行控制器设计并考虑到系统的互质因子不确定性，故对网侧滤波参数摄动不敏感，仍然维持着系统直流电压的稳定。

(3) 交流线路长度变化。

在实际工程中，与交流配电系统相连的交流线路长度会发生一定程度的变化。设 0s 时交流线路长度由 1km 变为 2km，5s 时负荷 3 投入，6s 时仿真结束。其中初始运行时，负荷 1 的功率为 5400kW，投入的负荷 3 为初始负荷的 23%(1250kW)。分析比较加入高频鲁棒控制器前后直流电压的稳定情况，波形如图 5-53 所示。

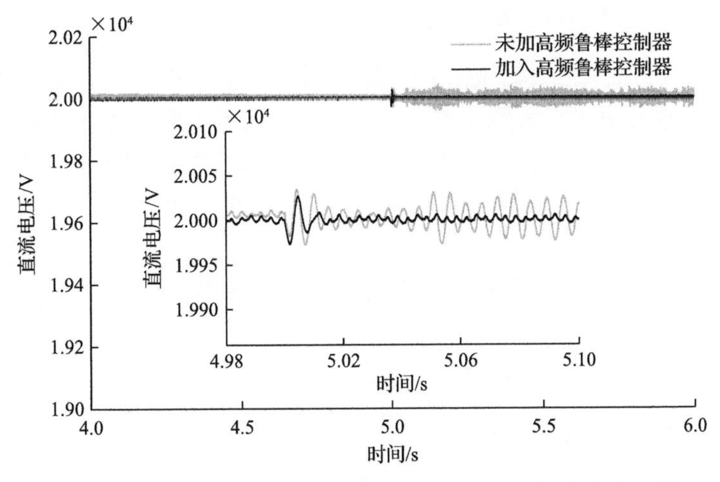

图 5-53　交流线路长度变化时直流电压波形图(高频鲁棒控制器)

由图 5-53 可知，在交流线路长度变化时，较小的负荷扰动也会使得系统振荡失稳，这是由于交流线路长度变化，即等效电阻电感发生变化，因此 L 和 R 发生变化，基于系统精确模型的传统双闭环控制策略难以对扰动进行有效的抑制。而加入高频鲁棒控制器后的系统对交流线路长度变化导致的等效电阻电感变化不敏感，仍然维系着系统直流电压的稳定。

(4) 直流侧滤波电容摄动。

在实际工程中，直流侧滤波电容可能因环境温度的变化而变化，其中铝电解电容器就是这种情况。设 0s 时直流侧滤波电容发生参数摄动，由 3000μF 变为 2400μF，5s 时负荷 3 投入，6s 时仿真结束。其中初始运行时，负荷 1 的功率为 5400kW，投入的负荷 3 为初始负荷的 23%(1250kW)。分析比较加入高频鲁棒控制器前后直流电压的稳定情况，波形如图 5-54 所示。

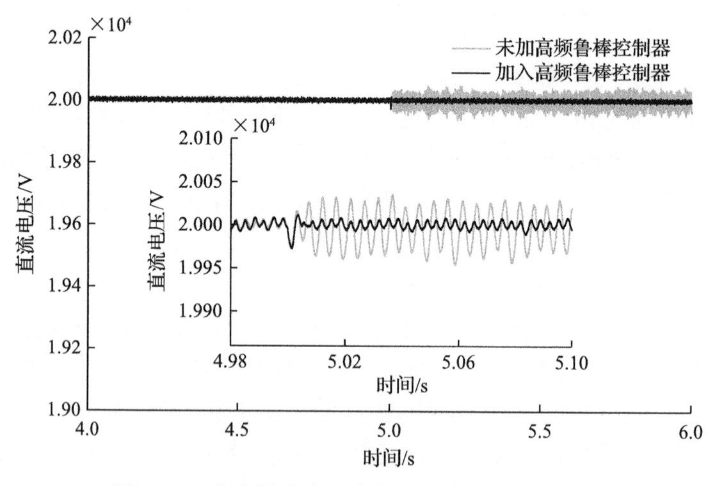

图 5-54　直流侧滤波电容摄动下直流电压波形图

由图 5-54 可知，在直流侧滤波电容发生摄动时，较小的负荷扰动也会使得系统振荡失稳，这是由于直流侧滤波电容变化，因此基于系统精确模型的传统双闭环控制策略难以对扰动进行有效的抑制。而加入高频鲁棒控制器后的系统对直流侧滤波电容摄动不敏感，仍然维系着系统直流电压的稳定。

5.3　基于带通滤波器的低频振荡抑制策略

5.3.1　等效电路带通滤波器补偿模型

1. 等效电路优化补偿方案分析

4.3 节分析了电路的动态过程，在等效电阻突变后的一小段时间内，即第一个振荡波形的第一阶段，电感上电压受到电容特性的限制，导致电感电压只能缓慢增加，同时限制了电感 L 与电阻 R 上电流的上升速度，亦即增加了第一阶段的时间。

假设在电路状态发生改变后，在直流电压源上动态增加一个正向的 Δu，此时电路的状态如图 5-55 所示，Δu 的增加会使得电感电压在一定程度上突破电容电压不能突变的限制，从而使得电感电流快速增大，减少第一阶段的时间，同时，电感电流的快速增大，亦会使得电容电流快速减小，从而减缓电容释放能量的速度。在第一阶段结束时，电容释放的能量会大幅度减小，即电容电压下降幅值会大幅减小，从而在一定程度上减弱了低频振荡的影响，将此过程应用于直流配电系统控制中便会在一定程度上抑制低频振荡。

假设在电路状态发生改变后动态增加一个正向的 Δu，即要此 Δu 在电路稳态时置零，由此可以在直流电压源支路添加一个受控电压源，受控电压源控制信号由电容电压经过带通滤波器输出，这样，在电路稳态时，电容电压处于恒定值，此时带通滤波器输出为零，直流电压源支路上无附加电压，在电路状态发生改变后，带通滤波器输出电压附加到直流电压源支路，从而降低低频振荡的幅值。

2. 带通滤波器的设计

为达到抑制低频振荡的效果，带通滤波器应选择通频带处于低频振荡频率范围，并且对于通频带外的频率有很好的阻尼效果，由此选取二阶 RC 带通滤波器，其电路形式如图 5-56 所示。

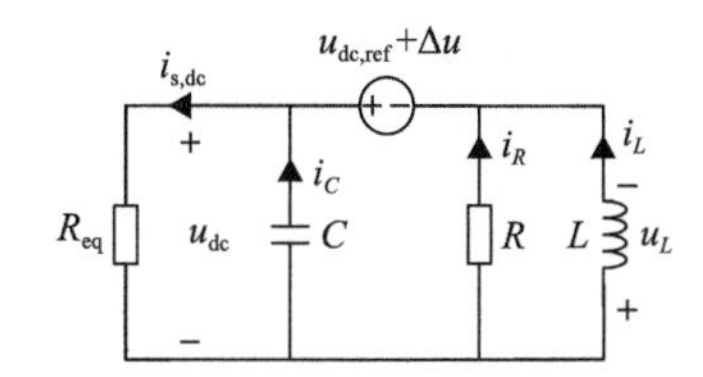

图 5-55　等效电路直流电压源附加止向电压示意图

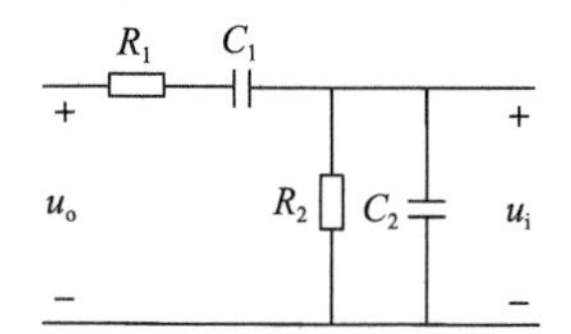

图 5-56　RC 带通滤波器电路结构

对于滤波电路中元件的选择，可以根据经典归一化方法进行设计。整个设计过程可分为两个阶段，前一个阶段是依据归一化低通滤波器设计方法，设计低通滤波器的通带宽度，后一个阶段基于该通带宽度将低通滤波器变换为带通滤波器，其设计步骤如图 5-57 所示。

归一化低通滤波器是指特征阻抗为 1Ω 且截止频率为 $1/(2\pi)$ Hz（≈0.159Hz）的低通滤波器，第一阶段低通滤波器的设计也分为两个步骤，首先通过改变归一化低通滤波器的元件参数值，得到一个截止频率从归一化截止频率 $1/(2\pi)$ Hz 变为待设计带通滤波器所要求的截止频率，而特征阻抗仍等于归一化特征阻抗 1Ω 的过渡性滤波器；然后通过改变这个过渡性滤波器所要求的特征阻抗，从而得到最终所要设计的滤波器。

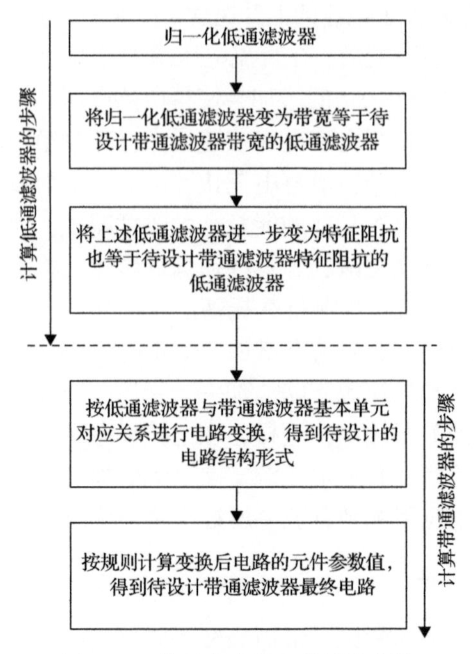

图 5-57　带通滤波器参数设计步骤

第一步，按式(5-42)～式(5-44)改变归一化低通滤波器的元件参数。

$$M = \frac{\text{待设计带通滤波器的截止频率}}{\text{归一化低通滤波器的截止频率}} \tag{5-42}$$

$$R_{\text{new}} = \frac{R_{\text{old}}}{M} \tag{5-43}$$

$$C_{\text{new}} = \frac{C_{\text{old}}}{M} \tag{5-44}$$

式中，R_{new}、C_{new} 为变换后的电阻值、电容值；R_{old}、C_{old} 为变换前的电阻值、电容值。

第二步，通过上面已经求得的元件参数值，根据式(5-45)～式(5-47)实现特征阻抗变换。

$$K = \frac{\text{待设计带通滤波器的特征阻抗}}{\text{归一化低通滤波器的特征阻抗}} \tag{5-45}$$

$$R_{\text{new}} = R_{\text{old}} \cdot K \tag{5-46}$$

$$C_{\text{new}} = \frac{C_{\text{old}}}{K} \tag{5-47}$$

根据上述方法，结合第 3 章求取电容电压振荡频率的公式，便可得到在直流配电系统等效电路中所需要的带通滤波器电路元件参数。

3. 等效电路带通滤波器补偿模型及仿真

在直流配电系统等效物理电路模型中加入带通滤波器补偿的受控电压源，电路结构如图 5-58 所示。

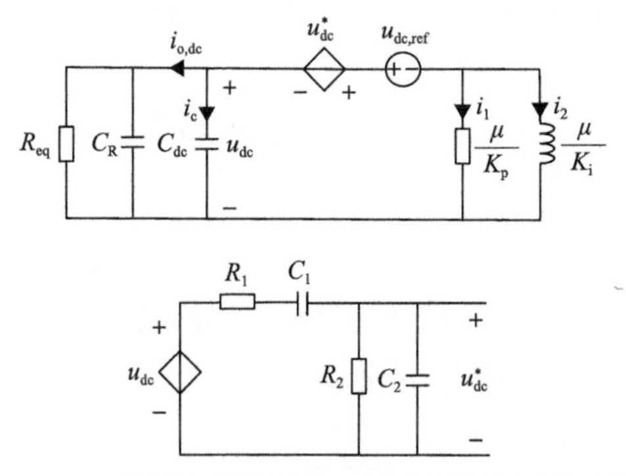

图 5-58　等效电路附加带通滤波器补偿后的结构

考虑 4.3 节的电路动态过程，由于电容电压在电路状态发生变化后呈下降趋势，此时经过带通滤波器输出的电压 u_{dc}^* 为负值，故受控电压源电压方向应与直流电压源电压方向相反。

利用仿真软件搭建带通滤波器补偿的等效电路，并与带通滤波器补偿前等效电路进行仿真对比，电容电压的对比波形如图 5-59 所示。

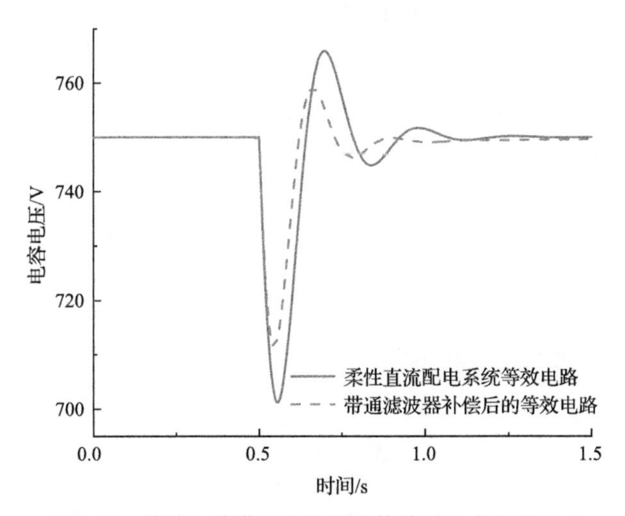

图 5-59　等效电路带通滤波器补偿前后电容电压对比

观察图 5-59 可以发现，加入带通滤波器补偿电路后，电容电压的振荡波形明显改善，且与理论推导分析一致，验证了带通滤波器补偿改善电压低频振荡的有效性。

5.3.2　基于带通滤波器的补偿优化策略

根据直流配电系统等效物理电路模型中加入带通滤波器补偿的位置以及各元件与系统中各环节的对应关系，可以在直流电压控制环节加入带通滤波器进行补偿。

由基尔霍夫电压定律可知，在电路稳态时，有

$$u_{\mathrm{dc,ref}} = u_{\mathrm{dc}} + u_{\mathrm{dc}}^{*} \tag{5-48}$$

因此，可以在换流器电压外环控制环节中加入数字带通滤波器进行补偿，补偿后的电压外环控制结构如图 5-60 所示。

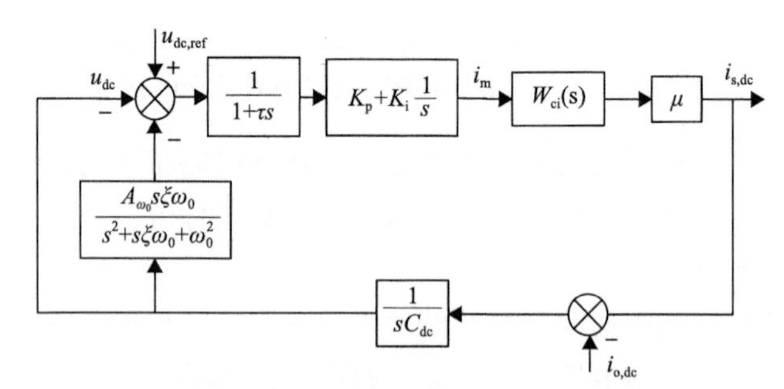

图 5-60　带通滤波器补偿的电压外环控制结构

ω_0 -带通滤波器中心频率；A_{ω_0} -通带增益；ξ -阻尼比

根据带通滤波器电路可知其输入输出电压关系为

$$u_{\mathrm{i}} = \frac{s\dfrac{R_2}{C_1}}{s^2 + s\dfrac{R_1C_2 + R_2C_1 + R_2C_2}{C_1C_2} + \dfrac{R_1R_2}{C_1C_2}} u_{\mathrm{o}} \tag{5-49}$$

数字带通滤波器传递函数为

$$u_{\mathrm{i}} = K\frac{s\xi\omega_0}{s^2 + s\xi\omega_0 + {\omega_0}^2} \tag{5-50}$$

根据式(5-49)与式(5-50)之间的对应关系可以得到数字带通滤波器参数。

利用仿真软件搭建直流配电系统的详细仿真模型，在电压外环控制环节中加入带通滤波器进行补偿，并与未加补偿的模型进行仿真对比，直流电压的对比波形如图 5-61 所示。

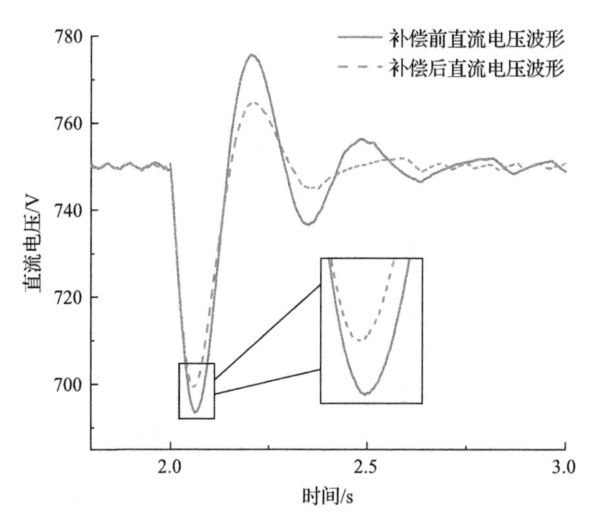

图 5-61　柔性直流配电系统带通滤波器补偿前后直流电压仿真波形

由图 5-61 可知，加入带通滤波器补偿后直流电压波形有明显改善，且与等效模型中加入带通滤波器补偿后效果基本一致，验证了带通滤波器补偿优化策略的有效性。

5.4　含电动汽车的直流配电系统虚拟惯量控制

5.4.1　电动汽车的虚拟惯量控制理论分析

为了提高系统阻尼及稳定性，在不同充放电模式外环控制中统一引入虚拟惯量补偿函数，增大系统惯性，所采用的虚拟惯量补偿函数形式为

$$G_c(s)=\frac{1}{K_c+sH_c} \tag{5-51}$$

式中，K_c 为阻尼参数；H_c 为惯性时间常数。

恒流、恒压以及恒功率控制方式对应的虚拟惯量控制结构框图分别如图 5-62～图 5-64 所示，虚拟惯量控制器如图中虚线框内所示。

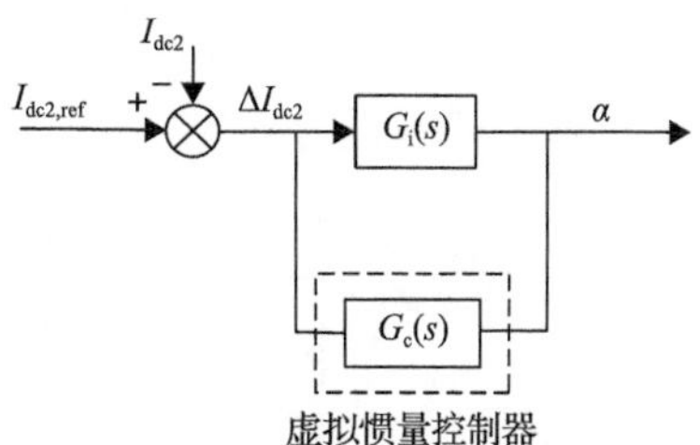

图 5-62　虚拟惯量恒流控制结构框图

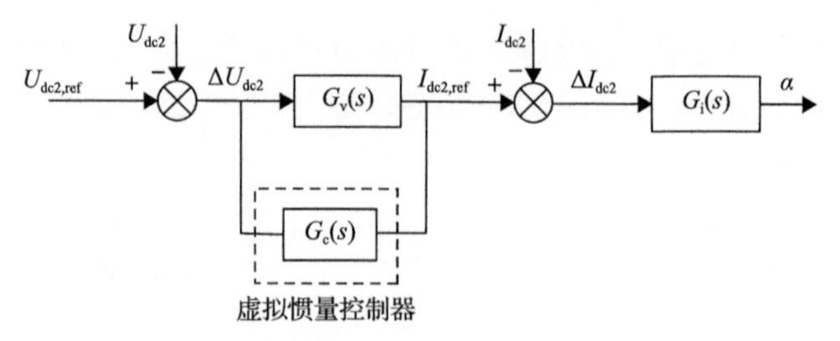

图 5-63　虚拟惯量恒压控制结构框图

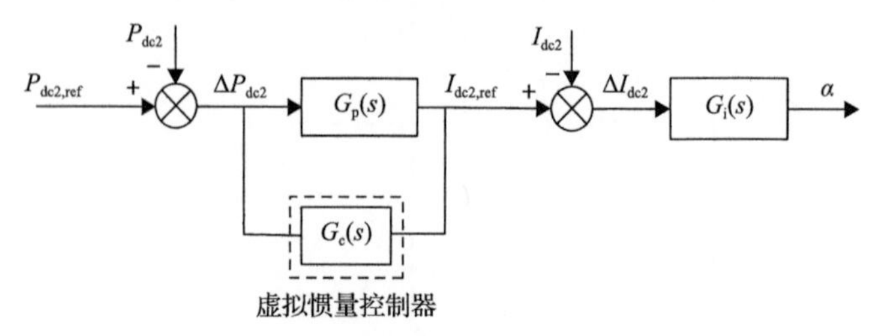

图 5-64　虚拟惯量恒功率控制结构框图

在外环控制环节中并联了虚拟惯量环节，增大系统惯性，增强系统稳定性。虚拟惯量恒流控制、恒压控制以及恒功率控制小信号导纳模型分别如式(5-52)～式(5-54)所示。

$$\Delta Y_{dc,ic}=\frac{\left(I_{dc2,0}+\dfrac{U_{dc2,0}}{R+sL}\right)\dfrac{U_{dc2,0}}{U_{dc1,0}}}{U_{dc1,0}\left(1+\dfrac{G_i(s)+G_c(s)}{R+sL}\right)}-\frac{I_{dc1,0}}{U_{dc1,0}} \tag{5-52}$$

$$\Delta Y_{dc,vc}=\frac{\left(I_{dc2,0}+\dfrac{U_{dc2,0}}{R+sL}\right)\dfrac{U_{dc2,0}}{U_{dc1,0}}}{U_{dc1,0}\left[1+(G_v(s)+G_c(s))G_i(s)+\dfrac{G_i(s)}{R+sL}\right]}-\frac{I_{dc1,0}}{U_{dc1,0}} \tag{5-53}$$

$$\Delta Y_{dc,pc}=\frac{\left(I_{dc2,0}+\dfrac{U_{dc2,0}}{R+sL}\right)\dfrac{U_{dc2,0}}{U_{dc1,0}}}{\left(I_{dc2,0}+\dfrac{U_{dc2,0}}{R+sL}\right)(G_p(s)+G_c(s))G_i(s)+\dfrac{G_i(s)}{R+sL}+1}-\frac{I_{dc1,0}}{U_{dc1,0}} \tag{5-54}$$

式中，$I_{dc1,0}$、$U_{dc1,0}$为斩波器入口处电流、电压稳态值；$I_{dc2,0}$、$U_{dc2,0}$为斩波器出口处电流、电压稳态值。

基于上述引入虚拟惯量的直流配电系统稳定性模型，对引入虚拟惯量前后系统的电压稳定性进行理论分析。

1. 加入虚拟惯量控制前后系统稳定性分析

三种常规充电模式引入虚拟惯量前后，系统的奈奎斯特曲线图如图 5-65～图 5-67 所示。

从图 5-65～图 5-67 中可看出，三种常规充电模式分别引入虚拟惯量后，其奈奎斯特曲线与实轴的交点向右移动，更加远离(–1,j0)。引入虚拟惯量后，系统电压稳定性得到明显提高。

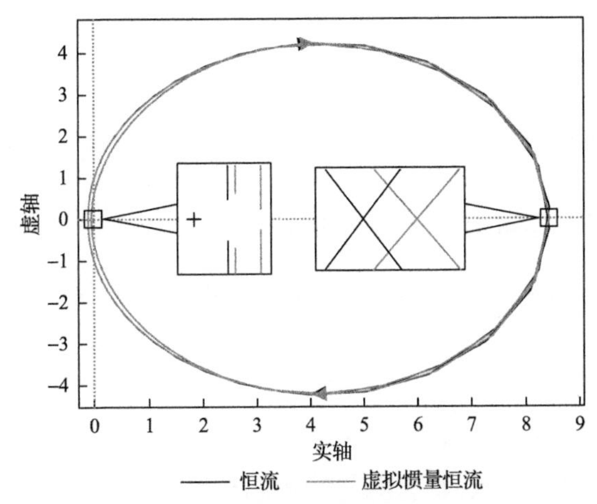

图 5-65　恒流和虚拟惯量恒流充电模式奈奎斯特曲线图

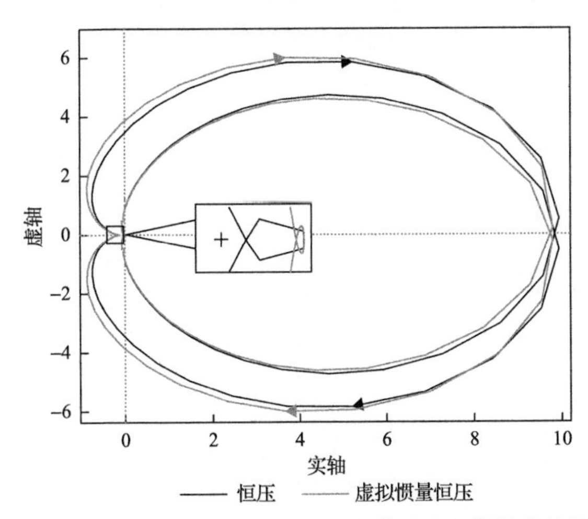

图 5-66　恒压和虚拟惯量恒压充电模式奈奎斯特曲线图

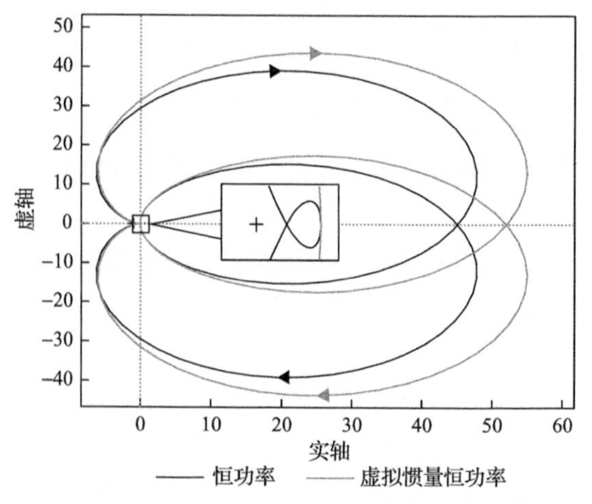

图 5-67　恒功率和虚拟惯量恒功率充电模式奈奎斯特曲线图

2. 虚拟惯量控制参数对系统稳定性的灵敏度分析

上述分析表明了虚拟惯量控制的有效性，但虚拟惯量控制参数的变化也会影响其控制效果。本小节以虚拟惯量恒功率放电为例，分析虚拟惯量控制参数对系统电压稳定性的影响

1) 惯性时间常数 H_c 变化对系统电压稳定性的影响

为了分析惯性时间常数 H_c 变化对系统电压稳定性的影响，设定了三种工况，三种工况只有 H_c 参数不相同。工况 1、工况 2、工况 3 三种工况下 H_c 参数分别为 0.05、0.03、0.01，三种工况下系统奈奎斯特曲线图如图 5-68 所示。

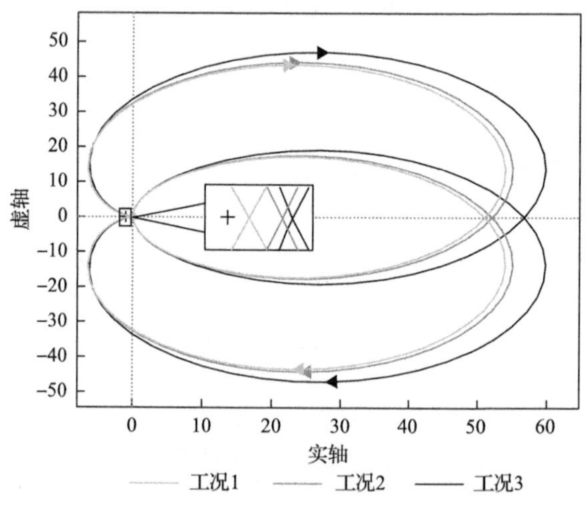

图 5-68　三种工况下系统奈奎斯特曲线图(H_c 不同)

由图 5-68 可知，随着 H_c 的减小，直流配电系统奈奎斯特曲线图与负实轴的交点依次从右侧远离(–1,j0)，即系统电压逐渐稳定。

2) 阻尼参数 K_c 变化对系统电压稳定性的影响

为了分析阻尼参数 K_c 变化对系统电压稳定性的影响，设定了三种工况，三种工况只有 K_c 不相同。工况 1、工况 2、工况 3 下 K_c 分别为 0.03、0.02、0.01。三种工况下系统的奈奎斯特曲线图如图 5-69 所示。

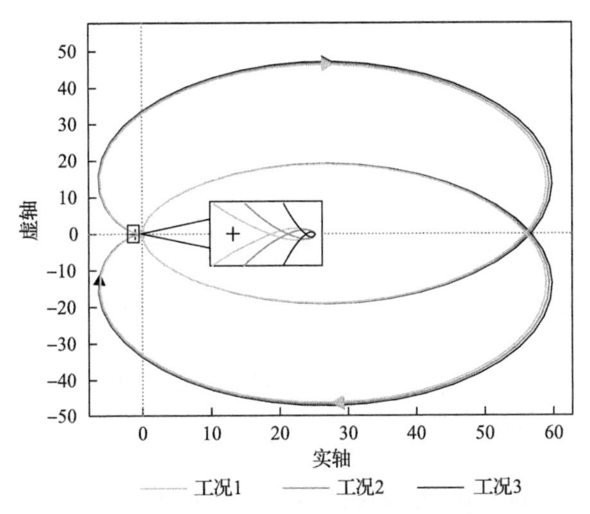

图 5-69　三种工况下系统奈奎斯特曲线图(K_c 不同)

由图 5-69 可知，随着 K_c 的减小，直流配电系统奈奎斯特曲线图与负实轴的交点依次从右侧远离(–1,j0)，即系统电压逐渐稳定。

3) H_c 和 K_c 对稳定性提升程度的对比分析

为了分析虚拟惯量环节的 H_c 和 K_c 对稳定性提升的影响程度，设定了三种工况，三种工况只有 H_c、K_c 参数不相同。工况 1、工况 2、工况 3 下 H_c 分别取 0.03、0.03、0.01，K_c 分别取 0.03、0.01、0.03。三种工况下系统的奈奎斯特曲线图如图 5-70 所示。

由图 5-70 可知，将 K_c 和 H_c 依次减小，直流配电系统的奈奎斯特曲线与负实轴的交点依次从右侧远离(–1,j0)，即系统电压稳定性提升愈加明显，故认为虚拟惯量环节的参数中 H_c 对电压稳定性提升的影响较大。

以恒功率为例，外环控制系统在加入虚拟惯量环节前，外环系统闭环传递函数为

$$\phi_{wp}(s)=\frac{K_{pp}s+K_{ip}}{(K_{pp}+1)s+K_{ip}} \tag{5-55}$$

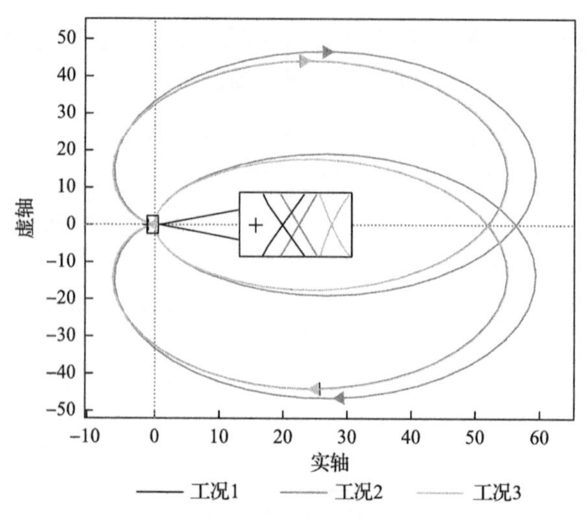

图 5-70　三种工况下奈奎斯特曲线图(H_c、K_c不同)

外环控制系统在加入虚拟惯量环节后，外环系统闭环传递函数为

$$\phi_{\text{wp\_c}}(s)=\frac{K_{pp}H_c s^2+(1+K_{ip}H_c+K_{pp}K_c)s+K_{ip}K_c}{(K_{pp}+1)H_c s^2+(1+K_{ip}H_c+K_{pp}K_c+K_c)s+K_{ip}K_c} \tag{5-56}$$

由经典控制理论可知典型二阶振荡系统阻尼比 ξ 为

$$\xi=\frac{1+K_{ip}H_c+K_{pp}K_c+K_c}{2\sqrt{(K_{pp}+1)H_c K_{ip}K_c}} \tag{5-57}$$

由式(5-55)～式(5-57)可知，在未引入虚拟惯量之前，外环控制系统为一阶系统，引入虚拟惯量环节后，外环控制系统为二阶系统，为系统提供正阻尼，可以提高系统动态性能。

图 5-71 为引入虚拟惯量后外环闭环系统的阶跃响应曲线，可以很好地显示当系统参数发生变化时，系统的动态性能的变化。

由图 5-71 可知，随着 H_c 和 K_c 的减小，系统动态性能得到提高。而虚拟惯量在系统波动时才会对系统稳定性有提升作用，故不会影响系统的稳态性能。

5.4.2　算例验证与分析

本节在仿真软件中搭建了典型的含电动汽车的直流配电系统仿真算例。根据相关国家标准并结合相关论文中对应电压等级的系统电气参数[9]，最终采用的系统网络参数如表 5-9 所示。

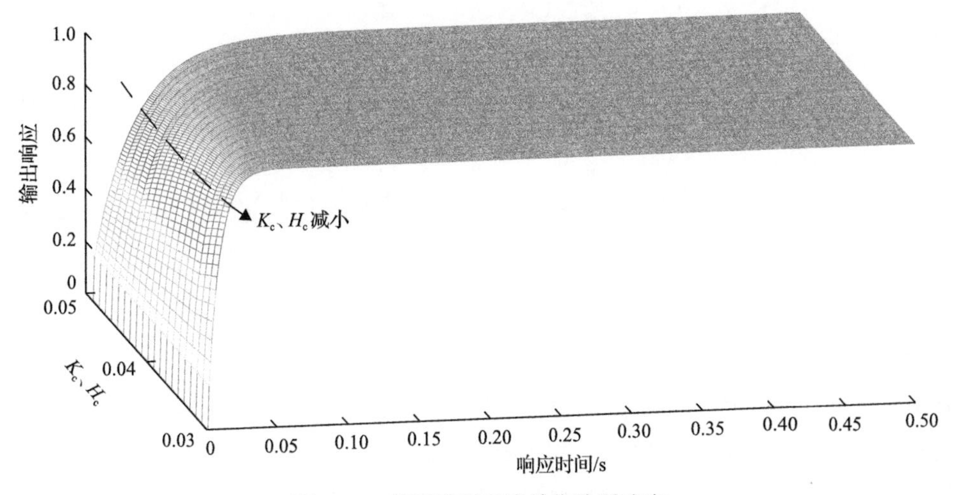

图 5-71　外环控制系统单位阶跃响应

表 5-9　直流配电系统网络参数

子系统	参数名称	数值
交流侧电网 1/2	输入电压 U_g	220V
	交流线路 R_g/L_g	1.34Ω/1.2mH
	滤波电路 $R_f/L_f/C_f$	5mΩ/2mH/45μF
直流侧部分	直流母线电压 U_{dc}	800V
	直流负荷	5kW
	动力电池充/放电电压	0.5kV
	直流线路 R/L	0.08Ω/0.6mH
	斩波器储能电感/附加电阻 L_d/R_0	5mH/0.1Ω

为了消除系统控制参数对系统电压稳定性的影响，本节分别对斩波器和换流器控制参数进行优化设计。式(5-58)～式(5-60)分别为斩波器恒流控制、恒功率控制以及换流器控制闭环传递函数[10,11]：

$$\phi_i(s)=\frac{G_{o\_i}}{1+G_{o\_i}} \tag{5-58}$$

$$\phi_p(s)=\frac{G_{o\_p}}{1+G_{o\_p}} \tag{5-59}$$

$$\phi_{ac}(s)=\frac{G_{o\_ac}}{1+k_d G_{o\_ac}} \tag{5-60}$$

式中

$$G_{o\_i}(s)=\frac{U_{dc1}(K_{pi}s+K_{ii})}{(L_d+T_0R_0)s^2+R_0s} \tag{5-61}$$

$$G_{o\_p}=\frac{U_{dc1}[K_{pi}K_{pp}s^2+(K_{ii}K_{pp}+K_{pi}K_{ip})s+K_{ii}K_{ip}]}{(L_d+T_0R_0)s^3+(U_{dc1}K_{pi}+R_0)s^2+U_{dc1}K_{ii}s} \tag{5-62}$$

$$G_{o\_ac}(s)=\frac{1.5U_dK_{c\_pp}/(T_0T_2)}{s^2+s/T_0} \tag{5-63}$$

其中，U_{dc1}为斩波器入口处电压；K_{c_pp}为比例系数，T_2为换流器外环 PI 控制器时间常数；T_0为实际采样延时；L_d为斩波器储能电感；R_0为电感L_d附加电阻。恒压控制传递函数与恒功率时仅有符号的差别，故恒压控制参数优化设计结果与恒功率时相同，此处不再单独列写。

为保证闭环系统获得较好的动态和稳态性能，其开环相频特性相角裕度约为45°，斩波器以及换流器控制的最优控制参数如表 5-10 所示。在仿真中对换流器内环控制参数进行调整，保持一个对比组内环控制参数相同，具体换流器内环控制参数如表 5-11 所示。

表 5-10　系统最优控制参数

控制方式	下垂系数	内环比例系数	内环积分系数	外环比例系数	外环积分系数
斩波器恒流控制		0.205	40		
斩波器恒功率/恒压控制		0.205	40	0.55	220
换流器控制	1.5			0.205	4.27

表 5-11　换流器内环控制参数

控制参数	图 5-72、图 5-78	图 5-73、图 5-74	图 5-75、图 5-76	图 5-77、图 5-80	图 5-79	图 5-81～图 5-85
K_{pi}	0.15	0.13	0.115	0.108	0.2	0.089
K_{ii}	15	13	11.5	10.8	20	8.9

由于直流母线电压是衡量直流配电系统电压稳定性的重要指标，故选取直流母线电压作图。

1. 电动汽车不同充放电模式对系统稳定性影响的仿真验证

1) 恒功率充电和恒压充电对比

恒功率充电模式和恒压充电模式下直流母线电压波形如图 5-72 所示。

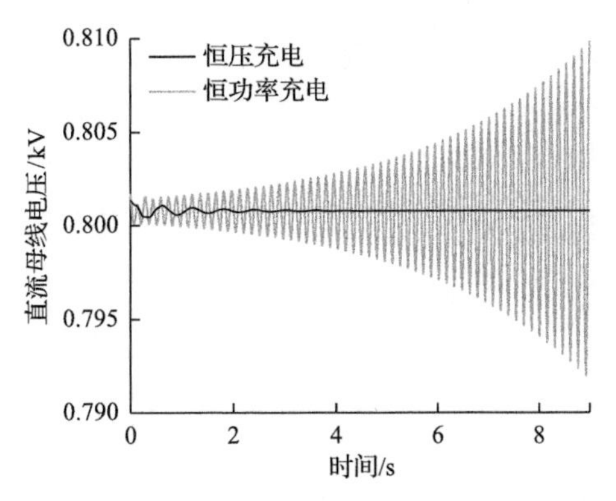

图 5-72　恒功率、恒压充电直流母线电压仿真图

由图 5-72 可知，恒压充电模式下直流母线电压振荡逐渐衰减直至稳定，而恒功率充电模式下直流母线电压振荡发散，系统失稳。

2) 恒流充电和恒压充电对比

恒流充电模式和恒压充电模式下直流母线电压波形如图 5-73 所示。在图 5-72 所示工况基础上，使换流器内环比例参数与恒流模式一致，电动汽车在恒压充电模式下接入系统产生失稳现象。

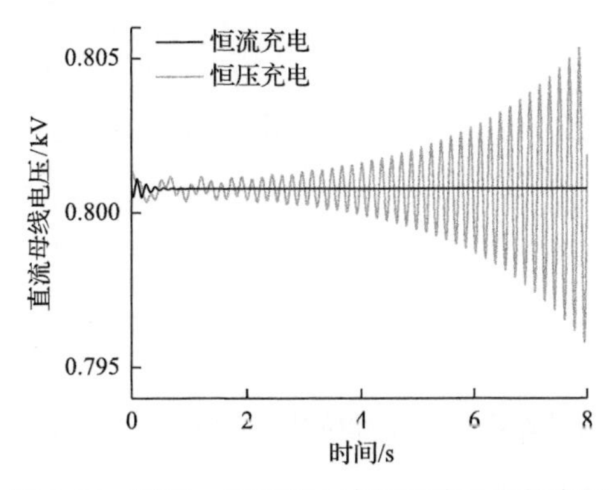

图 5-73　恒流、恒压充电直流母线电压仿真图

由图 5-73 可知，恒流充电模式下直流母线电压振荡逐渐衰减直至稳定，而恒压充电模式下直流母线电压振荡发散，系统失稳。

3) 恒流放电和恒功率放电对比

恒流放电模式和恒功率放电模式下直流母线电压波形如图 5-74 所示。

由图 5-74 可知，恒流放电模式下直流母线电压振荡逐渐衰减直至稳定，而恒功率放电模式下直流母线电压振荡发散，系统失稳。

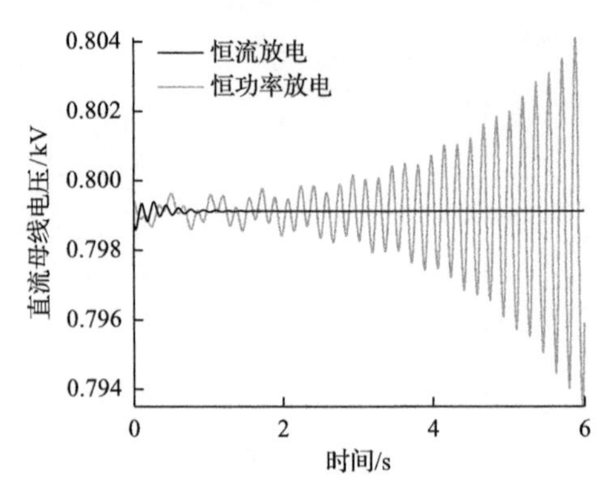

图 5-74　恒流、恒功率放电直流母线电压仿真图

2. 系统控制参数变化对系统稳定性影响的仿真验证

1) 换流器外环 PI 控制比例系数变化

换流器外环 PI 控制比例系数分别为 0.2 和 0.15 时，直流母线电压波形如图 5-75 所示。

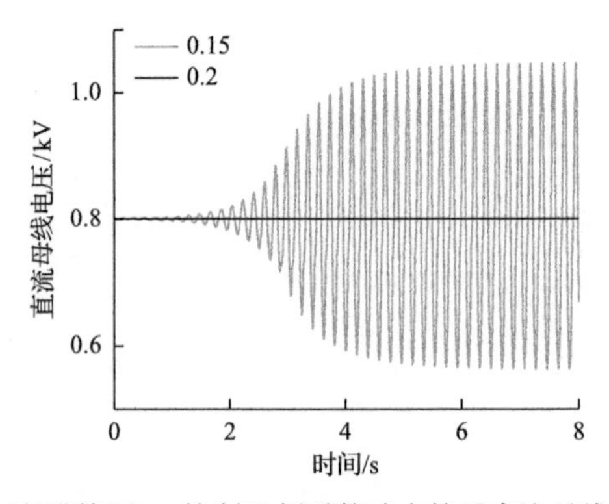

图 5-75　换流器外环 PI 控制比例系数减小前后直流母线电压仿真图

由图 5-75 可知，换流器外环 PI 控制比例系数减小前，其直流母线电压振荡逐渐衰减直至稳定，换流器外环 PI 控制比例系数减小后，其直流母线电压振荡发散，系统失稳。

2) 换流器外环 PI 控制积分系数变化

换流器外环 PI 控制积分系数分别为 3 和 4 时，直流母线电压波形如图 5-76 所示。

由图 5-76 可知，积分系数增大前直流母线电压振荡逐渐衰减直至稳定，积分系数增大后，其直流母线电压振荡发散，系统失稳。

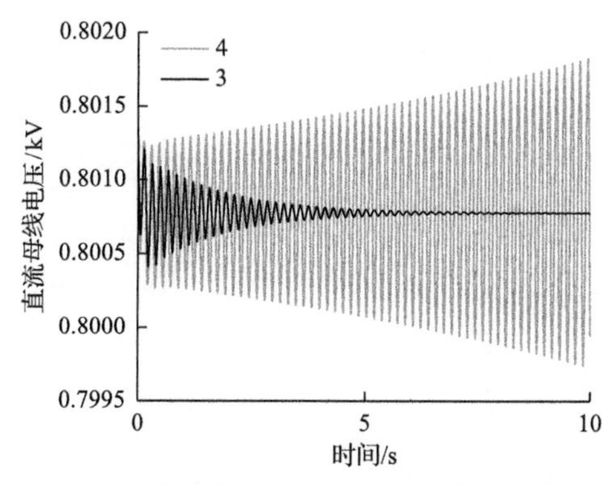

图 5-76　积分系数增大前后直流母线电压仿真图

3. 虚拟惯量控制对系统稳定性影响的仿真验证

1) 常规充电与虚拟惯量充电对比

恒流充电方式、恒压充电模式和恒功率充电模式与其分别对应的虚拟惯量充电模式下直流母线电压波形如图 5-77～图 5-79 所示。

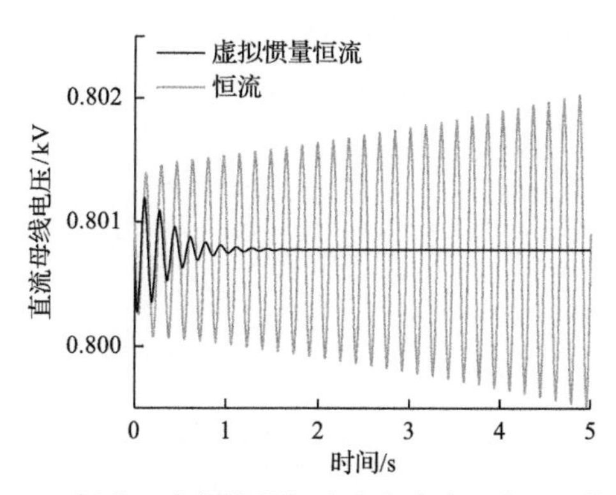

图 5-77　恒流、虚拟惯量恒流充电直流母线电压仿真图

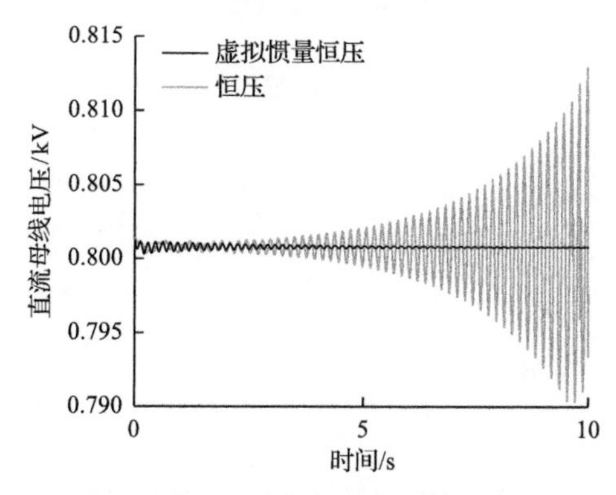

图 5-78　恒压、虚拟惯量恒压充电直流母线电压仿真图

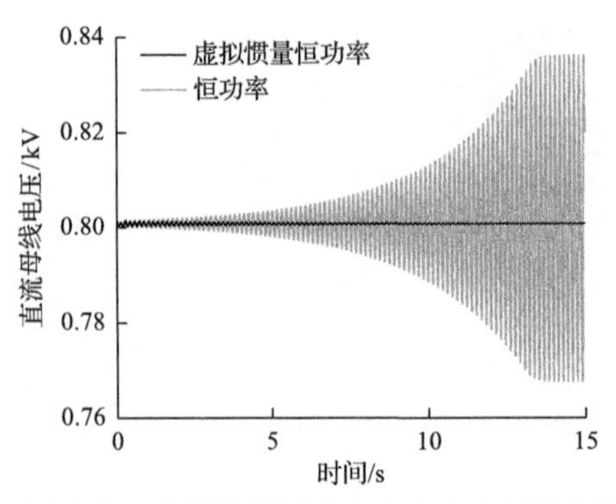

图 5-79 恒功率、虚拟惯量恒功率充电直流母线电压仿真图

由图 5-77～图 5-79 可知，三种常规充电模式下直流母线电压振荡发散，系统失稳；由于虚拟惯量控制提供了高阻尼和大惯性，虚拟惯量充电模式下直流母线电压振荡逐渐衰减直至稳定。

2) 常规放电与虚拟惯量放电对比

恒流放电模式和恒功率放电模式与其分别对应的虚拟惯量放电模式下直流母线电压波形如图 5-80 和图 5-81 所示。

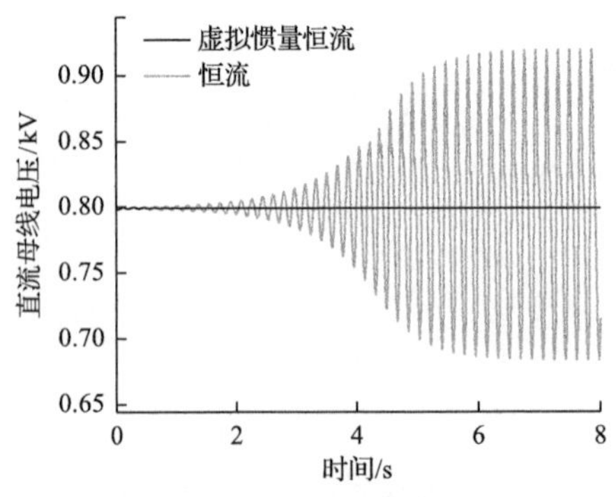

图 5-80 恒流、虚拟惯量恒流放电直流母线电压仿真图

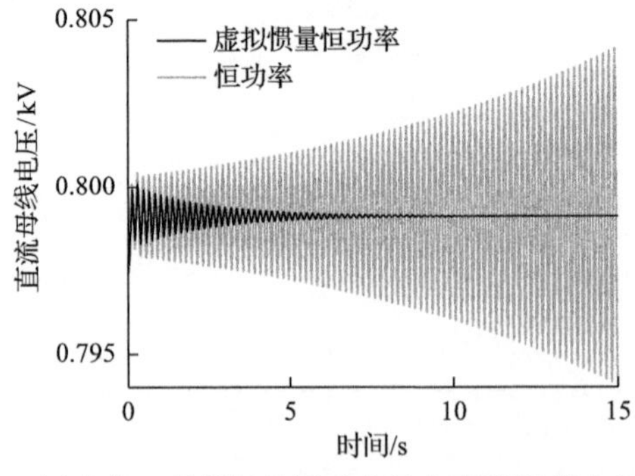

图 5-81 恒功率、虚拟惯量恒功率放电直流母线电压仿真图

由图 5-80 和图 5-81 可知，两种常规放电模式下直流母线电压振荡发散，系统失稳；由于虚拟惯量控制提供了高阻尼和大惯性，虚拟惯量放电模式下直流母线电压振荡逐渐衰减直至稳定。

4. 虚拟惯量控制参数变化对系统稳定性影响的仿真验证

1) 参数 H_c 变化时

虚拟惯量控制环节参数 H_c 分别为 0.1 和 0.01 时，直流配电系统直流母线电压波形如图 5-82 所示。

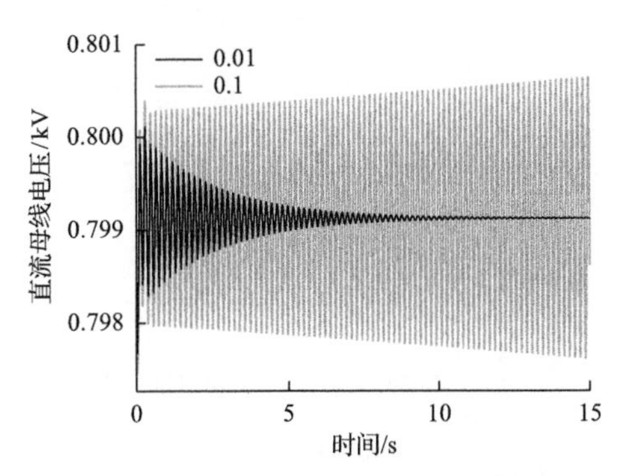

图 5-82　H_c 参数减小前后直流母线电压仿真图

由图 5-82 可知，虚拟惯量控制环节参数 H_c 减小前，其直流母线电压振荡发散，系统失稳。参数 H_c 减小后系统直流母线电压振荡逐渐衰减直至稳定。

2) 参数 K_c 变化时

由上述理论分析可知参数 K_c 对系统稳定性提升较小，为了更清楚地体现参数 K_c 变化时系统稳定性的变化，加大了参数 K_c 的变化幅度。虚拟惯量控制环节参数 K_c 分别为 1 和 0.01 时，直流配电系统直流母线电压波形如图 5-83 所示。

由图 5-83 可知，虚拟惯量控制环节参数 K_c 减小前，其直流母线电压振荡发

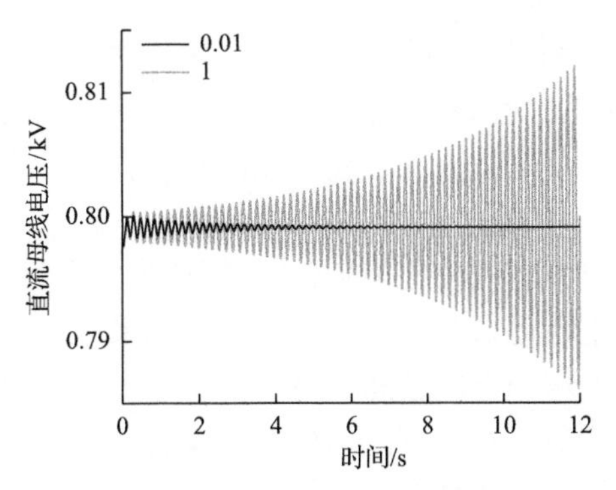

图 5-83　K_c 参数减小前后直流母线电压仿真图

散，系统失稳。参数 K_c 减小后系统直流母线电压振荡逐渐衰减直至稳定。

3）参数 H_c 和 K_c 变化时

虚拟惯量控制环节参数 H_c 和 K_c 为 0.1 和 0.1 时，直流配电系统直流母线电压波形如图 5-84 所示。系统其他参数不变，H_c 为 0.01 且 K_c 为 0.1，以及 H_c 为 0.1 且 K_c 为 0.01 时，直流配电系统直流母线电压波形如图 5-85 所示。

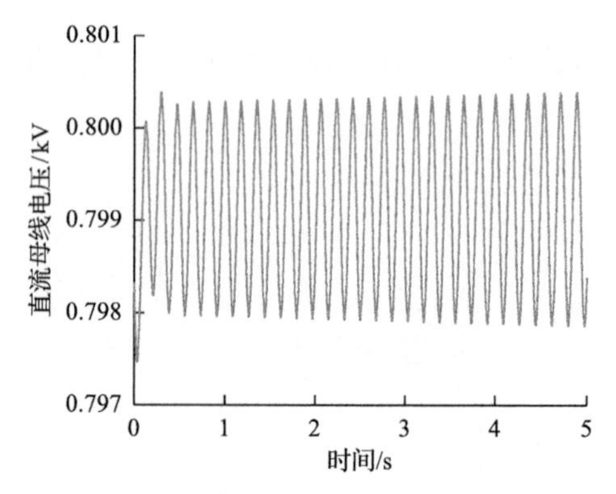

图 5-84　H_c、K_c 参数改变前直流母线电压仿真图

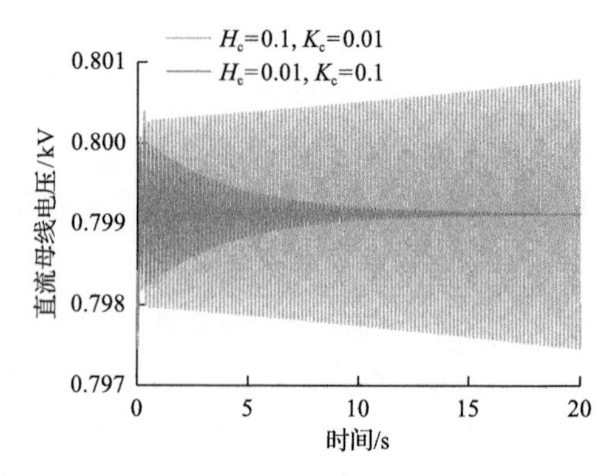

图 5-85　H_c、K_c 参数改变后直流母线电压仿真图

由图 5-84、图 5-85 可知，参数 H_c 和 K_c 减小前，系统直流母线电压振荡发散，系统失稳。参数 H_c 不变，参数 K_c 缩小时，系统直流母线电压振荡发散，系统依旧失稳。参数 K_c 不变，参数 H_c 缩小相同比例时，直流母线电压振荡逐渐衰减直至稳定。

综上所述，电动汽车分别采用恒流模式、恒压模式和恒功率模式进行充电时，直流配电系统电压稳定性逐渐变差；电动汽车分别采用恒流模式和恒功率模式放电时，直流配电系统电压稳定性逐渐变差；换流器控制参数的变化可以导致直流配电系统产生不稳定现象；本节提出的在外环控制基础上引入虚拟惯量的控制方式比引入之前的常规控制方式具有更强的阻尼能力，能够有效提高系统电压稳定性，而且虚拟惯量环节的参数 H_c 对系统电压稳定性提升的影响较大，仿真结果验证了上述理论分析的正确性。

5.4.3　虚拟惯量控制对系统稳定性提升的实验验证

本节在容量为 1kW 的斩波器实验平台上以电动汽车的恒功率放电为例对加入虚拟惯量补偿前后的控制性能进行实验验证。由于电动汽车对于配电网相当于储能装置，故实验中采用储能蓄电池代替电动汽车，储能电池通过 DC/DC 斩波器接入直流配电柜，直流配电柜通过 AC/DC 换流器与交流电网互联，形成小型含电动汽车并网直流配电系统，交流侧电网和电动汽车一起为直流负荷供电，实验平台照片见图 5-86，主要实验参数见表 5-12。

图 5-86　实验平台

表 5-12　主要实验参数

参数	数值	参数	数值
交流电压/V	237	电动汽车放电功率/kW	1
高压侧直流母线电压/V	400	K_{pp}/K_{ip}	0.0001/0.5
负荷侧直流母线电压/V	200	K_{pi}/K_{ii}	0.0005/0.2
电动汽车侧直流母线电压/V	200	H_c/K_c	0.01/1

图 5-87 所示测试结果分别为恒功率控制引入虚拟惯量补偿前后系统直流母线电压的波形，其中曲线 1 为 400V 高压侧直流母线电压波形，曲线 2 为 200V 负荷侧直流母线电压波形。接入电动汽车前系统稳定运行，直流母线电压保持恒定，而电动汽车的接入引起系统扰动，进而使直流母线电压出现波动。

从图 5-87 中扰动超调量以及调节时间可以看出，引入虚拟惯量补偿后系统阻尼变大，证明了所提控制方式的正确性和有效性。

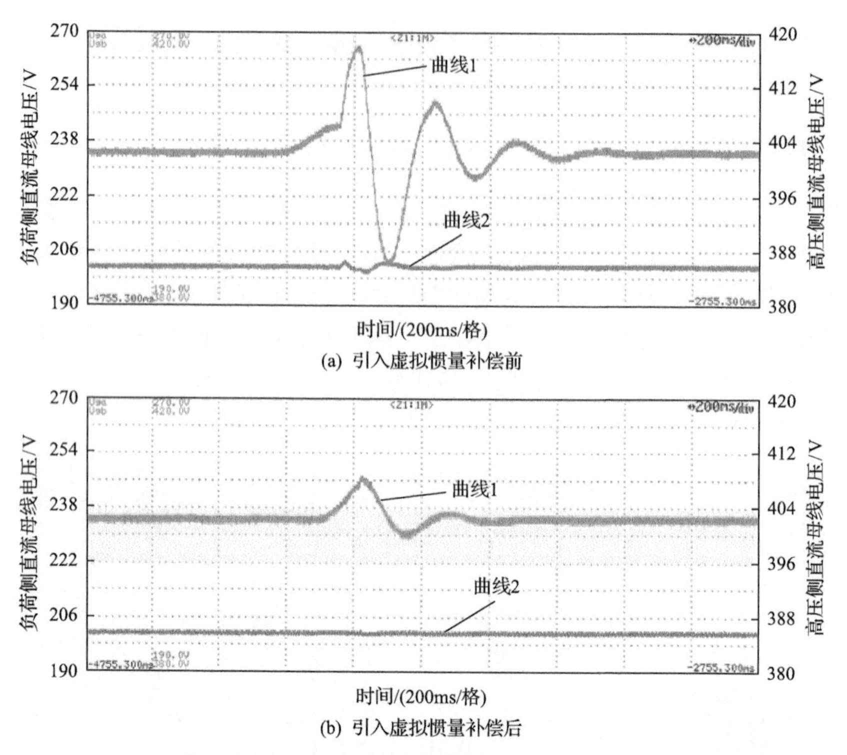

图 5-87 引入虚拟惯量补偿前后的直流母线电压

5.5 含电动汽车的直流配电系统分层虚拟惯量控制策略

5.4 节提出的电动汽车虚拟惯量控制可以抑制电动汽车接入带来的负阻尼效应引起的系统波动，但对系统中发生除电动汽车外的直流负荷以及直流线路参数变化等扰动的作用甚微。针对这一问题，本节建立了基于动态导纳的直流系统稳定性模型，利用奈奎斯特判据分析了直流负荷等影响因素对系统稳定性的影响，针对其弱阻尼及不稳定现象，提出了直流配电系统的分层虚拟惯量控制方法，并对补偿前后系统稳定性进行比较，通过典型直流配电系统算例进行仿真分析，验证了所提方法的有效性。

5.5.1 直流负荷对电动汽车虚拟惯量系统稳定性影响

对引入电动汽车虚拟惯量控制的直流配电系统直流负荷设置 50%负荷扰动，扰动发生前后系统的奈奎斯特曲线图如图 5-88 所示，P_N 为电动汽车额定运行功率。

如图 5-88 所示，负荷扰动后，系统奈奎斯特曲线与负实轴的交点在右侧靠近

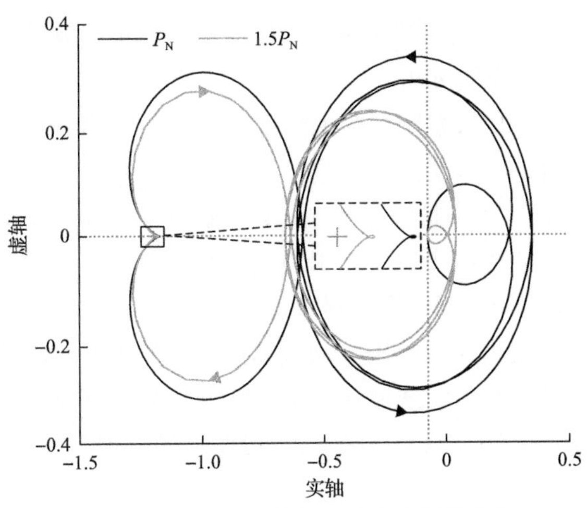

图 5-88 不同直流负荷下的奈奎斯特曲线

(−1, j0)。负荷扰动使系统稳定性降低。

结合以上所得，突然增加的电动汽车充电功率需求以及直流负荷扰动都易于诱发系统的不稳定。从整个系统稳定性角度分析，需要就地级和系统级两种虚拟惯量控制抑制系统波动：①通过就地级虚拟惯量控制解决电动汽车接入带来的负阻尼效应；②通过系统级虚拟惯量控制解决其他负荷扰动带来的系统波动。

5.5.2 分层虚拟惯量控制策略设计

为了解决直流配电系统的弱惯量以及不稳定问题，本节提出了一种分层的虚拟惯量控制策略，以增加系统的惯量并增强系统抗干扰能力。分层虚拟惯量控制由两部分组成：就地级虚拟惯量控制和基于 AC/DC 换流器控制的系统级虚拟惯量控制。具体的控制原理图如图 5-89 所示，其中就地级虚拟惯量控制专门抑制了电

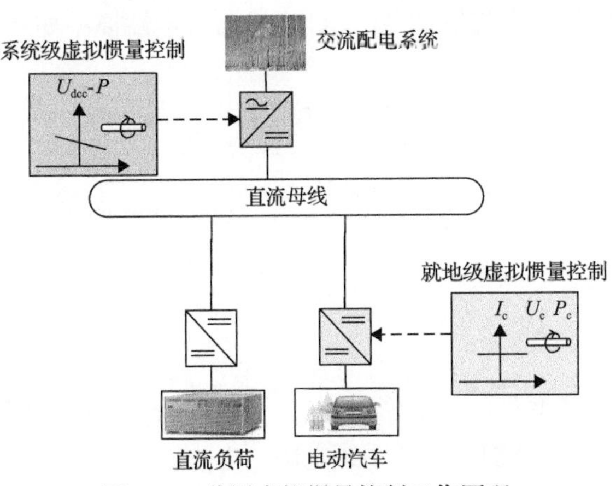

图 5-89 分层虚拟惯量控制工作原理

动汽车侧干扰，而系统级虚拟惯量控制可以应对其他负载波动线路参数变化等扰动，从而确保整个系统的稳定性。

图 5-89 中，U_{dcc}-P 代表系统级虚拟惯量控制，I_c、U_c 和 P_c 分别代表基于恒流、恒压以及恒功率控制的就地级虚拟惯量控制。

5.5.1 节提出的就地级虚拟惯量控制，只能解决由电动汽车侧扰动引起的不稳定性，因此本节进一步提出了分层虚拟惯量控制。与就地级虚拟惯量控制相比，系统级的虚拟惯量控制 AC/DC 换流器增强了整个直流系统的惯量阻尼，这意味着分层虚拟惯量控制不仅可以消除由电动汽车接入引起的电压波动，而且还可以缓解由直流负载等扰动引起的系统波动。系统级虚拟惯量控制框图如图 5-90 所示，其中带通滤波的虚拟惯量补偿函数被引入 AC/DC 换流器 U_{dc}-P 下垂控制中。所采用的补偿函数形式为

$$G_{c2}(s)=K_2\frac{2\xi_2\omega_2 s}{s^2+2\xi_2\omega_2 s+\omega_2} \tag{5-64}$$

式中，ξ_2 为阻尼比；ω_2 为补偿函数工作频率；K_2 为补偿增益。

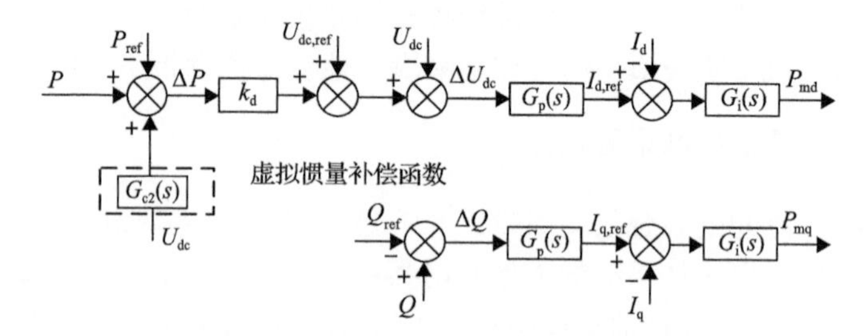

图 5-90　系统级虚拟惯量控制框图

基于系统级虚拟惯量控制的 AC/DC 换流器稳定性模型如式(5-65)所示。

$$\Delta Y_{acc}=\frac{1.5\times\left(\left\{\left(sC_3+\frac{1}{R_2+sL_2}\right)\left[U_d^0+I_d^0(R_3+sL_3)\right]+I_d^0\right\}\left(\frac{U_d^0}{U_{dc}^0}+G_p(s)G_i(s)+G_{c2}(s)G_p(s)G_i(s)\right)\right)}{U_{dc}^0\left(\left(sC_3+\frac{1}{R_2+sL_2}\right)(R_3+sL_3+G_i(s))+1.5k_pG_p(s)G_i(s)\left\{\left(sC_3+\frac{1}{R_2+sL_2}\right)\left[U_d^0+I_{d(0)}(R_3+sL_3)\right]+I_d^0\right\}+1\right)}-\frac{I_{dc}^0}{U_{dc}^0} \tag{5-65}$$

式中，上标 0 表示各变量的初始值；R_3、L_3、C_3 分别为交流侧滤波器的电阻、电感、电容；R_2、L_2 分别为交流系统电阻、电感。

5.5.3　分层虚拟惯量控制特性分析

1. 直流负荷变化时补偿前后系统稳定性差异

直流负荷突增到 140%，U_{dc}-P 和 U_{dcc}-P 下系统奈奎斯特曲线图如图 5-91 所示。

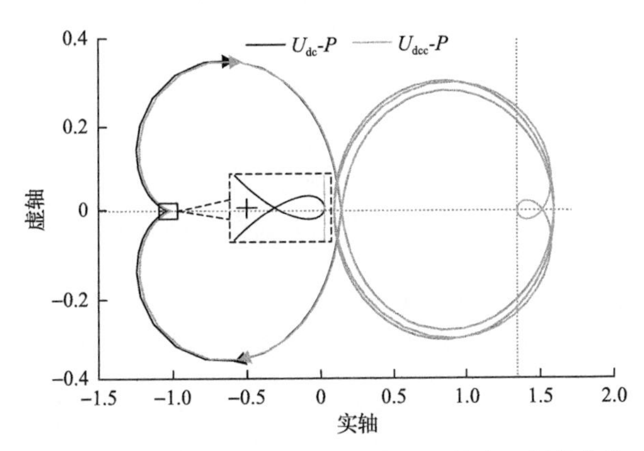

图 5-91　直流负荷变化时两种控制下系统奈奎斯特曲线

如图 5-91 所示，U_{dcc}-P 控制下，奈奎斯特曲线与负实轴的交点从右侧远离点(−1,j0)。表明引入系统级虚拟惯量控制后，系统抗负荷干扰能力优于传统 U_{dc}-P 控制。

2. 电动汽车接入时补偿前后系统稳定性差异

电动汽车分别以就地级虚拟惯量充电模式和分层虚拟惯量充电模式接入直流配电系统时，系统奈奎斯特曲线图如图 5-92 所示。

从图 5-92 中可知，在就地级虚拟惯量控制的基础上引入系统级虚拟惯量控制后，奈奎斯特曲线与负实轴的交点从右侧远离点(−1, j0)。这意味着系统级虚拟惯量控制可以进一步抑制电动汽车接入带来的系统失稳。

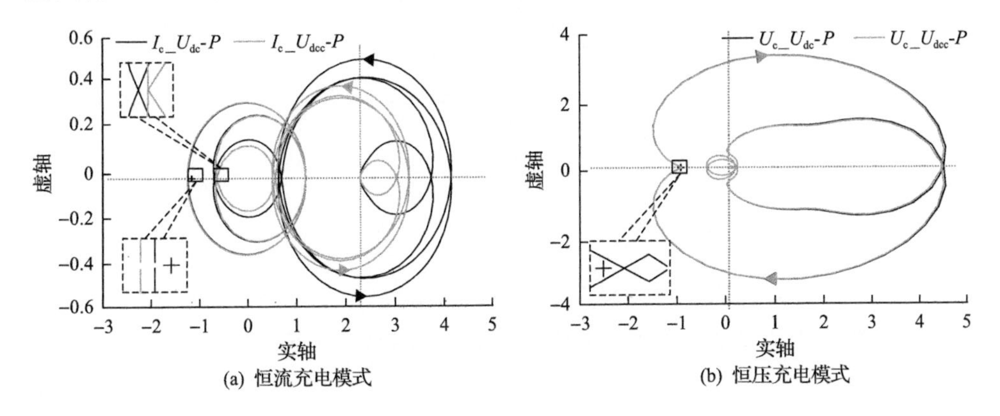

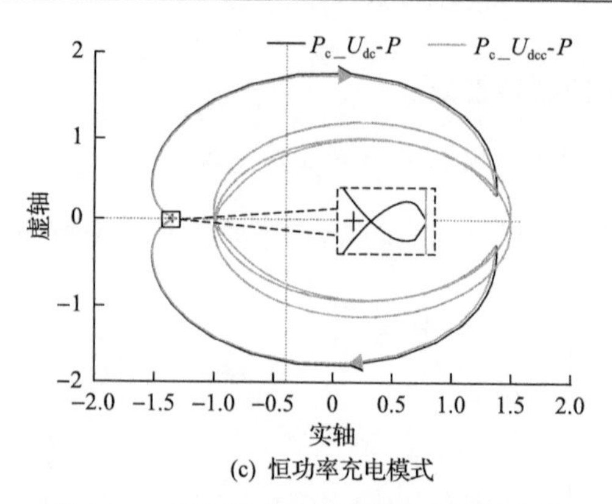

(c) 恒功率充电模式

图 5-92　充电模式下系统的奈奎斯特曲线

电动汽车分别以系统级虚拟惯量充电模式(黑线)和分层虚拟惯量充电模式(灰线)接入直流配电系统时，系统奈奎斯特曲线图如图 5-93 所示。

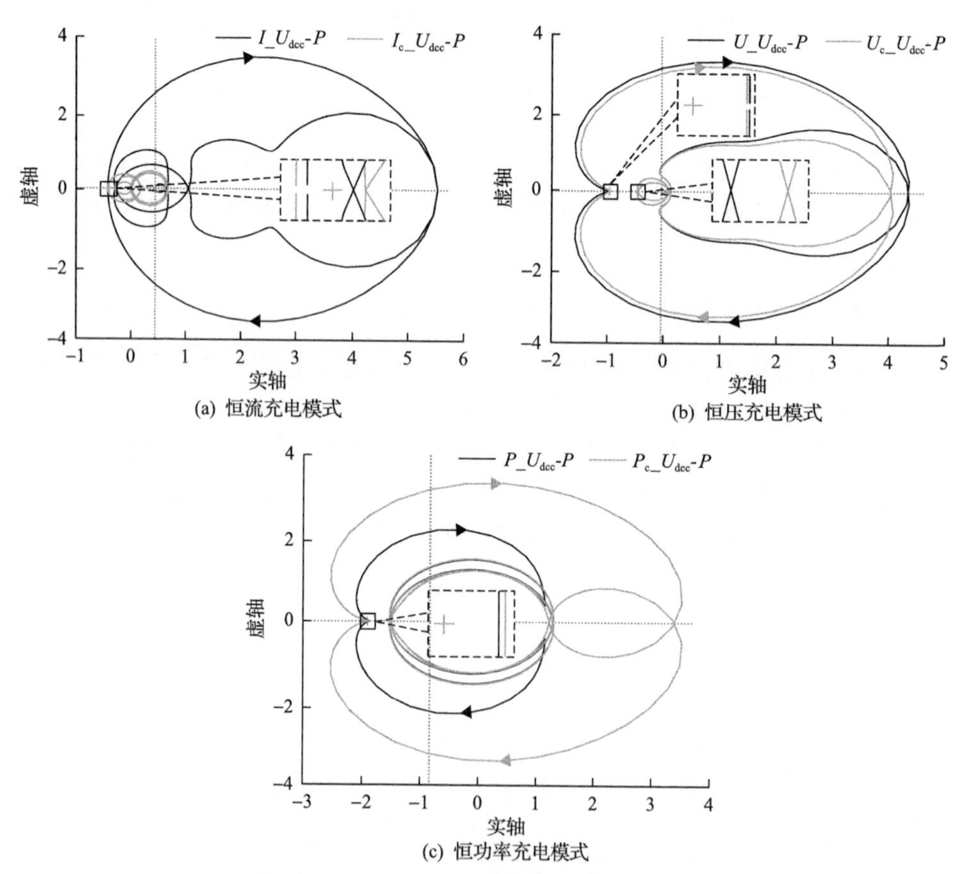

(c) 恒功率充电模式

图 5-93　系统级虚拟惯量与分层虚拟惯量充电模式下系统的奈奎斯特图

如图 5-93 所示，在系统级虚拟惯量控制的基础上引入就地级虚拟惯量控制后，奈奎斯特曲线与负实轴的交点从右侧远离点(–1, j0)。这意味着分层虚拟惯量控制在系统级虚拟惯量控制基础上，进一步提高了系统稳定性。

相比于就地级虚拟惯量控制和系统级虚拟惯量控制，分层虚拟惯量控制可以更好地抑制系统扰动，增强系统抗干扰能力。

5.5.4 算例仿真与分析

采用软件搭建典型直流配电系统模型以验证提出的分层虚拟惯量控制的有效性，根据图 3-36 的结构图构建详细的仿真拓扑。在测试算例中，通过两个 AC/DC 换流器将直流系统与交流系统互联，并且直流侧集成了电动汽车和直流负载。

通过系统性能最优原则确定系统控制参数，如表 5-13 所示，虚拟惯量控制参数如表 5-14 所示。

表 5-13　系统控制参数

控制方式	内环环节		外环环节		下垂环节
	比例系数	积分系数	比例系数	积分系数	下垂系数
恒流控制	0.2	40			
恒压控制	0.2	40	0.55	220	
恒功率控制	0.2	40	0.55	220	
U_{dc}-P 控制	0.11	11	0.205	4.27	1.5

表 5-14　虚拟惯量控制参数

虚拟惯量	参数	数值
就地级虚拟惯量	K_c	0.01
	H_c	0.001
系统级虚拟惯量	K_2	1
	ξ_2	1
	ω_2	100

直流母线电压对直流配电系统至关重要，所以选取直流母线电压反映直流配电系统的稳定性。

1. 就地级虚拟惯量控制下负荷扰动

在 1s 时，电动汽车通过三种就地级虚拟惯量控制接入直流配电系统。第 6s，

直流负荷突增至 170%，仿真结果如图 5-94 所示。

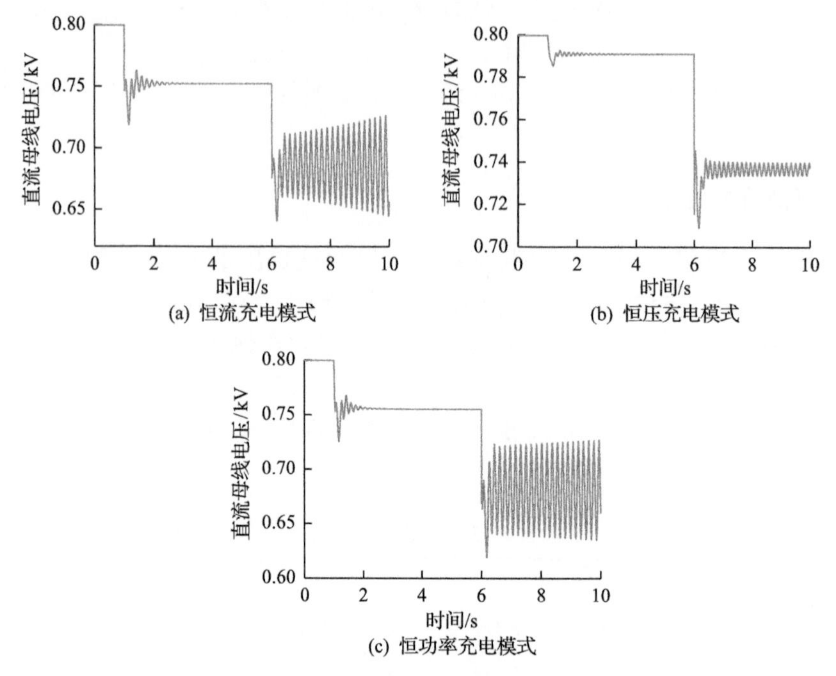

(a) 恒流充电模式　　(b) 恒压充电模式

(c) 恒功率充电模式

图 5-94　就地级虚拟惯量控制下直流母线电压仿真结果

如图 5-94 所示，就地级虚拟惯量控制只可以增强电动汽车侧的惯量以抵消负阻尼效应。然而，负荷扰动后，直流母线电压开始振荡并最终失稳。

2. 系统级虚拟惯量控制稳定性仿真分析

1) 直流负荷扰动

如图 5-94 所示，6s 时，直流负荷扰动引起了系统失稳，所以系统级虚拟惯量控制被提出。就地级虚拟惯量控制和系统级虚拟惯量控制下，系统仿真结果如图 5-95 所示。

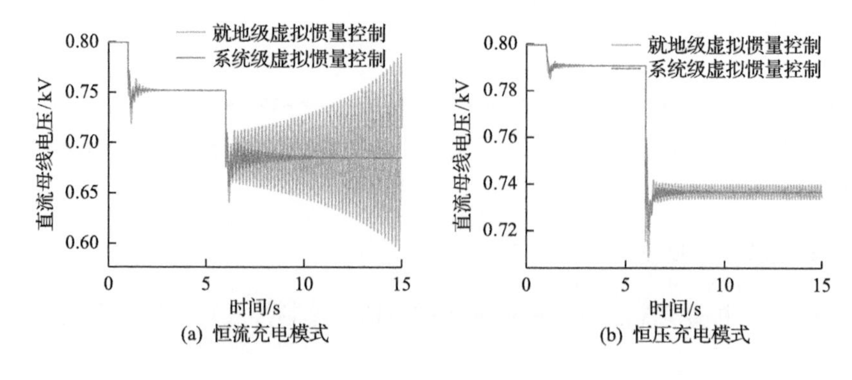

(a) 恒流充电模式　　(b) 恒压充电模式

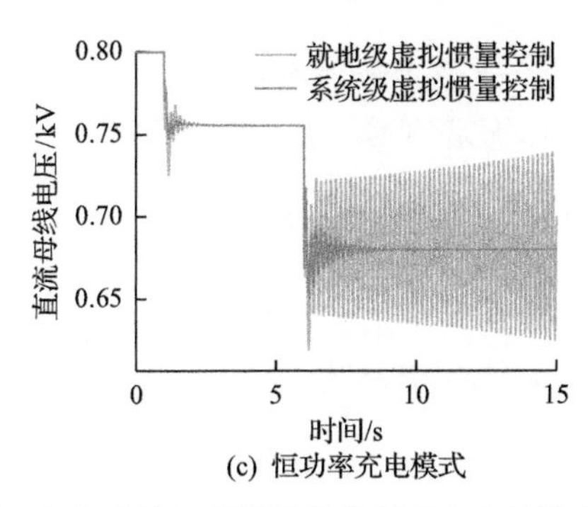

(c) 恒功率充电模式

图 5-95　就地级和系统级虚拟惯量控制下直流母线电压仿真结果

如图 5-95 所示，系统级虚拟惯量控制可以提高整个直流配电系统的惯量，所以直流负荷发生扰动后，系统级虚拟惯量控制可以抑制系统振荡，并最终使系统达到稳定。

2) 电动汽车接入

通过上述理论分析，系统级虚拟惯量控制也可以抑制电动汽车接入带来的系统失稳。相应的仿真结果如图 5-96 所示。1s 时，电动汽车以常规充电模式接入直流配电系统。

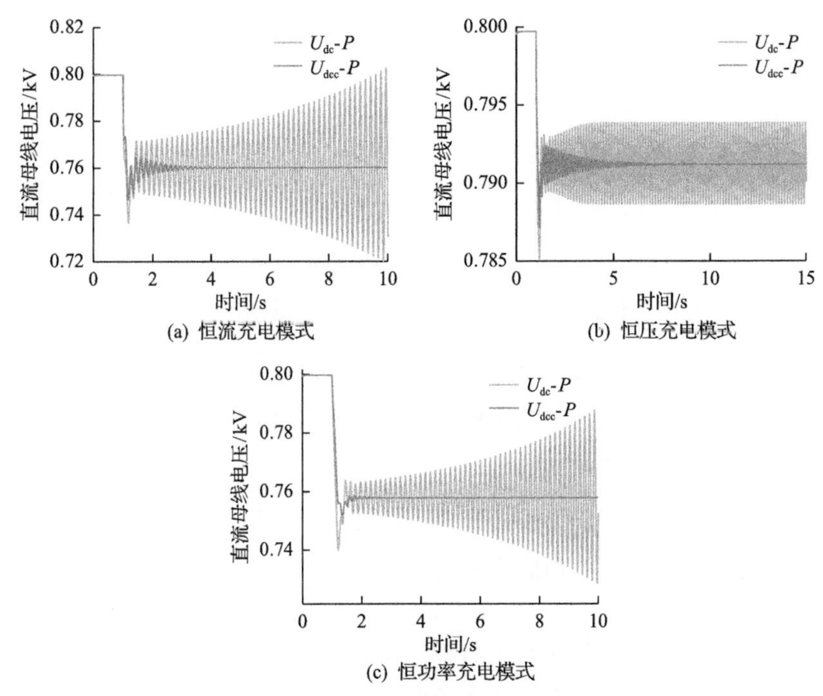

(c) 恒功率充电模式

图 5-96　电动汽车接入时的直流母线电压仿真结果

如图 5-96 所示，由于系统级虚拟惯量补偿函数提供的高惯性，在系统级虚拟惯量控制下，直流母线电压振荡衰减，最终达到稳定。

3. 分层虚拟惯量控制稳定性仿真分析

1) 就地级和分层虚拟惯量控制稳定性对比

在 1s，电动汽车接入直流配电系统，在 5s 和 10s，电动汽车功率突增。仿真结果如图 5-97 所示。

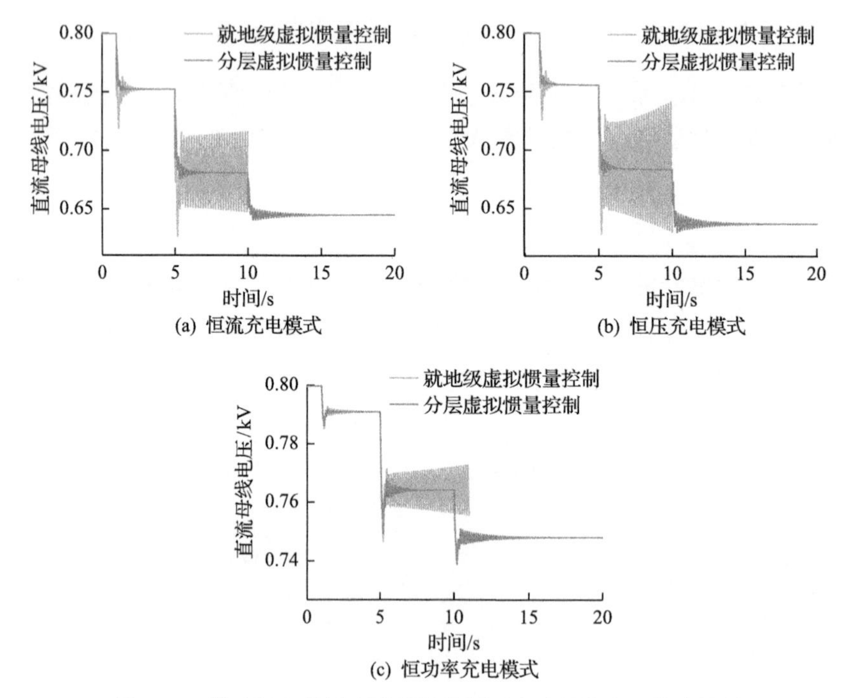

图 5-97　就地级和分层虚拟惯量控制下直流母线电压仿真结果

如图 5-97 所示，就地级虚拟惯量控制可以增强电动汽车接入后的直流配电系统的稳定性。但是，电动汽车功率突增造成了系统的不稳定，只有在分层虚拟惯量控制下系统才可以最终达到稳定。

2) 系统级和分层虚拟惯量控制稳定性对比

在 1s，电动汽车接入直流配电系统，在 6s，电动汽车功率突增。仿真结果如图 5-98 所示。

如图 5-98 所示，系统级虚拟惯量控制可以增强电动汽车接入后的直流配电系统的稳定性。但是，电动汽车功率突增造成了系统的不稳定，只有在分层虚拟惯

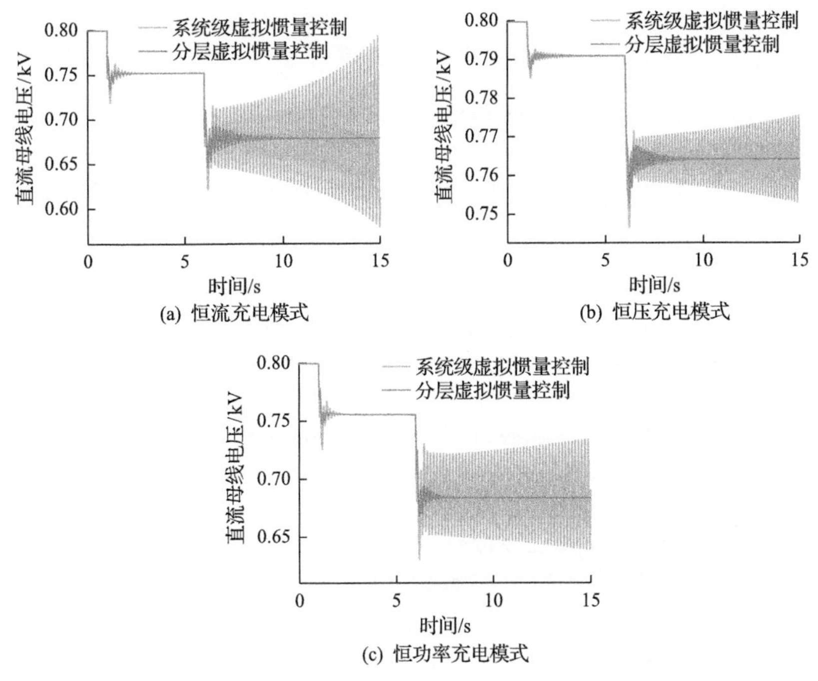

(a) 恒流充电模式　(b) 恒压充电模式

(c) 恒功率充电模式

图 5-98　系统级和分层虚拟惯量控制下直流电压仿真结果

量控制下系统可以最终达到稳定。

综上所述，分层虚拟惯量控制可以抑制直流配电系统中功率扰动带来的负面影响，并且时域仿真结果验证了分层虚拟惯量控制的有效性。

5.6　本 章 小 结

本章对直流配电系统低频振荡和高频振荡控制策略进行了介绍。

(1)介绍了基于附加阻尼补偿的低频及中高频振荡抑制策略，能够有效抑制分布式电源及负荷扰动引起的振荡问题。

(2)阐述了基于 H_∞回路成形法的鲁棒控制方法，设计了低频及中高频鲁棒控制器，只需建立系统的标称模型，无须对依赖于问题的不确定性进行建模，能够实现对低频及中高频振荡的有效抑制。

(3)建立了电动汽车恒流、恒压、恒功率充放电模式的统一虚拟惯量控制方法，在此基础上，提出了系统级、就地级分层虚拟惯量控制，提高了系统阻尼及系统动态特性。

参 考 文 献

[1] 黄旭程, 刘亚丽, 陈燕东, 等. 直流电网阻抗建模与振荡机理及稳定控制方法[J]. 电力系统保护与控制, 2020, 48(7): 108-117.

[2] 王琳, 彭克, 刘磊, 等. 基于综合附加阻尼的直流配电系统稳定性提升方法[J]. 电力自动化设备, 2020, 40(4): 191-196.

[3] 周克敏, Doyle J C, Glover K. 鲁棒与最优控制[M]. 北京: 国防工业出版社, 2002.

[4] Li X D, Peng K, Zhang X H, et al. Robust stability control for high frequency oscillations in flexible DC distribution systems[J]. International Journal of Electrical Power and Energy Systems, 2022, 137: 107833.

[5] 李喜东, 彭克, 姚广增, 等. 基于 H_∞回路成形法的柔性直流配电系统鲁棒稳定控制[J]. 电力系统自动化, 2021, 45(11): 77-85.

[6] Peng K, Zhi Y W, Chen J J , et al. Hierarchical virtual inertia control of DC distribution system for plug-and-play electric vehicle integration[J]. International Journal of Electrical Power & Energy Systems, 2021, 128: 106769.

[7] Zhi Y W, Peng K, Chuan L X, et al. Coordinated hierarchical voltage control for flexible DC distribution systems[J]. Electric Power Systems Research, 2022, 202: 107572.

[8] 魏智宇, 彭克, 李海荣, 等. 电动汽车接入直流配电系统的稳定性及虚拟惯量控制[J]. 电力系统自动化, 2019, 43(24): 50-58.

[9] 中国航空规划设计研究院. 工业与民用供配电设计手册[M]. 北京: 中国电力出版社, 1994.

[10] Wang C S, Li X L, Guo L, et al. A nonlinear-disturbance-observer-based DC-bus voltage control for a hybrid AC/DC microgrid[J]. IEEE Transactions on Power Electronics, 2014, 29(11): 6162-6177.

[11] 郭力, 冯怿彬, 李霞林, 等.直流微电网稳定性分析及阻尼控制方法研究[J]. 中国电机工程学报, 2016, 36(4): 927-936.

第 6 章　直流配电系统控制参数优化

本章针对直流配电系统中下垂系数与系统参数不匹配引起的直流电压振荡问题，首先介绍基于解析关系的下垂系数优化设计方法，依据振荡频率自适应设计下垂系数，提高直流配电系统的稳定性。其次介绍基于矩阵摄动理论的下垂系数优化方法，建立综合考虑小扰动稳定性、阻尼比和稳定裕度等的优化目标函数，在提升系统的稳定性的同时，能够增强系统的阻尼特性，提高系统稳定裕度。

6.1　多端直流配电系统下垂系数优化

6.1.1　动态特性分析

本节针对 U_{dc}-P 下垂控制和 I_{dc}-U_{dc} 下垂控制特性展开研究，从控制系统动态特性以及下垂系数对换流器输出功率动态特性的影响给出这两种典型下垂控制策略的分析结论以及选择建议。

1. 下垂控制动态特性分析

VSC 的外环输出控制方式可以分为有功功率类控制和无功功率类控制，典型有功功率类控制模型如图 6-1 所示[1-4]。

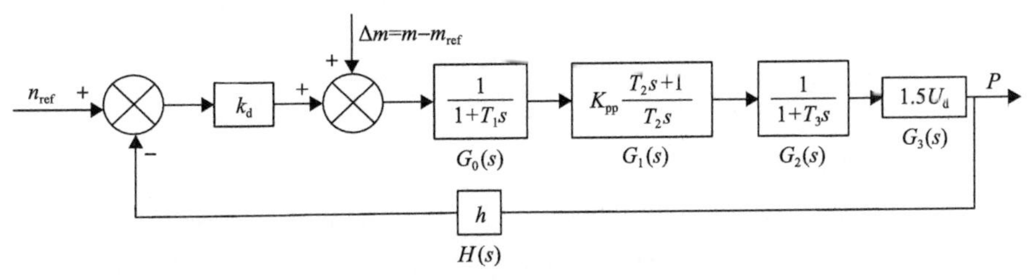

图 6-1　典型有功功率类控制模型

图 6-1 中，n_{ref} 为下垂控制参考值；m 为被控量；m_{ref} 为被控量参考值；采样环节 $G_0(s)=1/(1+T_1s)$；比例积分控制环节 $G_1(s)=K_{pp}(T_2s+1)/T_2s=K_{pp}+K_{pi}/s$；简化电流内环 $G_2(s)=1/(1+T_3s)$；反馈环节为 $H(s)=h$。

结合式(3-52)和图 6-1 可得 h=1，U_{dc}-P 下垂控制器整定模型对应的有功闭环传递函数为

$$
\begin{aligned}
P &= \frac{3K_{\mathrm{pp}}k_{\mathrm{d}}U_{\mathrm{d}}(T_2 s+1)}{2T_1T_2T_3s^3+2T_2(T_1+T_3)s^2+T_2(2+3K_{\mathrm{pp}}k_{\mathrm{d}}U_{\mathrm{d}})s+3K_{\mathrm{pp}}k_{\mathrm{d}}U_{\mathrm{d}}}P_{\mathrm{ref}} \\
&\quad+\frac{3K_{\mathrm{pp}}U_{\mathrm{d}}(T_2 s+1)}{2T_1T_2T_3s^3+2T_2(T_1+T_3)s^2+T_2(2+3K_{\mathrm{pp}}k_{\mathrm{d}}U_{\mathrm{d}})s+3K_{\mathrm{pp}}k_{\mathrm{d}}U_{\mathrm{d}}}\Delta U_{\mathrm{dc}} \\
&=\Phi_1(s)P_{\mathrm{ref}}+\Phi_2(s)\Delta U_{\mathrm{dc}}
\end{aligned}
\tag{6-1}
$$

式(6-1)说明，P 由两部分构成：功率跟踪 $\Phi_1(s)P_{\mathrm{ref}}$ 和虚拟惯量部分 $\Phi_2(s)\Delta U_{\mathrm{dc}}$。$\Phi_1(s)$ 是输出有功对有功参考值的传递函数，体现了系统对有功参考值的跟踪效果；$\Phi_2(s)$ 是输出有功对直流电压偏差的传递函数，体现了系统的虚拟惯量特性。

结合 I_{dc}-U_{dc} 下垂控制表达式和图 6-1 可得 $h=1/U_{\mathrm{dc}}$，I_{dc}-U_{dc} 下垂控制模型对应的有功闭环传递函数为

$$
\begin{aligned}
P &= \frac{3K_{\mathrm{pp}}k_{\mathrm{d}}U_{\mathrm{d}}(T_2 s+1)}{2T_1T_2T_3s^3+2T_2(T_1+T_3)s^2+T_2(2+3K_{\mathrm{pp}}U_{\mathrm{dc}}k_{\mathrm{d}}U_{\mathrm{d}})s+3K_{\mathrm{pp}}U_{\mathrm{dc}}k_{\mathrm{d}}U_{\mathrm{d}}}P_{\mathrm{ref}} \\
&\quad+\frac{3K_{\mathrm{pp}}U_{\mathrm{d}}(T_2 s+1)}{2T_1T_2T_3s^3+2T_2(T_1+T_3)s^2+T_2(2+3K_{\mathrm{pp}}U_{\mathrm{dc}}k_{\mathrm{d}}U_{\mathrm{d}})s+3K_{\mathrm{pp}}U_{\mathrm{dc}}k_{\mathrm{d}}U_{\mathrm{d}}}\Delta U_{\mathrm{dc}} \\
&=\Phi_3(s)P_{\mathrm{ref}}+\Phi_4(s)\Delta U_{\mathrm{dc}}
\end{aligned}
\tag{6-2}
$$

式(6-2)说明，P 由两部分构成：功率跟踪 $\Phi_3(s)P_{\mathrm{ref}}$ 和虚拟惯量部分 $\Phi_4(s)\Delta U_{\mathrm{dc}}$。$\Phi_3(s)$ 是输出有功对有功参考值的传递函数，体现了系统对有功参考值的跟踪效果；$\Phi_4(s)$ 是输出有功对直流电压偏差的传递函数，体现了系统的虚拟惯量特性。

同理可得，Q-U_{ac} 下垂控制对应的无功功率闭环传递函数：

$$
\begin{aligned}
Q &= \frac{3K_{\mathrm{pp}}k_{\mathrm{d}}U_{\mathrm{q}}(T_2 s+1)}{2T_1T_2T_3s^3+2T_2(T_1+T_3)s^2+T_2(2+3K_{\mathrm{pp}}k_{\mathrm{d}}U_{\mathrm{q}})s+3K_{\mathrm{pp}}k_{\mathrm{d}}U_{\mathrm{q}}}Q_{\mathrm{ref}} \\
&\quad+\frac{3K_{\mathrm{pp}}U_{\mathrm{q}}(T_2 s+1)}{2T_1T_2T_3s^3+2T_2(T_1+T_3)s^2+T_2(2+3K_{\mathrm{pp}}k_{\mathrm{d}}U_{\mathrm{q}})s+3K_{\mathrm{pp}}k_{\mathrm{d}}U_{\mathrm{q}}}\Delta U_{\mathrm{ac}} \\
&=\Phi_5(s)Q_{\mathrm{ref}}+\Phi_6(s)\Delta U_{\mathrm{ac}}
\end{aligned}
\tag{6-3}
$$

式(6-3)说明，Q 由两部分构成：功率跟踪 $\Phi_5(s)Q_{\mathrm{ref}}$ 和虚拟惯量部分 $\Phi_6(s)\Delta U_{\mathrm{ac}}$。$\Phi_5(s)$ 是输出无功对无功参考值的传递函数，体现了系统对无功参考值的跟踪效果；$\Phi_6(s)$ 是输出无功对交流电压偏差的传递函数，体现了系统的虚拟惯量特性。

2. 控制器参数优化设计

合理选择控制器参数，不仅能够使得下垂控制闭环系统获得较好的动态和稳态特性，而且能够简化下垂控制闭环传递函数，一般考虑外环 PI 控制器零点抵消

电流内环极点[4-8]，可选取 $T_2=T_3$，引入比例系数 k_1，使得 $T_1=k_1T_2$，则传递函数 $\Phi_2(s)$ 可整理为

$$\Phi_2(s)=\frac{\dfrac{3K_{pp}U_d}{2k_1T_2^2}}{s^2+\dfrac{1}{k_1T_2}s+\dfrac{3K_{pp}k_dU_d}{2k_1T_2^2}} \tag{6-4}$$

式(6-4)中，$\Phi_2(s)$ 为二阶系统，则其自然振荡频率 ω_{n1} 和阻尼比 ξ_1 分别为

$$\omega_{n1}=\frac{1}{T_2}\sqrt{\frac{3K_{pp}k_dU_d}{2k_1}} \tag{6-5}$$

$$\xi_1=\sqrt{\frac{1}{6K_{pp}k_dU_dk_1}} \tag{6-6}$$

对应的有功超调量为

$$\sigma_1\%=\mathrm{e}^{-\frac{\pi}{\sqrt{6K_{pp}k_dU_dk_1-1}}} \tag{6-7}$$

直流配电系统功率冗余或缺额时，直流电压会升高或降低，各换流器之间根据 U_{dc}-P 下垂特性协调功率输出。由式(6-6)可知，随着下垂系数 k_d 的减小，阻尼比 ξ_1 会增大，则 U_{dc}-P 下垂控制输出有功超调量 $\sigma_1\%$ 也会减小。

同理，传递函数 $\Phi_4(s)$ 可整理为

$$\Phi_4(s)=\frac{\dfrac{3K_{pp}U_d}{2k_1T_2^2}}{s^2+\dfrac{1}{k_1T_2}s+\dfrac{3K_{pp}k_dU_{dc}U_d}{2k_1T_2^2}} \tag{6-8}$$

式(6-8)中，$\Phi_4(s)$ 为二阶系统，则其自然振荡频率 ω_{n2} 和阻尼比 ξ_2 分别为

$$\omega_{n2}=\frac{1}{T_2}\sqrt{\frac{3K_{pp}k_dU_{dc}U_d}{2k_1}} \tag{6-9}$$

$$\xi_2=\sqrt{\frac{1}{6K_{pp}k_dU_dU_{dc}k_1}} \tag{6-10}$$

对应的有功超调量为

$$\sigma_2\% = \mathrm{e}^{-\frac{\pi}{\sqrt{6K_{pp}k_d U_d U_{dc} k_1 - 1}}} \tag{6-11}$$

同理，$\Phi_6(s)$可简化为同样的二阶系统，在此不再具体介绍。

直流配电系统功率不平衡时，各换流器之间根据 I_{dc}-U_{dc}下垂特性协调功率输出。由式(6-10)可知，随着下垂系数k_d的减小，阻尼比ξ_2会增大，则I_{dc}-U_{dc}下垂控制输出有功超调量$\sigma_2\%$也会减小。

换流器正常工作时，直流侧电压要高于交流侧电压，因此对比式(6-7)和式(6-11)可知，直流系统功率不平衡时，阻尼比ξ_1小于阻尼比ξ_2，则 U_{dc}-P 下垂控制输出有功超调量$\sigma_1\%$大于I_{dc}-U_{dc}下垂控制输出有功超调量$\sigma_2\%$，即I_{dc}-U_{dc}下垂控制动态响应特性更好。

同理可得，Q-U_{ac}下垂控制无功超调量为

$$\sigma_3\% = \mathrm{e}^{-\frac{\pi}{\sqrt{6K_{pp}k_d U_q k_1 - 1}}} \tag{6-12}$$

由式(6-12)可知，交流系统无功不平衡时，交流电压会升高或降低，随着下垂系数k_d变小，换流器输出无功超调量也变小。

为保证下垂控制闭环系统获得较好的动态和稳态性能，其开环相频特性相角裕度应在45°左右，U_{dc}-P下垂控制和I_{dc}-U_{dc}下垂控制部分典型下垂系数的最佳控制参数分别如表6-1和表6-2所示。

表 6-1　U_{dc}-P 下垂控制部分典型下垂系数的最佳控制参数

下垂系数	外环比例系数	外环积分系数
4	2.12	60
5	1.70	48
6	1.40	42
7	1.19	38
8	1.01	36
9	0.92	30

表 6-2　I_{dc}-U_{dc} 下垂控制部分典型下垂系数的最佳控制参数

下垂系数	外环比例系数	外环积分系数
4	7.5	65
5	6	60
6	4.95	60
7	4.25	55
8	3.7	50
9	3.3	45

6.1.2　算例验证与分析

在 IEEE33 节点算例的基础上进行改进，改进后的算例含有三个实现互联的换流器，其中直流侧集成了光伏发电单元、风机和直流负荷，直流电压等级为 20kV，形成三端柔性直流配电系统，如图 6-2 所示。各换流器的额定容量为 2MV·A，光伏电源和风机的额定容量均为 2MW，实际发出的有功功率均为 1.8MW，分别接入 41 与 43 节点。四个直流负荷功率均为 0.5MW，接入 41～44 节点。采用 DIgSILENT 软件搭建改进后的 IEEE33 节点配电系统模型，并对 VSC7、VSC11 和 VSC21 分别采用 U_{dc}-P 下垂控制、I_{dc}-U_{dc} 下垂控制、U_{dc}-P 和 Q-U_{ac} 下垂控制、I_{dc}-U_{dc} 和 Q-U_{ac} 下垂控制进行分析比较。

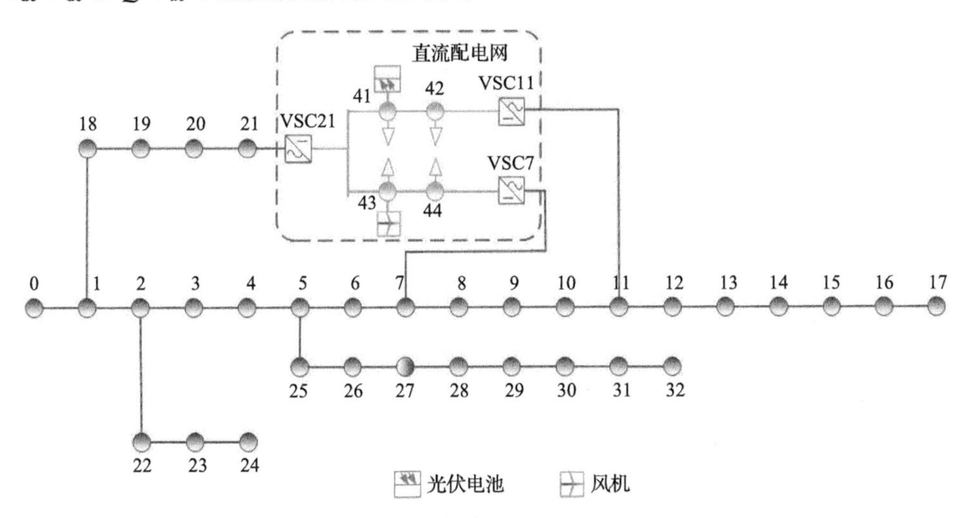

图 6-2　改进后的 IEEE33 节点配电系统

1. 交流负荷扰动

在 0s 时切除交流负荷 10 和交流负荷 11，在 1.3s 时交流负荷 10 和交流负荷 11 又重新接入，3s 时仿真结束。由于各换流器动态特性均相同，故只对 VSC11 输出有功功率波形作图，如图 6-3(a)所示，直流侧母线电压、无功功率和交流侧母线电压波动曲线分别见图 6-3(b)～(d)：交流负荷扰动时，所有下垂控制均没有改变换流器有功功率输出，全部由交流配电系统维持交流系统有功功率平衡；U_{dc}-P 和 Q-U_{ac} 下垂控制以及 I_{dc}-U_{dc} 和 Q-U_{ac} 下垂控制协调各换流器无功输出，抑制交流电压波动。

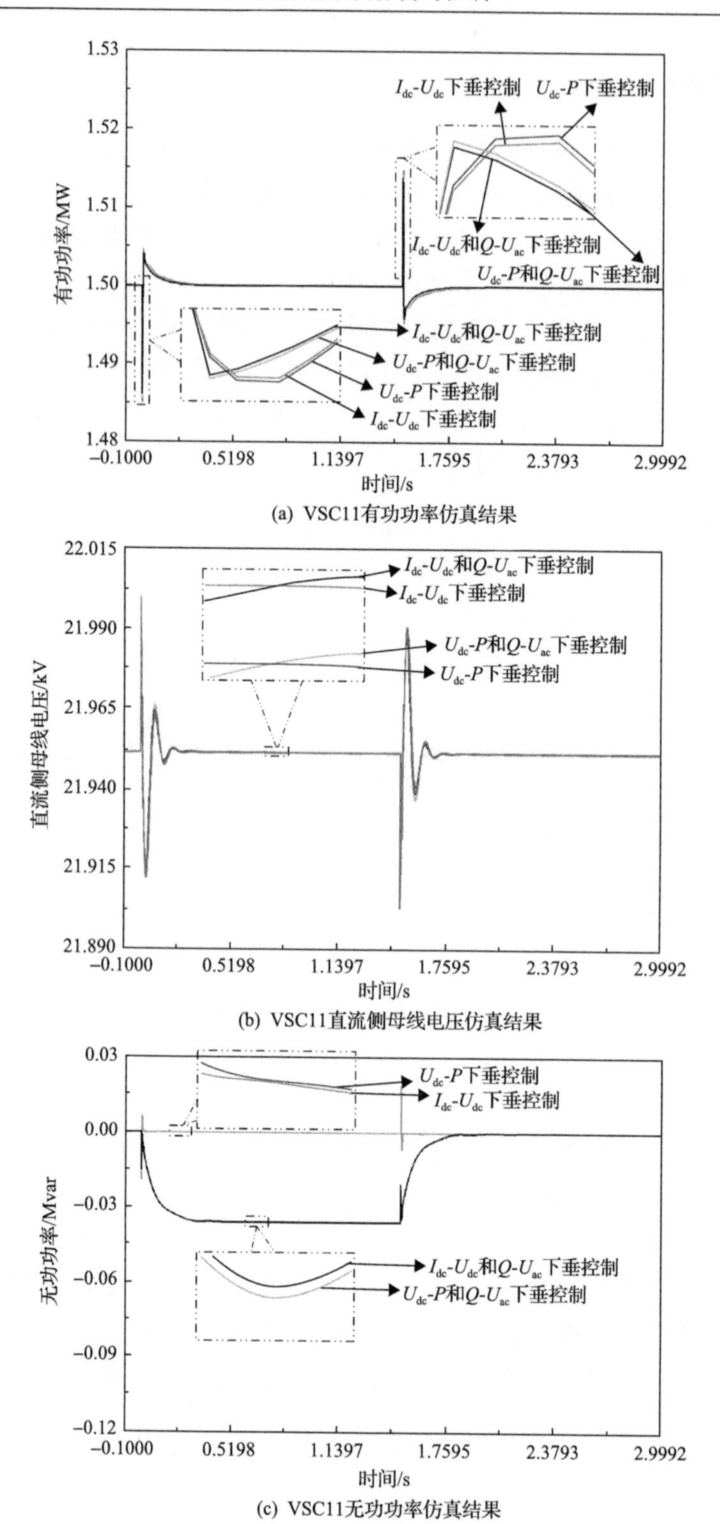

(a) VSC11有功功率仿真结果

(b) VSC11直流侧母线电压仿真结果

(c) VSC11无功功率仿真结果

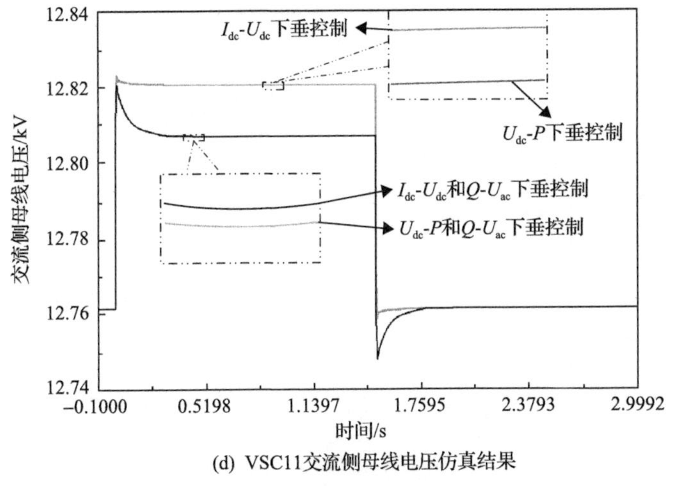

(d) VSC11交流侧母线电压仿真结果

图 6-3　交流负荷扰动仿真结果

2. 直流负荷扰动

直流负荷扰动会造成直流系统功率不平衡。改变直流负荷扰动量，使得在四种下垂控制下垂系数相同时各换流器具有相同的功率调节量。有功功率、直流侧母线电压、无功功率和交流侧母线电压波动曲线如图 6-4 所示。

由图 6-4 可知，直流负荷扰动时，四种下垂控制均能实现直流负荷均流。I_{dc}-U_{dc}下垂控制输出有功超调量小于 U_{dc}-P 下垂控制输出有功超调量，即阻尼能力更强；I_{dc}-U_{dc} 和 Q-U_{ac} 下垂控制输出有功超调量小于 U_{dc}-P 和 Q-U_{ac} 下垂控制输出有功超调量，即阻尼能力更强。动态调节过程中，换流器输出无功变化对其输出有功波形存在一定影响，故 I_{dc}-U_{dc} 下垂控制与 I_{dc}-U_{dc} 和 Q-U_{ac} 下垂控制有功波形存在很

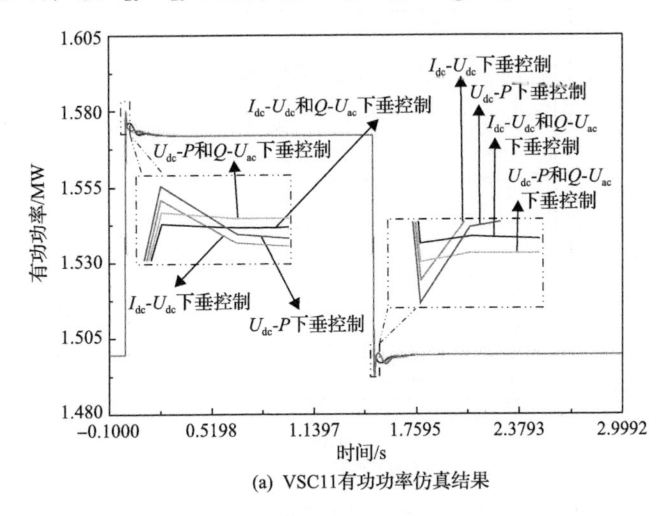

(a) VSC11有功功率仿真结果

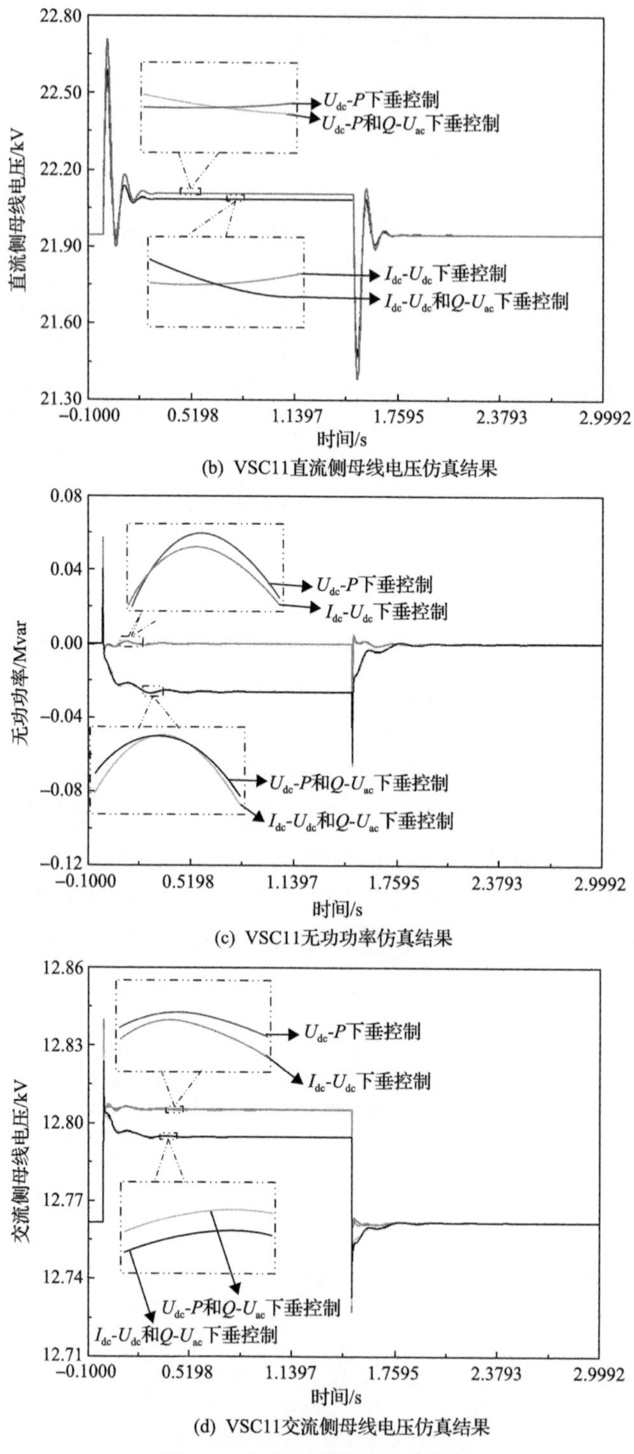

(b) VSC11直流侧母线电压仿真结果

(c) VSC11无功功率仿真结果

(d) VSC11交流侧母线电压仿真结果

图 6-4　直流负荷扰动仿真结果

小的差异，同理，U_{dc}-P 下垂控制与 U_{dc}-P 和 Q-U_{ac} 下垂控制有功波形也存在很小的差异。I_{dc}-U_{dc} 和 Q-U_{ac} 下垂控制、U_{dc}-P 和 Q-U_{ac} 下垂控制均能够改变各换流器无功功率输出，抑制交流侧电压波动。

3. 某 VSC 因故障退出运行

多端系统中，任一换流器因故障退出运行都会造成系统功率不平衡。改变 VSC11 功率设定点，使得在四种下垂控制下垂系数相同时各换流器具有相同的功率调节量。有功功率、直流侧母线电压、无功功率和交流侧母线电压波动曲线见图 6-5：I_{dc}-U_{dc} 下垂控制输出有功超调量小于 U_{dc}-P 下垂控制，即阻尼能力更强；I_{dc}-U_{dc} 和 Q-U_{ac} 下垂控制输出有功超调量小于 U_{dc}-P 和 Q-U_{ac} 下垂控制，即阻尼能力更强。动态调节过程中，换流器输出有功波形会受到其输出无功变化的影响，

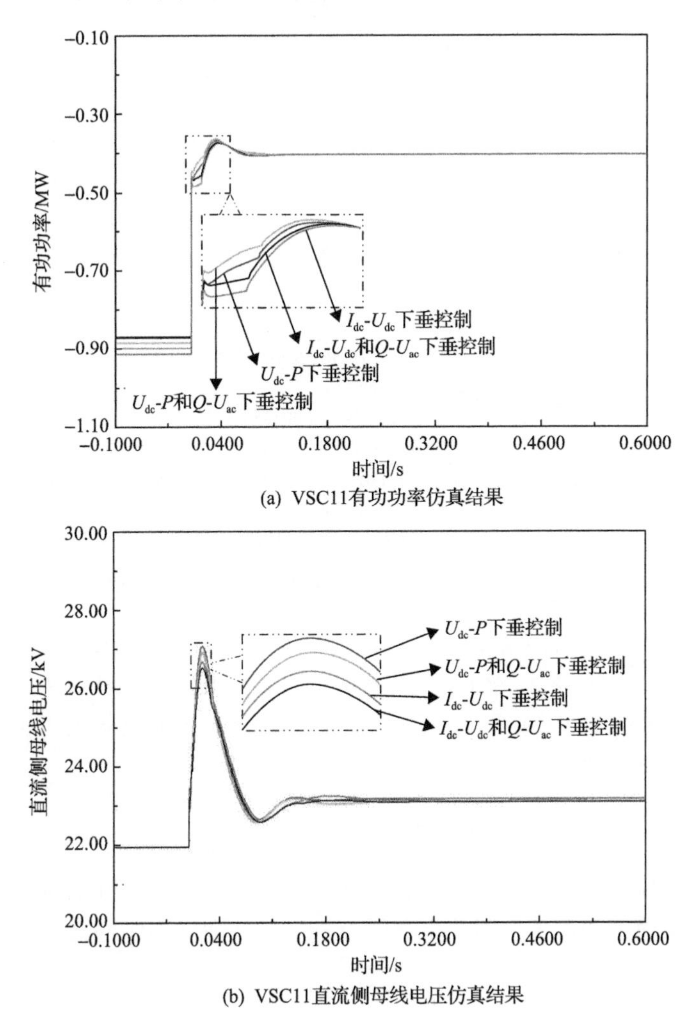

(a) VSC11有功功率仿真结果

(b) VSC11直流侧母线电压仿真结果

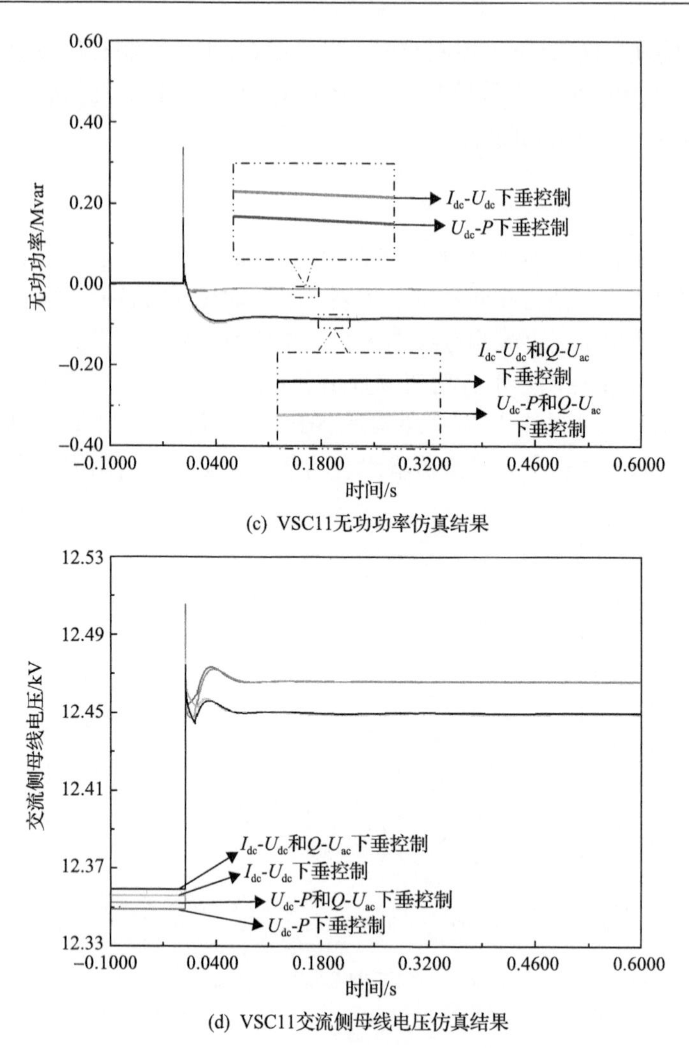

(c) VSC11无功功率仿真结果

(d) VSC11交流侧母线电压仿真结果

图 6-5　VSC11 因故障退出运行仿真结果

故 I_{dc}-U_{dc} 下垂控制与 I_{dc}-U_{dc} 和 Q-U_{ac} 下垂控制有功波形存在很小的差异，同理，U_{dc}-P 下垂控制与 U_{dc}-P 和 Q-U_{ac} 下垂控制有功波形也存在很小的差异。I_{dc}-U_{dc} 和 Q-U_{ac} 下垂控制、U_{dc}-P 和 Q-U_{ac} 下垂控制均能够协调各换流器无功功率输出，抑制交流侧母线电压波动。

4. 下垂系数对动态特性的影响

由于下垂控制动态特性对于直流配电系统的安全稳定运行尤为重要，且动态性能和下垂系数密切相关，因此有必要分析下垂系数对换流器输出功率动态特性的影响。

1) 有功超调量分析

相同下垂系数情况下，改变直流负荷扰动量，使得 U_{dc}-P 下垂控制和 I_{dc}-U_{dc} 下垂控制模式下换流器具有相同的功率调节量，并对换流器有功超调量进行比较，详情如表 6-3 所示。

表 6-3　有功超调量

下垂系数	U_{dc}-P 有功超调量/%	I_{dc}-U_{dc} 有功超调量/%
4	8.67	2.30
5	12.82	3.43
6	17.45	4.56
7	22.38	5.88
8	27.82	7.35
9	33.01	8.84

由表 6-3 可知，下垂系数越小，换流器有功超调量也越小；相同下垂系数下，当功率调节量相同时 I_{dc}-U_{dc} 下垂控制有功超调量小于 U_{dc}-P 下垂控制有功超调量，即系统阻尼能力更强，验证了理论分析的正确性。

2) 阻尼特性分析

下垂系数为 4 时，在 0s 时所有直流负荷功率均增加 40%，10s 时仿真结束。由于直流电压是衡量直流系统功率平衡和直流系统稳定性的重要指标之一，所以选取换流器 VSC21 直流侧母线电压作图，I_{dc}-U_{dc} 下垂控制和 U_{dc}-P 下垂控制直流电压波形分别为图 6-6 中黑色和灰色曲线所示。

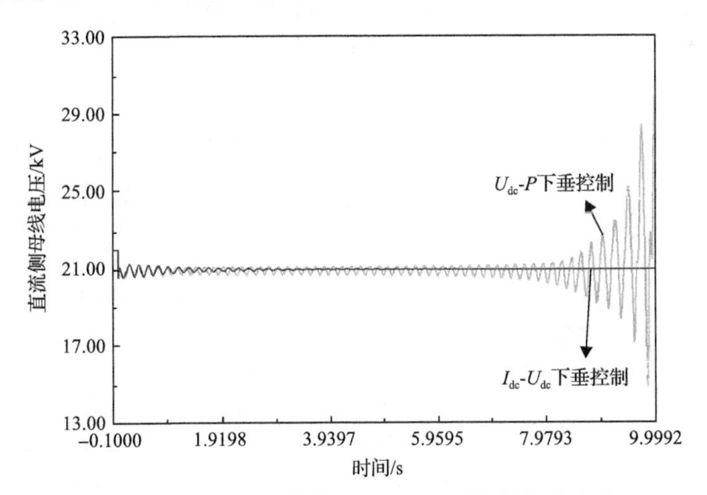

图 6-6　U_{dc}-P 下垂控制和 I_{dc}-U_{dc} 下垂控制仿真结果

由图 6-6 可知，0s 时直流负荷增大导致直流侧母线电压出现波动。由于 U_{dc}-P 下垂控制阻尼能力相对较弱，直流侧母线电压振荡发散，系统处于不稳定状态；

由于 I_{dc}-U_{dc} 下垂控制阻尼能力相对较强，直流侧母线电压振荡衰减直至稳定，系统处于稳定状态。图 6-6 验证了上述关于 I_{dc}-U_{dc} 下垂控制模式下系统阻尼能力以及稳定性高于 U_{dc}-P 下垂控制的理论分析。

综上所述，下垂系数越小，I_{dc}-U_{dc} 下垂控制和 U_{dc}-P 下垂控制有功超调量也越小，即系统阻尼能力越强；相同下垂系数下，当功率调节量相同时 I_{dc}-U_{dc} 下垂控制有功超调量小于 U_{dc}-P 下垂控制，即其阻尼能力更强，具有更好的动态特性。

6.2 直流配电系统自适应下垂系数优化控制

第 3、4 章通过对直流配电系统建模，利用灵敏度分析的结果实现降阶，进一步解释了在主从控制和下垂控制下系统直流电压的振荡机理和特性，获得了关键控制参数对系统振荡的影响规律。下垂控制中下垂系数对振荡的影响较大，因此本章对下垂控制的直流配电系统提出一种基于振荡频率的下垂系数自适应设计方法，根据得到的下垂系数与振荡频率的实际关系设计目标曲线，控制器的下垂系数按照目标曲线自适应调整，解决了传统下垂控制的直流配电系统中下垂系数与实时系统参数不匹配的问题和由参数不匹配引起的直流电压振荡问题。

6.2.1 自适应下垂系数控制流程

本节以图 6-7 所示结构为例进行介绍，其中连接电网的交流电经 AC/DC 换流器为直流负载供电，电流环所用 u_d、u_q、i_d、i_q 参数是由 u_{abc} 经锁相环、派克变换得到的直轴和交轴分量，控制器最终由 PWM 发生器产生 6 路 PWM 信号驱动电力电子器件，以实现电能变换功能。除上述单端结构外，本节还对双端结构的系

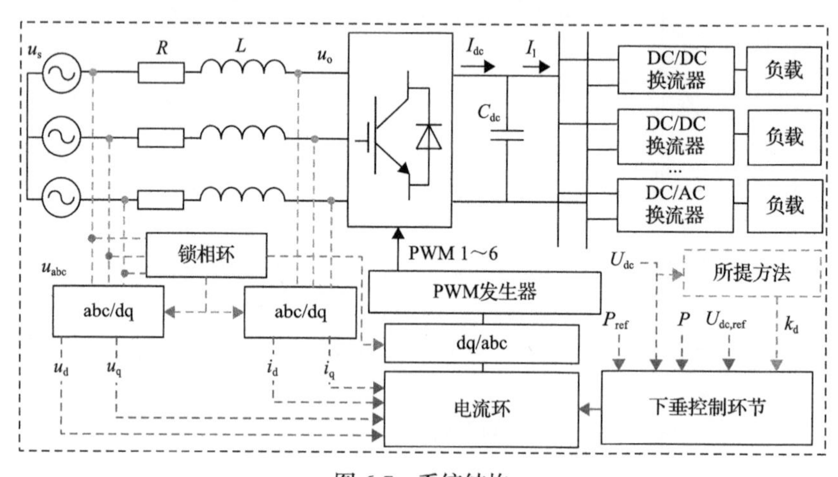

图 6-7 系统结构

统进行了验证，其基本电路结构和控制方法与单端结构相似。

自适应下垂系数设计流程如图 6-8 所示。首先，对获得的直流电压进行微分运算并将运算结果与设定阈值进行比较，以判断是否发生振荡，若超过阈值则判断为振荡，此时则按照式(4-15)获得振荡频率，作为自适应下垂系数设计的依据，依照图 6-9 所示目标曲线自适应选取下垂系数。

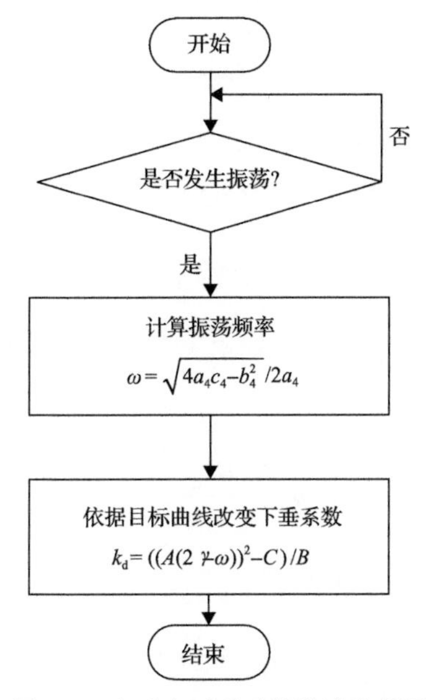

图 6-8　自适应下垂系数设计流程图

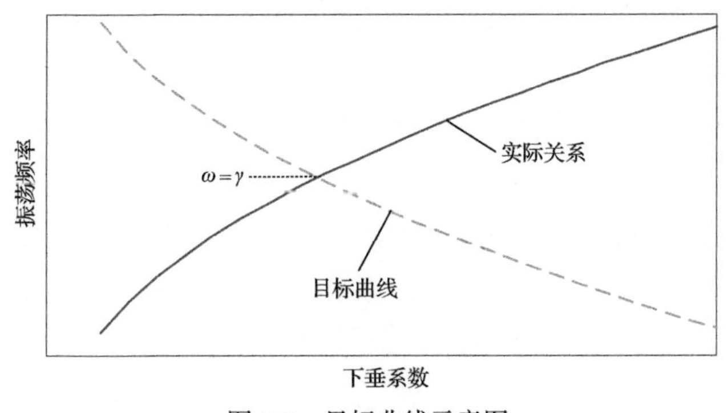

图 6-9　目标曲线示意图

6.2.2　控制方法的实现

1. 系统电压振荡的判别

当发生电压振荡时，直流侧母线电压会出现交替经过稳态值的现象，因此对电压波形进行运算处理后即可判断是否发生振荡，以此作为触发自适应下垂系数选择的条件。直流侧母线电压振荡的判别过程如图 6-10 所示，首先，对采集的直流电压进行微分运算，运算结果送至比较器。其次，根据比较器比较结果确定计数器的动作。最后，将计数器的累计结果与识别振荡的设定阈值进行比较，若计数器计数值超过该阈值则判断为振荡发生，反之则未发生振荡。

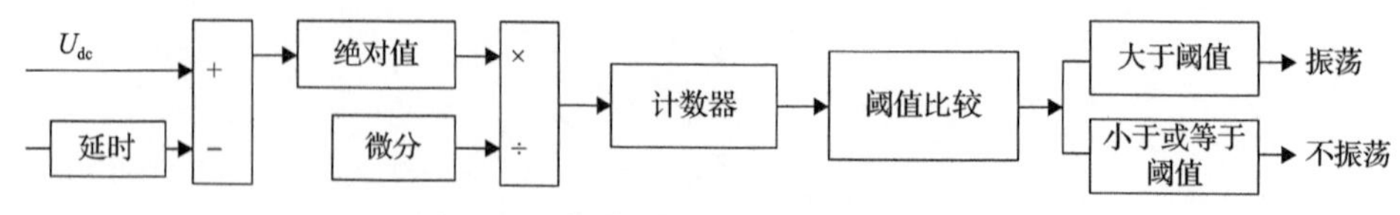

图 6-10　直流侧母线电压振荡判别过程

2. 基于振荡频率的自适应下垂系数解析

根据第 4 章振荡频率的解析式，以下垂系数为自变量、振荡频率为因变量进行变换，可得式(6-13)。

$$\omega = \frac{\sqrt{Bk_{\mathrm{d}} + C}}{A} \tag{6-13}$$

式中，A、B、C 都为常数，分别如下：

$$A = \frac{2C_{\mathrm{dc}}L}{K} \tag{6-14}$$

$$B = \frac{4C_{\mathrm{dc}}Lk_{\mathrm{ceg}}k_{u,\mathrm{p}}k_{i,\mathrm{p}}}{K} \tag{6-15}$$

$$C = \frac{4C_{\mathrm{dc}}LR + 4C_{\mathrm{dc}}Lk_{\mathrm{ceg}}k_{i,\mathrm{p}} + 6u_{\mathrm{d}}k_{u,\mathrm{p}}k_{\mathrm{ceg}}k_{i,\mathrm{p}}C_{\mathrm{dc}}L}{R_{\mathrm{load}}K^2} - b_4^2 \tag{6-16}$$

考虑到图 6-9 所示下垂系数和振荡频率的正相关关系，因此当发生振荡时，按照图 6-9 所示曲线的反方向改变下垂系数即可抑制振荡。为获得目标曲线的解析式，将式(6-13)以 $\omega = \gamma$ 为轴对称，可得该目标曲线为

$$\omega = 2\gamma - \frac{\sqrt{Bk_{\mathrm{d}} + C}}{A} \tag{6-17}$$

根据式(6-17)得到振荡时下垂系数的表达式，如式(6-18)所示。

$$k_{\mathrm{d}} = \frac{(2A\gamma - \omega A)^2 - C}{B} \tag{6-18}$$

式中，γ 依靠基准值 k_d' 选取，而基准值的选取参照表 6-4 的参数。综合考虑系统的动态特性(包括控制系统的阶跃响应和幅频特性)，确定表 6-4 参数下的基准下垂系数，然后将该基准下垂系数代入式(6-17)可确定 γ 的取值，求得的参数 γ 和 k_d' 如表 6-4 所示。式(6-18)反映了自适应下垂系数设计原则，即基于振荡频率和下垂系数间的解析关系，按照互异方向并考虑系统动态特性设计下垂系数目标曲线。

表 6-4　自适应下垂控制系统运行参数

参数	数值	参数	数值
$k_{u,p}/k_{u,i}$	4/50	$k_{i,p}/k_{i,i}$	1/12
K	0.7775	C_{dc}	4000μF
k_d	7	k_{ceg}	0.3
γ	728	k_d'	3

3. 自适应下垂系数优化稳定性分析

对比分析优化前后的开环传递函数，得到系统的奈奎斯特曲线如图 6-11 所示，系统的伯德图如图 6-12 所示，其中黑色曲线为优化前结果，灰色曲线为优化后结果。

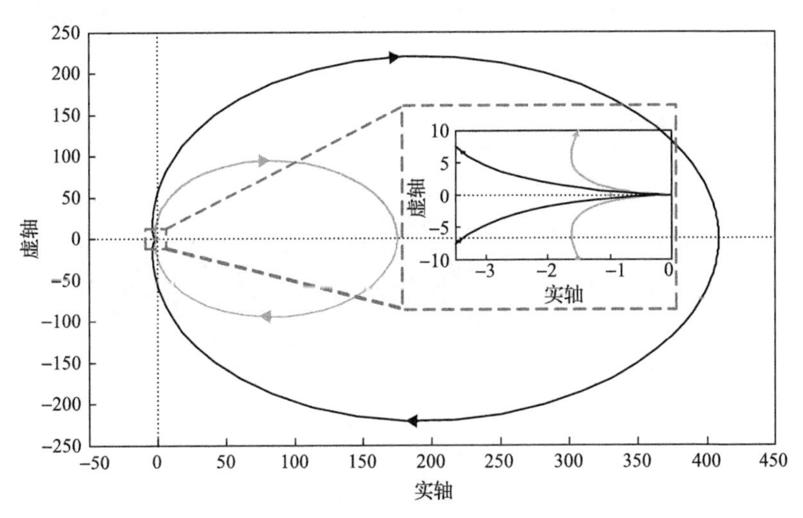

图 6-11　优化前后奈奎斯特曲线对比

从奈奎斯特曲线可看出优化后系统不包含(–1, j0)点，能够保证系统稳定。从伯德图可以看出，系统的相角裕度进一步提高至约 60°，稳定裕度更高，验证了所提控制方法的有效性。

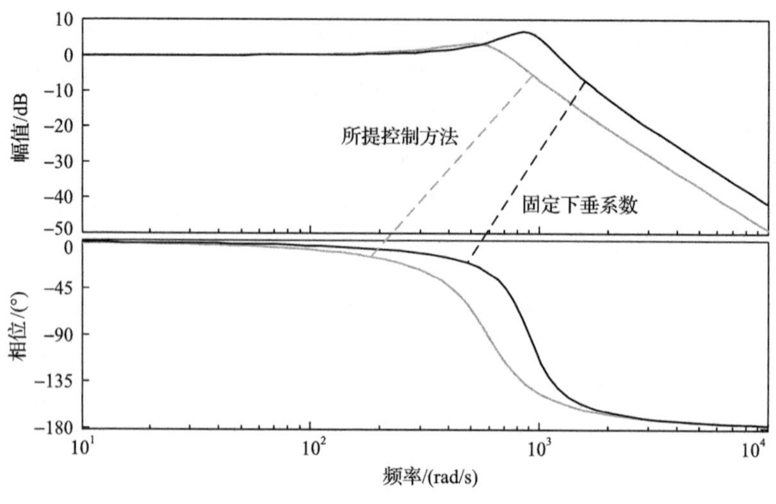

图 6-12　优化前后的伯德图对比

6.2.3　算例验证与分析

为验证所提自适应下垂控制方法的有效性，在仿真软件中分别搭建了单端和多端的直流配电系统，控制参数如表 6-4 所示。

当直流侧母线电压发生振荡时，按照图 6-10 所示方法，经微分运算得到的波形如图 6-13 所示，将其送入比较器后再经向上累加器，通过设定累加器阈值触发下垂系数优化流程。

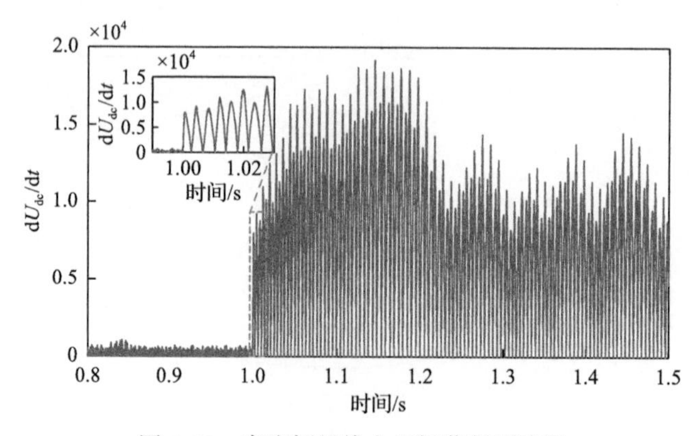

图 6-13　直流侧母线电压振荡判别波形

由图 6-13 可以看出，进行运算处理的正常运行状态和振荡时的波形数值差异较大，因此能够有效判别振荡状况。同时振荡时的波形会周期性地跨越比较值，使得累加器数值不断累加，所以采用累加器触发值能够有效触发下垂系数优化流程。下面将通过算例对所提方法进行分析。

1) 场景 1：抑制因负荷扰动引起的直流侧母线电压振荡

单端结构按照图 6-7 所示结构搭建，在 t=1s 时刻，负荷扰动场景中新投入的负荷为初始负荷功率的 60%，仿真结果如图 6-14 所示。在场景 1 下，由于负荷的扰动，固定下垂系数控制系统的直流侧母线电压产生了振荡，如图 6-14 灰色曲线所示，为抑制振荡，采用自适应下垂控制策略后，直流侧母线电压明显改善，如图 6-14 黑色曲线所示。

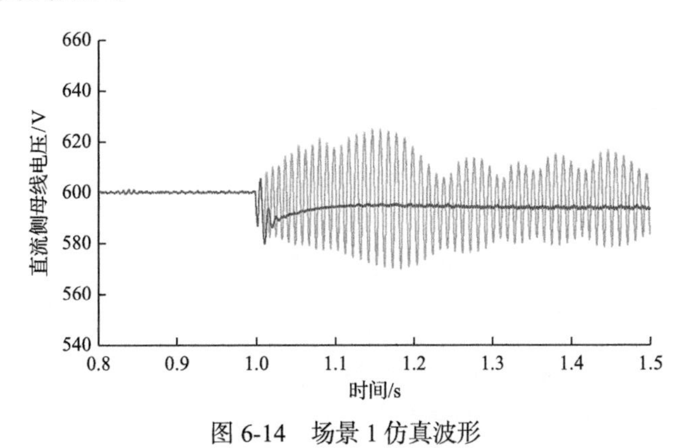

图 6-14　场景 1 仿真波形

2) 场景 2：系统参数摄动时引起直流侧母线电压振荡

考虑到硬件参数的摄动，在 t=1s 时刻，系统参数摄动场景参数变化为直流侧滤波电容由 4000μF 摄动至 3000μF，此时引起直流侧母线电压振荡，如图 6-15 灰色曲线所示。采用自适应下垂控制方法可有效提高系统稳定性，如图 6-15 黑色曲线所示，系统在识别到振荡发生后，根据振荡频率改变下垂系数，使直流侧母线电压趋于稳定。

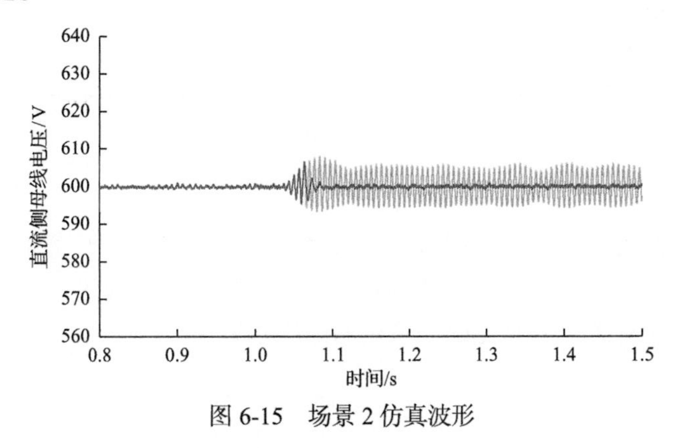

图 6-15　场景 2 仿真波形

3) 场景 3：双端直流配电系统负荷扰动

搭建双端供电结构算例，与场景 1 负荷扰动状况一样，直流侧母线电压产生振荡现象，如图 6-16 灰色曲线所示，下垂系数优化后直流侧母线电压如图 6-16 黑色曲线所示，直流侧母线电压恢复稳定。

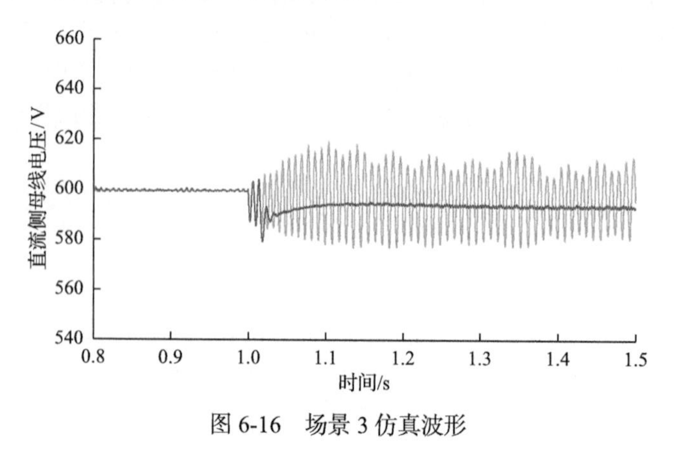

图 6-16　场景 3 仿真波形

4) 场景 4：双端直流配电系统参数摄动

在 t =1s 时刻，一侧的直流侧滤波电容由 4000μF 摄动至 2000μF，引起直流侧母线电压振荡，如图 6-17 灰色曲线所示，在判别发生振荡后，触发下垂系数优化，直流侧母线电压恢复稳定，如黑色曲线所示。

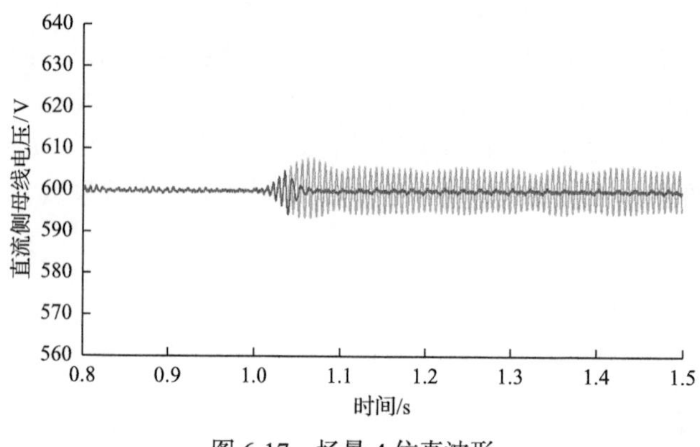

图 6-17　场景 4 仿真波形

从上述算例可以看出，在解析振荡机理的基础上，根据下垂系数和振荡频率的关系设计下垂系数的自适应变化规则，在单端或双端系统的负荷扰动和参数摄动等场景下均能有效提高直流配电系统的电压稳定性。

6.2.4　实验平台验证

本节进一步搭建了基于 RT Box 的直流配电系统半实物实验系统，原理如图 6-18 所示，实验参数与理论分析参数一致。

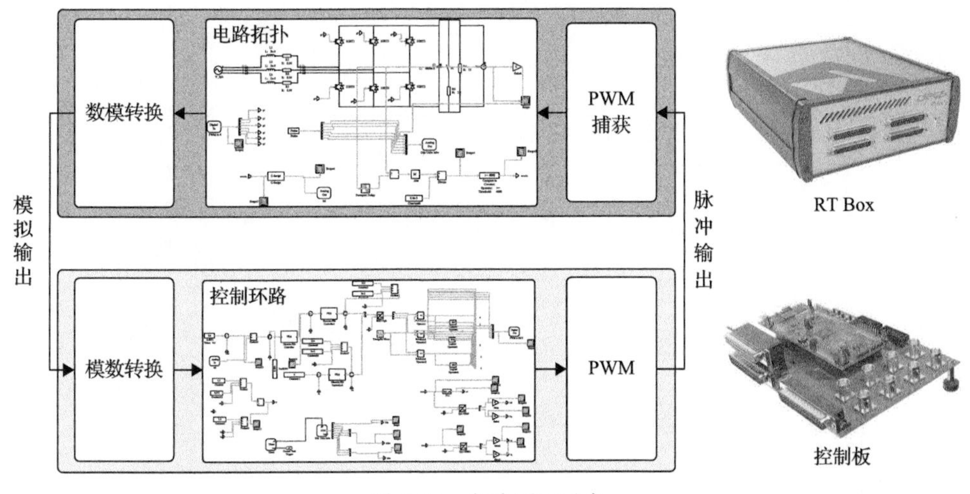

图 6-18　实验原理示意

半实物实验平台由控制板和 RT Box、工作站、示波器等组成，如图 6-19 所示。

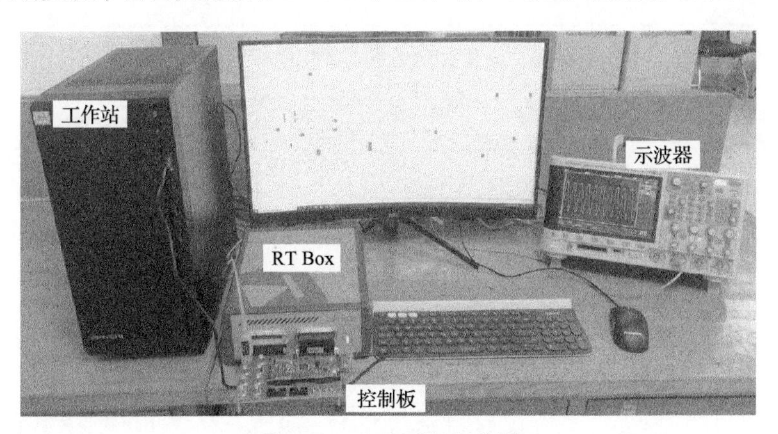

图 6-19　实验平台实物图

控制板通过采集 RT Box 输出的直流电压和交流电压电流模拟量，经过运算生成 PWM 驱动信号，经 RT Box 数字输入端口捕获 PWM 驱动信号，进而驱动电力电子器件的正常工作，其中控制板采用德州仪器(TI)公司 TMS320F28069 主控芯片，RT Box 有 16 路模拟输入输出端口和 32 路数字输入输出端口完全满足本实验端口需求，直流电压波形通过 RT Box 的模拟量输出通道输出，在示波器上显示。

实验中设置某一时刻负荷发生扰动，此时系统发生振荡，直流侧母线电压实验波形如图 6-20 所示。

图 6-21 为下垂系数优化后的直流侧母线电压实验波形，经振荡判别后自适应修改下垂系数使得直流侧母线电压逐渐恢复，提高了直流配电系统的稳定性。

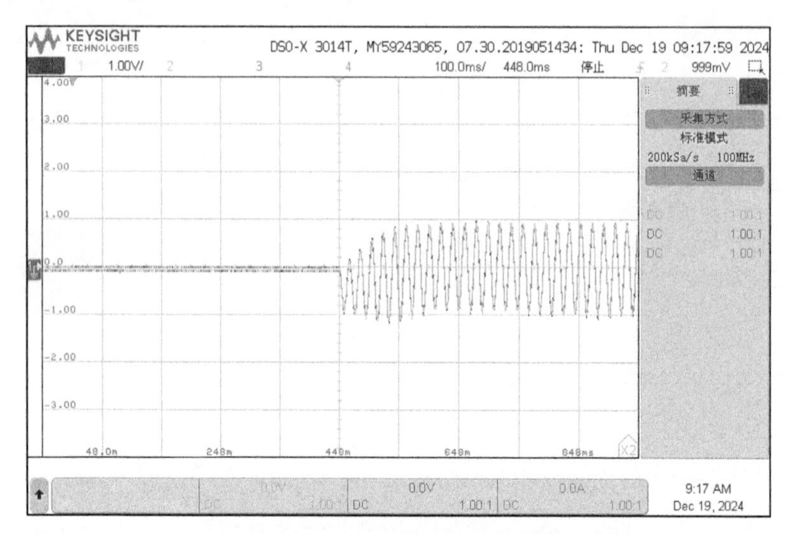

图 6-20　负荷扰动场景下优化前实验波形

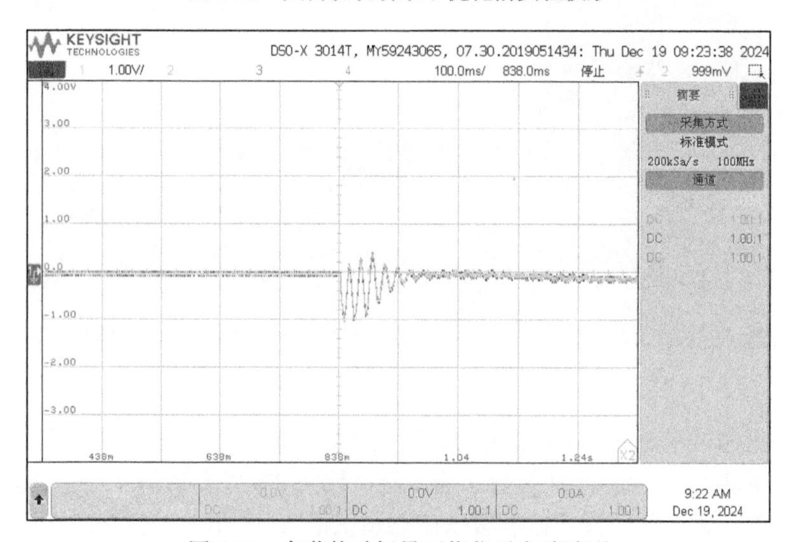

图 6-21　负荷扰动场景下优化后实验波形

实验中设置某一时刻发生电容参数摄动，直流侧母线电压波形如图 6-22 所示，此时发生振荡。通过自适应下垂系数设计优化后，直流侧母线电压逐渐趋于稳定，如图 6-23 所示。

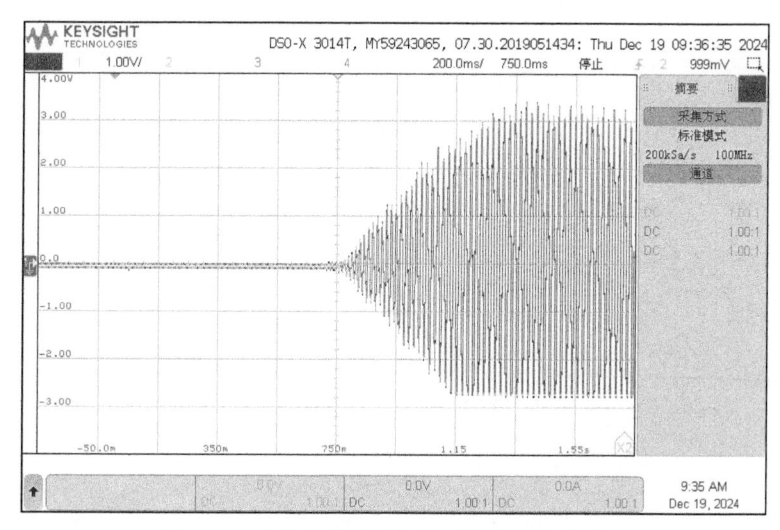

图 6-22　电容参数摄动场景下优化前实验波形

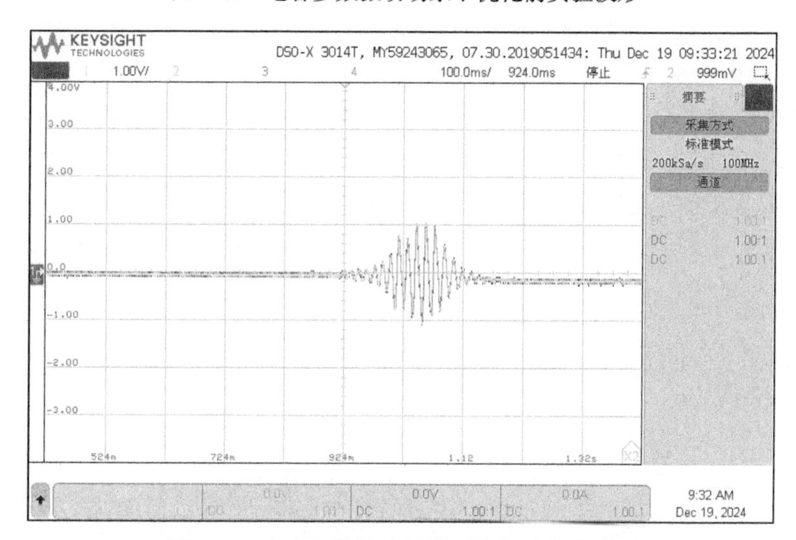

图 6-23　电容参数摄动场景下优化后实验波形

6.3　基于摄动理论的直流微电网下垂系数优化

6.3.1　直流微电网小扰动模型

直流微电网是将多个分布式发电单元、储能装置和负荷连接在一起的小型供用电网络，图 6-24 为典型直流微电网结构，主要由以下 5 个部分组成。

(1)储能电池和燃料电池通过下垂控制的 DC/DC 换流器连接到直流母线。

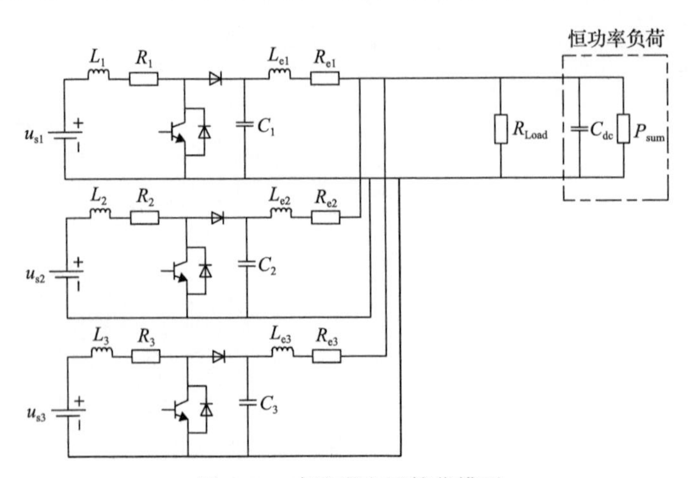

图 6-24　直流微电网简化模型

(2)外部交流大电网通过 AC/DC 换流器连接到直流母线实现交直流电网之间的功率交换。对恒功率控制下的并网 DC/AC 换流器在进行小扰动分析时，可将其视为一种输出功率为负的特殊型恒功率负荷。

(3)光伏发电单元通过采用最大功率点跟踪控制方式的 DC/DC 换流器连接到直流母线，建模时等效为恒功率负荷。

(4)负荷，包括电阻性负荷以及恒功率负荷。

(5)供电线路。

1. 外电路模型

根据图 6-24 可以得出第 $i\,(i=1,2,3)$ 台 I_{dc}-U_{dc} 下垂控制的 DC/DC 换流器状态方程：

$$L_i\frac{\mathrm{d}i_{Li}}{\mathrm{d}t}=u_{si}-R_ii_{Li}-(1-d_i)U_{Ci} \tag{6-19}$$

$$C_i\frac{\mathrm{d}U_{Ci}}{\mathrm{d}t}=(1-d_i)i_{Li}-i_{dci} \tag{6-20}$$

式中，C_i 为第 i 台下垂控制下 DC/DC 换流器出口侧稳压电容；L_i 为第 i 台 DC/DC 换流器滤波电感；R_i 为第 i 台 DC/DC 换流器等效滤波电阻；d_i 为第 i 台 DC/DC 换流器占空比；U_{Ci} 为第 i 台 DC/DC 换流器出口侧电压；i_{Li} 为第 i 台 DC/DC 换流器出口侧电感电流；i_{dci} 为第 i 台 DC/DC 换流器出口侧输出电流。

对连接第 i 台 DC/DC 换流器的线路列写状态空间方程：

$$L_{ei}\frac{\mathrm{d}i_{dci}}{\mathrm{d}t}=U_{Ci}-R_{ei}i_{dci}-U_{dc} \tag{6-21}$$

式中，L_{ei}为输电线路等效电感；R_{ei}为输电线路等效电阻；U_{dc}为直流母线电压。

直流母线的电流平衡方程为

$$\sum_{i=1}^{3} i_{dci} = C_{dc}\frac{dU_{dc}}{dt} + \frac{U_{dc}}{R_{Load}} + \frac{P_{sum}}{U_{dc}} \tag{6-22}$$

式中，P_{sum}为等效恒功率负荷，即负荷经DC/AC换流器与恒功率负荷的输出功率之和；C_{dc}为恒功率负荷侧稳压电容；R_{Load}为阻性负荷。

联立式(6-19)～式(6-22)得到外电路状态空间方程：

$$\dot{\boldsymbol{x}}_{dcsys} = \boldsymbol{A}\boldsymbol{x}_{dcsys} + \boldsymbol{B}\boldsymbol{u} \tag{6-23}$$

式中，$\boldsymbol{x}_{dcsys}$为外电路状态变量；$\boldsymbol{u}$为外电路输入变量。$\boldsymbol{x}_{dcsys}$、$\boldsymbol{u}$、$\boldsymbol{A}$、$\boldsymbol{B}$如式(6-24)～式(6-27)所示。

$$\boldsymbol{x}_{dcsys} = [i_{L1}\ \ U_{C1}\ \ i_{dc1}\ \ i_{L2}\ \ U_{C2}\ \ i_{dc2}\ \ i_{L3}\ \ U_{C3}\ \ i_{dc3}\ \ U_{dc}]^{T} \tag{6-24}$$

$$\boldsymbol{u} = [d_1\ \ d_2\ \ d_3]^{T} \tag{6-25}$$

$$\boldsymbol{A} = \begin{bmatrix}
-\frac{R_1}{L_1} & -\frac{1-d_1}{L_1} & 0 & 0 & 0 & 0 & 0 & 0 & 0 & 0 \\
\frac{1-d_1}{C_1} & 0 & -\frac{1}{C_1} & 0 & 0 & 0 & 0 & 0 & 0 & 0 \\
0 & \frac{1}{L_{e1}} & -\frac{R_{e1}}{L_{e1}} & 0 & 0 & 0 & 0 & 0 & 0 & -\frac{1}{L_{e1}} \\
0 & 0 & 0 & -\frac{R_2}{L_2} & -\frac{1-d_2}{L_2} & 0 & 0 & 0 & 0 & 0 \\
0 & 0 & 0 & \frac{1-d_2}{C_2} & 0 & -\frac{1}{C_2} & 0 & 0 & 0 & 0 \\
0 & 0 & 0 & 0 & \frac{1}{L_{e2}} & -\frac{R_{e2}}{L_{e2}} & 0 & 0 & 0 & -\frac{1}{L_{e2}} \\
0 & 0 & 0 & 0 & 0 & 0 & -\frac{R_3}{L_3} & -\frac{1-d_3}{L_3} & 0 & 0 \\
0 & 0 & 0 & 0 & 0 & 0 & \frac{1-d_3}{C_3} & 0 & -\frac{1}{C_3} & 0 \\
0 & 0 & 0 & 0 & 0 & 0 & 0 & \frac{1}{L_{e3}} & -\frac{R_{e3}}{L_{e3}} & -\frac{1}{L_{e3}} \\
0 & 0 & \frac{1}{C_{dc}} & 0 & 0 & \frac{1}{C_{dc}} & 0 & 0 & \frac{1}{C_{dc}} & -\frac{1}{R_{Load}C_{dc}} + \frac{P_{sum}}{C_{dc}U_{dc}^2}
\end{bmatrix} \tag{6-26}$$

$$
\boldsymbol{B}=\begin{bmatrix}
\dfrac{U_{C1}}{L_1} & 0 & 0 \\
-\dfrac{i_{L1}}{C_1} & 0 & 0 \\
0 & 0 & 0 \\
0 & \dfrac{U_{C2}}{L_2} & 0 \\
0 & -\dfrac{i_{L2}}{C_2} & 0 \\
0 & 0 & 0 \\
0 & 0 & \dfrac{U_{C3}}{L_2} \\
0 & 0 & -\dfrac{i_{L3}}{C_2} \\
0 & 0 & 0 \\
0 & 0 & 0
\end{bmatrix} \tag{6-27}
$$

2. 控制系统模型

直流微电网中光伏发电单元采用最大功率点跟踪策略实现对太阳能的最大化利用；换流器连接外部电网采用恒功率控制；连接可调度分布式电源和储能电池的换流器采用下垂控制，I_{dc}-U_{dc} 下垂控制原理图如图 6-25 所示。

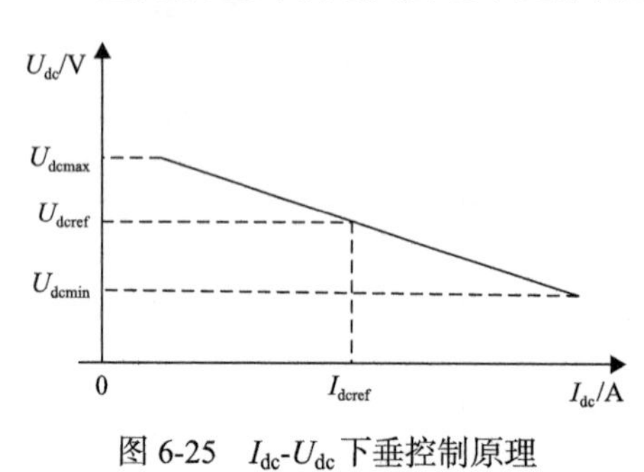

图 6-25　I_{dc}-U_{dc} 下垂控制原理

根据图 6-26 所示的换流器控制电路模型，列写控制系统状态方程：

$$
\frac{\mathrm{d}u_{\mathrm{ur},i}}{\mathrm{d}t}=U_{\mathrm{dc,ref}}-k_{\mathrm{r},i}i_{\mathrm{dc}i}-U_{Ci} \tag{6-28}
$$

$$
\frac{\mathrm{d}u_{\mathrm{ir},i}}{\mathrm{d}t}=k_{\mathrm{pu},i}(U_{\mathrm{dc,ref}}-k_{\mathrm{r},i}i_{\mathrm{dc}i}-U_{Ci})+k_{\mathrm{iu},i}u_{\mathrm{ur},i}-i_{Li} \tag{6-29}
$$

式中，$U_{dc,ref}$ 为换流器输出电压参考值；$k_{r,i}$ 为下垂系数；$k_{pu,i}$ 为外环 PI 控制器比例系数；$k_{iu,i}$ 为外环 PI 控制器积分系数；$u_{ur,i}$ 为电压环输出积分项；$u_{ir,i}$ 为电流环输出积分项。

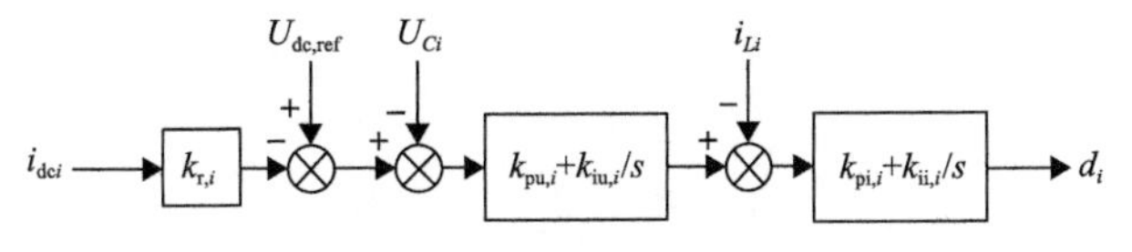

图 6-26　换流器控制框图

根据下垂控制模型，控制系统输出方程为

$$d_i = k_{pi,i}[k_{pu,i}(U_{dc,ref} - k_{r,i}i_{dci} - U_{Ci}) + k_{iu,i}u_{ur,i} - i_{Li}] + k_{ii,i}u_{ir,i} \tag{6-30}$$

式中，$k_{pi,i}$为内环 PI 控制器比例系数；$k_{ii,i}$为内环 PI 控制器积分系数。

联立式(6-28)～式(6-30)推导出控制系统的小信号模型：

$$\boldsymbol{u} = \boldsymbol{C}\boldsymbol{x}_{dcsys} + \boldsymbol{D}\boldsymbol{x}_{pi} \tag{6-31}$$

$$\dot{\boldsymbol{x}}_{pi} = \boldsymbol{E}\boldsymbol{x}_{dcsys} + \boldsymbol{F}\boldsymbol{x}_{pi} \tag{6-32}$$

式中，$\boldsymbol{x}_{pi}$为控制电路状态变量；$\boldsymbol{C}$、$\boldsymbol{D}$、$\boldsymbol{E}$、$\boldsymbol{F}$为状态矩阵系数，具体如式(6-33)～式(6-37)所示。

$$\boldsymbol{x}_{pi} = [u_{ur,1} \ \ u_{ir,1} \ \ u_{ur,2} \ \ u_{ir,2} \ \ u_{ur,3} \ \ u_{ir,3}]^T \tag{6-33}$$

$$\boldsymbol{C} = \begin{bmatrix} -k_{pi,1} & -k_{pi,1}k_{pu,1} & -k_{r,1}k_{pi,1}k_{pu,1} & 0 & 0 & 0 & 0 & 0 & 0 & 0 \\ 0 & 0 & 0 & -k_{pi,2} & -k_{pi,2}k_{pu,2} & -k_{r,2}k_{pi,2}k_{pu,2} & 0 & 0 & 0 & 0 \\ 0 & 0 & 0 & 0 & 0 & 0 & -k_{pi,3} & -k_{pi,3}k_{pu,3} & -k_{r,3}k_{pi,3}k_{pu,3} & 0 \end{bmatrix} \tag{6-34}$$

$$\boldsymbol{D} = \begin{bmatrix} k_{pi,1}k_{iu,1} & k_{ii,1} & 0 & 0 & 0 & 0 \\ 0 & 0 & k_{pi,2}k_{iu,2} & k_{ii,2} & 0 & 0 \\ 0 & 0 & 0 & 0 & k_{pi,3}k_{iu,3} & k_{ii,3} \end{bmatrix} \tag{6-35}$$

$$\boldsymbol{E} = \begin{bmatrix} 0 & -1 & -k_{r,1} & 0 & 0 & 0 & 0 & 0 & 0 & 0 \\ -1 & -k_{pu,1} & -k_{r,1}k_{pu,1} & 0 & 0 & 0 & 0 & 0 & 0 & 0 \\ 0 & 0 & 0 & 0 & -1 & -k_{r,2} & 0 & 0 & 0 & 0 \\ 0 & 0 & 0 & -1 & -k_{pu,2} & -k_{r,2}k_{pu,2} & 0 & 0 & 0 & 0 \\ 0 & 0 & 0 & 0 & 0 & 0 & 0 & -1 & -k_{r,3} & 0 \\ 0 & 0 & 0 & 0 & 0 & 0 & -1 & -k_{pu,3} & -k_{r,3}k_{pu,3} & 0 \end{bmatrix} \tag{6-36}$$

$$F = \begin{bmatrix} 0 & 0 & 0 & 0 & 0 & 0 \\ k_{\text{iu},1} & 0 & 0 & 0 & 0 & 0 \\ 0 & 0 & 0 & 0 & 0 & 0 \\ 0 & 0 & k_{\text{iu},2} & 0 & 0 & 0 \\ 0 & 0 & 0 & 0 & 0 & 0 \\ 0 & 0 & 0 & 0 & k_{\text{iu},3} & 0 \end{bmatrix} \tag{6-37}$$

3. 直流微电网系统模型

通过对直流微电网外电路和控制电路建模可知，直流微电网为非线性模型，将式(6-31)代入式(6-23)可得

$$\dot{\boldsymbol{x}}_{\text{dcsys}} = \boldsymbol{A}\boldsymbol{x}_{\text{dcsys}} + \boldsymbol{B}\boldsymbol{u} = \boldsymbol{A}\boldsymbol{x}_{\text{dcsys}} + \boldsymbol{B}(\boldsymbol{C}\boldsymbol{x}_{\text{dcsys}} + \boldsymbol{D}\boldsymbol{x}_{\text{pi}}) = (\boldsymbol{A}+\boldsymbol{B}\boldsymbol{C})\boldsymbol{x}_{\text{dcsys}} + \boldsymbol{B}\boldsymbol{D}\boldsymbol{x}_{\text{pi}} \tag{6-38}$$

联立式(6-32)、式(6-38)得到整个直流微电网的状态空间方程：

$$\begin{bmatrix} \dot{\boldsymbol{x}}_{\text{dcsys}} \\ \dot{\boldsymbol{x}}_{\text{pi}} \end{bmatrix} = \begin{bmatrix} \boldsymbol{A}+\boldsymbol{B}\boldsymbol{C} & \boldsymbol{B}\boldsymbol{D} \\ \boldsymbol{E} & \boldsymbol{F} \end{bmatrix} \begin{bmatrix} \boldsymbol{x}_{\text{dcsys}} \\ \boldsymbol{x}_{\text{pi}} \end{bmatrix} \tag{6-39}$$

即

$$\dot{\boldsymbol{x}} = \boldsymbol{A}_{\text{sys}}\boldsymbol{x} \tag{6-40}$$

式中，$\boldsymbol{x}$ 为系统状态变量；$\boldsymbol{A}_{\text{sys}}$ 为系统状态矩阵。$\boldsymbol{x}$ 和 $\boldsymbol{A}_{\text{sys}}$ 如式(6-41)与式(6-42)所示。

$$\boldsymbol{x} = [i_{L1}\ U_{C1}\ i_{\text{dc1}}\ i_{L2}\ U_{C2}\ i_{\text{dc2}}\ i_{L3}\ U_{C3}\ i_{\text{dc3}}\ U_{\text{dc}}\ u_{\text{ur},1}\ u_{\text{ir},1}\ u_{\text{ur},2}\ u_{\text{ir},2}\ u_{\text{ur},3}\ u_{\text{ir},3}]^{\text{T}} \tag{6-41}$$

$$\boldsymbol{A}_{\text{sys}} = \begin{bmatrix} \boldsymbol{A}+\boldsymbol{B}\boldsymbol{C} & \boldsymbol{B}\boldsymbol{D} \\ \boldsymbol{E} & \boldsymbol{F} \end{bmatrix} \tag{6-42}$$

据李雅普诺夫线性化理论，状态矩阵 $\boldsymbol{A}_{\text{sys}}$ 的特征值决定了直流微电网的稳定性，此稳定性为系统局部渐进稳定性。若全部特征值实部都为负数，则系统是稳定的；如果存在至少一个特征值的实部为正数，则系统是不稳定的。

6.3.2　下垂系数摄动分析

本节主要通过特征分析法研究下垂系数变化对直流微电网稳定性和暂态响应

的影响，通过对下垂系数进行矩阵摄动分析研究下垂系数对直流微电网的影响方式和程度。直流微电网系统参数如表 6-5 所示。

表 6-5　直流微电网系统参数

符号	参数名称	参数取值
u_s	储能电池电压	100V
L_i	换流器滤波电感	4mH
R_i	换流器滤波电阻	0.02Ω
C_i	换流器出口侧稳压电容	8000μF
P_{sum}	等效恒功率负荷	1500W
C_{dc}	恒功率负荷侧稳压电容	8000μF
U_{dc}	直流母线电压	200V
L_{ei}	输电线路等效电感	8mH
R_{ei}	输电线路等效电阻	0.5Ω
R_{dc}	等效负荷	30Ω
$U_{dc,ref}$	直流电压参考值	200V
$k_{pu,i}$	外环比例系数	0.002
$k_{iu,i}$	外环积分系数	20
$k_{pi,i}$	内环比例系数	2
$k_{ii,i}$	内环积分系数	100

直流微电网初始特征值如表 6-6 所示，此时系统特征值实部均为负数，即特征根都位于虚轴左侧，可判定该系统初始状态为稳定系统，初始特征值分布如图 6-27 所示。

表 6-6　直流微电网初始特征值分布

特征值	实部	虚部	分类	是否主导特征值
λ_1、λ_2、λ_3	–26060	0	高频特征根	否
λ_4、λ_5	–25	±262	中频特征根	是
λ_6、λ_7	–8	±32	低频特征根	是
λ_8、λ_9、λ_{10}、λ_{11}	–5	±153	低频特征根	是
λ_{12}、λ_{13}	–58	0	中频特征根	否
λ_{14}、λ_{15}、λ_{16}	–30	0	中频特征根	否

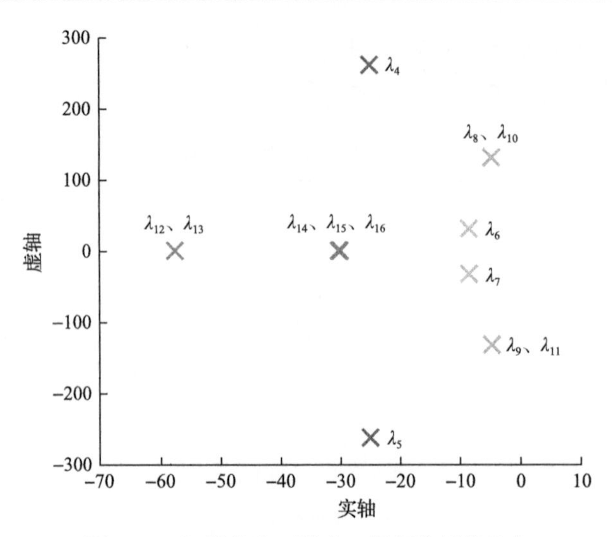

图 6-27　初始状态下的中、低频特征值分布

传统特征值分析方法均是通过特征值对下垂系数变化带来的影响展开，特征值实部决定系统是否稳定，虚部与系统振荡程度有关，影响系统扰动调节时间，但无法了解下垂系数对系统矩阵的影响。此外，考虑到优化过程中，传统的优化求解过程需要反复形成系统特征矩阵且需反复求解特征值，直流微电网系统阶数较多，导致计算量太大且计算速度慢，因此在优化过程中引入矩阵摄动理论，通过对下垂系数进行摄动分析，一方面，在保证精度要求的同时可避免矩阵的反复计算和求解；另一方面，对下垂系数进行摄动分析过程中通过系统特征值的一阶摄动量计算，可得出下垂系数对直流微电网的影响形式与程度。

1. 矩阵摄动理论

对某一振动系统根据位移叠加原理列写出一般多自由度系统的自由振动的运动方程：

$$\begin{cases} -m_i\ddot{u}_i + F_{\mathrm{S}i} = 0 \\ F_{\mathrm{S}i} = \sum k_{ij}u_j \end{cases} \tag{6-43}$$

式中，m_i 为多自由度系统振动时任一集中质量；$m_i\ddot{u}_i$ 为作用在质量 m_i 上的惯性力；$F_{\mathrm{S}i}$ 为作用在质量 m_i 上的弹性力；k_{ij} 为系统的刚度系数。

整理后用矩阵表示为

$$\begin{pmatrix} k_{11} & k_{12} & \cdots & k_{1n} \\ k_{21} & k_{22} & \cdots & k_{2n} \\ \vdots & \vdots & & \vdots \\ k_{n1} & k_{n2} & \cdots & k_{nn} \end{pmatrix} \begin{pmatrix} \boldsymbol{v}_{r,1} \\ \boldsymbol{v}_{r,2} \\ \vdots \\ \boldsymbol{v}_{r,n} \end{pmatrix} = \begin{pmatrix} m_1 & & & \\ & m_2 & & \\ & & \ddots & \\ & & & m_n \end{pmatrix} \begin{pmatrix} \boldsymbol{v}_{r,1} \\ \boldsymbol{v}_{r,2} \\ \vdots \\ \boldsymbol{v}_{r,n} \end{pmatrix} \begin{pmatrix} \omega^2 & & & \\ & \omega^2 & & \\ & & \ddots & \\ & & & \omega^2 \end{pmatrix} \tag{6-44}$$

改写为矩阵形式为

$$\boldsymbol{U}[\boldsymbol{v}_{r,1} \quad \boldsymbol{v}_{r,2} \quad \cdots \quad \boldsymbol{v}_{r,n}] = \boldsymbol{V}[\boldsymbol{v}_{r,1} \quad \boldsymbol{v}_{r,2} \quad \cdots \quad \boldsymbol{v}_{r,n}]\boldsymbol{\Lambda}(\lambda) \tag{6-45}$$

式中，$\boldsymbol{U}$ 为刚度矩阵；$\boldsymbol{V}$ 为质量矩阵；$\boldsymbol{v}$ 为特征向量；$\boldsymbol{\Lambda}(\lambda)$ 为对角矩阵；λ 为特征值，$\lambda = \omega^2$，其中 ω 为系统振荡的固有频率。

当振动系统结构某一参数发生改变时，$\boldsymbol{U}$、$\boldsymbol{V}$、$\boldsymbol{A}_{sys}$ 分别变为

$$\boldsymbol{U} = \boldsymbol{U}_0 + \varepsilon \boldsymbol{U}_1 \tag{6-46}$$

$$\boldsymbol{V} = \boldsymbol{V}_0 + \varepsilon \boldsymbol{V}_1 \tag{6-47}$$

$$\boldsymbol{A}_{sys} = \boldsymbol{A}_{sys0} + \varepsilon \boldsymbol{A}_{sys1} \tag{6-48}$$

式中，$\boldsymbol{U}_0$、$\boldsymbol{V}_0$、$\boldsymbol{A}_{sys0}$ 为原系统矩阵；$\boldsymbol{U}_1$、$\boldsymbol{V}_1$、$\boldsymbol{A}_{sys1}$ 为参数变化引起的矩阵变化。

在工程上，当参数摄动量小于 15%时[9]，一阶摄动特征解可以满足一定的精度要求，因此在参数摄动过程中，如果参数的改变量不大，只需要考虑一阶摄动量即可。

2. 直流微电网状态矩阵的下垂系数摄动分析

为研究下垂系数对状态矩阵的影响，将下垂系数作为摄动参数，对直流微电网状态矩阵进行摄动分析，直流微电网的结构特点决定了系统特征矩阵的稀疏性和分块性，因此当进行下垂系数摄动分析时只有少数元素会发生变化，将系数矩阵分成多个模块进行处理。

由于系数矩阵 $\boldsymbol{D}$、$\boldsymbol{F}$ 中不含 $k_{r,i}$，考虑到 $\boldsymbol{B}$ 摄动的微弱性通常不会引起系统特征值问题的质变[10]，在进行下垂系数摄动分析时，将 $\boldsymbol{B}$、$\boldsymbol{D}$、$\boldsymbol{F}$ 视为常系数矩阵。而直流微电网小扰动模型系数矩阵 $\boldsymbol{C}$、$\boldsymbol{E}$ 中均含有 $k_{r,i}$，$\boldsymbol{A}$ 中虽然不含有 $k_{r,i}$ 但存在 d_i，而 d_i 是 $k_{r,i}$ 的隐函数，因此需要对系数矩阵 $\boldsymbol{A}$、$\boldsymbol{C}$、$\boldsymbol{E}$ 进行深入分析。考虑到系数矩阵 $\boldsymbol{A}$ 中受 $k_{r,i}$ 摄动影响的相关矩阵元素均为 $k_{r,i}$ 的线性函数，因此可将各系数矩阵表示为以下形式：

$$\boldsymbol{A}=\boldsymbol{F}_x=\sum_{i=1}^{n}k_{\mathrm{r},i}\boldsymbol{F}_{x,i}+\boldsymbol{F}_{x,0} \tag{6-49}$$

$$\boldsymbol{C}=\boldsymbol{G}_x=\sum_{i=1}^{n}k_{\mathrm{r},i}\boldsymbol{G}_{x,i}+\boldsymbol{G}_{x,0} \tag{6-50}$$

$$\boldsymbol{E}=\boldsymbol{H}_x=\sum_{i=1}^{n}k_{\mathrm{r},i}\boldsymbol{H}_{x,i}+\boldsymbol{H}_{x,0} \tag{6-51}$$

式中，$\boldsymbol{F}_{x,i}$、$\boldsymbol{G}_{x,i}$、$\boldsymbol{H}_{x,i}$为仅与第 i 个下垂系数相关的常数矩阵；$\boldsymbol{F}_{x,0}$、$\boldsymbol{G}_{x,0}$、$\boldsymbol{H}_{x,0}$为与下垂系数无关的常数矩阵；n 为下垂系数的个数，等于换流器台数。

将式(6-49)～式(6-51)代入系统状态矩阵可得

$$\begin{aligned}\boldsymbol{A}_{\mathrm{sys}}=\begin{bmatrix}\boldsymbol{A}+\boldsymbol{BC} & \boldsymbol{BD}\\ \boldsymbol{E} & \boldsymbol{F}\end{bmatrix}&=\begin{bmatrix}\sum_{i=1}^{n}k_{\mathrm{r},i}\boldsymbol{F}_{x,i}+\boldsymbol{F}_{x,0}+\boldsymbol{B}\left(\sum_{i=1}^{n}k_{\mathrm{r},i}\boldsymbol{G}_{x,i}+\boldsymbol{G}_{x,0}\right) & \boldsymbol{BD}\\ \sum_{i=1}^{n}k_{\mathrm{r},i}\boldsymbol{H}_{x,i}+\boldsymbol{H}_{x,0} & \boldsymbol{F}\end{bmatrix}\\
&=\begin{bmatrix}\sum_{i=1}^{n}k_{\mathrm{r},i}(\boldsymbol{F}_{x,i}+\boldsymbol{BG}_{x,i})+\boldsymbol{F}_{x,0}+\boldsymbol{BG}_{x,0} & \boldsymbol{BD}\\ \sum_{i=1}^{n}k_{\mathrm{r},i}\boldsymbol{H}_{x,i}+\boldsymbol{H}_{x,0} & \boldsymbol{F}\end{bmatrix}\\
&=\begin{bmatrix}\sum_{i=1}^{n}k_{\mathrm{r},i}\boldsymbol{M}_1+\sum_{i=1}^{n}k_{\mathrm{r},i}\boldsymbol{M}_2 & 0\\ \sum_{i=1}^{n}k_{\mathrm{r},i}\boldsymbol{M}_3 & 0\end{bmatrix}+\begin{bmatrix}\boldsymbol{F}_{x,0}+\boldsymbol{BG}_{x,0} & \boldsymbol{BD}\\ \boldsymbol{H}_{x,0} & \boldsymbol{F}\end{bmatrix}\\
&=\sum_{i=1}^{n}k_{\mathrm{r},i}\cdot\boldsymbol{M}'+\boldsymbol{M}_0=\boldsymbol{Q}_1+\boldsymbol{Q}_2\end{aligned} \tag{6-52}$$

式(6-52)中，$\boldsymbol{Q}_1$ 如式(6-53)所示，表示与下垂系数 $k_{\mathrm{r},i}$ 一次项相关的系数矩阵，$\boldsymbol{M}'$ 如式(6-54)所示，表示与下垂系数 $k_{\mathrm{r},i}$ 无关的常数矩阵，在进行下垂系数摄动分析时，$\boldsymbol{Q}_1$ 中仅含有下垂系数 $k_{\mathrm{r},i}$ 的一次项系数，因此下垂系数一次项会对系统特征矩阵产生影响；$\boldsymbol{Q}_2$ 如式(6-55)所示，表示与下垂系数 $k_{\mathrm{r},i}$ 无关的系数矩阵，$\boldsymbol{M}_0$ 如式(6-56)所示，表示与下垂系数 $k_{\mathrm{r},i}$ 无关的常数矩阵，进行下垂系数摄动分析时，$\boldsymbol{Q}_2$ 不会对系统产生影响。综上所述，在直流微电网中下垂系数摄动对系统状态矩阵的影响区别于交流微电网，只有下垂系数一次项会对系统特征矩阵产生影响，不会产生二次项及更高次项的表达式，这是 DC/AC 变流器和 DC/DC 变流器的下垂控制方式不同造成的。

$$\boldsymbol{Q}_1=\sum_{i=1}^{n}k_{\mathrm{r},i}\cdot\boldsymbol{M}' \tag{6-53}$$

$$\boldsymbol{M}'=\begin{bmatrix}\boldsymbol{M}_1+\boldsymbol{M}_2 & 0\\ \boldsymbol{M}_3 & 0\end{bmatrix} \tag{6-54}$$

$$\boldsymbol{Q}_2=\boldsymbol{M}_0 \tag{6-55}$$

$$\boldsymbol{M}_0=\begin{bmatrix}\boldsymbol{F}_{x,0}+\boldsymbol{B}\boldsymbol{G}_{x,0} & \boldsymbol{B}\boldsymbol{D}\\ \boldsymbol{H}_{x,0} & \boldsymbol{F}\end{bmatrix} \tag{6-56}$$

由以上分析可知，当直流微电网发生小扰动时，采用传统的 QR 算法需要重新计算扰动时系统潮流并求解特征值，借助矩阵摄动理论，可以通过系统特征矩阵的一阶摄动量直接求解特征值，在保证计算精度的同时，不需要反复求解特征值，能够实现直接快速求解。

6.3.3　下垂系数协调优化

1. 下垂系数优化目标函数

由于直流微电网本身惯性较小，针对传统下垂系数遭受扰动影响后更容易引起振荡失稳的问题，本节提出基于小扰动稳定的目标函数，如式(6-57)所示，包括系统渐进稳定性、稳定裕度和阻尼比三个指标。

$$\min W=\sum_{s=1}^{N}\mu_s\left(\sum_{m=1}^{J}L_m C_m\right) \tag{6-57}$$

式中，W 为总的目标函数；μ_s 为各运行状态权重系数；L_m 为各子目标函数权重系数；C_m 为子目标函数；J 为子目标函数的个数，取值为 3；N 为运行状态的个数。目标函数综合考虑了系统渐进稳定性、稳定裕度和阻尼比三个子目标，下面将对 C_m 展开介绍。

(1)系统渐进稳定性。C_1 表示系统局部不稳定时，由大于 0 的特征值所组成的部分如式(6-58)所示。小扰动稳定是保证其他两个子目标函数成立的基础，因此 L_1 权重系数占比最大，取值为 0.6。

$$C_1=\sum_{x(k_{\mathrm{r},i})>0}\left(x_r(k_{\mathrm{r},i})\right)^3 \tag{6-58}$$

式中，$x_r(k_{\mathrm{r},i})$ 为第 r 个实部为正的特征值，是 $k_{\mathrm{r},i}$ 的隐函数。

(2) 由于直流微电网运行场景的随机性与多变性且直流微电网中产生扰动的因素较多，系统参数偏离设定值，因此直流微电网需要具备一定的稳定裕度，提高系统抗干扰能力。考虑到稳定裕度建立在系统稳定性的基础之上，因此 L_2 取值为 0.2。C_2 表示系统稳定裕度较低的集合，即特征值实部大于给定值的组成部分，如式(6-59)所示。

$$C_2 = \sum_{x(k_{r,i})>x_0} \left(x_h(k_{r,i}) - x_0\right)^3 \tag{6-59}$$

式中，x_0 为给定特征值实部(x_0 为负数)，取–1；$x_h(k_{r,i})$ 为第 h 个实部大于 x_0 的特征值。

(3) 阻尼比指标。直流微电网中存在多种电力电子装置之间相互作用造成扰动后调节时间太长的问题，因此有必要提高系统阻尼比来减少暂态过渡时间 t_s。在二阶系统中，根据式(6-60)可知，当系统阻尼比太小时，调节时间越长，系统暂态过渡时间越长。考虑到系统阻尼比是建立在系统稳定性基础之上的，因此 L_3 取值为 0.2。

$$t_s = -\frac{1}{\xi\omega_n}\ln\left(0.02\sqrt{1-\xi^2}\right) \tag{6-60}$$

在高阶系统中涉及阻尼比时，通常考虑特征值中最靠近虚轴的共轭负数对，若这样的负数对仅有一对，可将二阶系统代替高阶系统进行阻尼比分析；当出现多对共轭负数对时，可将几个二阶系统串联代替高阶系统进行分析。C_3 表示系统弱阻尼时，小于给定阻尼比的组成部分，如式(6-61)所示。

$$C_3 = \sum_{\xi(k_{r,i})<\xi_0} \frac{\left(\xi_0 - \xi_j(k_{r,i})\right)^3}{\sqrt{x_j(k_{r,i})^2 + y_j(k_{r,i})^2}} \tag{6-61}$$

式中，ξ_0 为给定阻尼比，取 0.1；$\xi_j(k_{r,i})$ 为第 j 个小于 ξ_0 的阻尼比；$x_j(k_{r,i})$ 为 $\xi_j(k_{r,i})$ 的实部；$y_j(k_{r,i})$ 为 $\xi_j(k_{r,i})$ 的虚部。

2. 协调优化算法流程

针对本节第一部分提出的基于系统渐进稳定性、稳定裕度与阻尼比的目标函数，通过控制特征值来实现下垂系数协调优化，图 6-28 为下垂系数协调优化流程，该流程主要由以下几部分构成。

1) 获取初始状态特征值

通过建立直流微电网小扰动模型，列写状态空间方程，构成系统特征矩阵 $\boldsymbol{A}_{sys}$。通过进行初始潮流的计算，并将其代入系统状态矩阵获取其初始特征值。

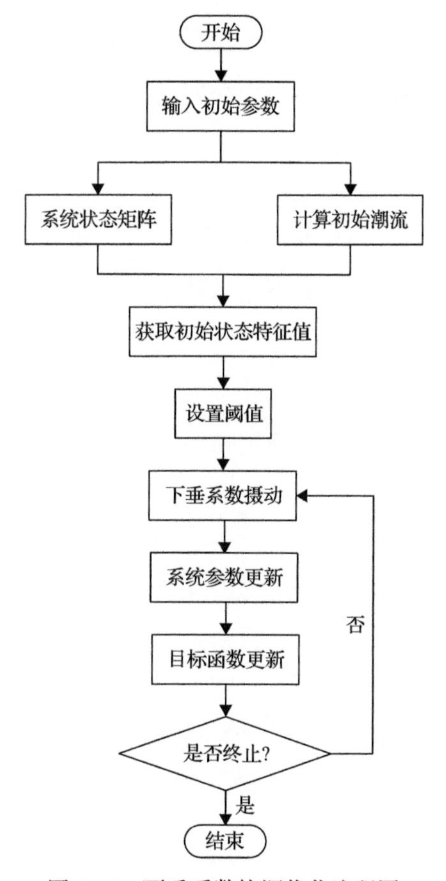

图 6-28　下垂系数协调优化流程图

2) 设定阈值

矩阵摄动理论中参数摄动量不能过大，大量实践证明：当参数摄动小于 10%时，通过矩阵摄动法所求特征值与 QR 法所求特征值的误差均在 10%以内，满足精度要求，因此设置每次迭代过程中对下垂系数的最大变化范围为 10%[10]。

3) 下垂系数摄动

采用序列二次规划(SQP)算法求目标函数的最小值。该算法是在每个迭代点 $k_{\mathrm{r},i}^{(x)}$ 处构造一个二次规划子问题，通过将该子问题的解作为迭代搜索方向进行一维搜索：

$$x^{(i+1)} = x^{(i)} + \alpha_i d_i \tag{6-62}$$

$$k_{\mathrm{r},i}^{(x+1)} = k_{\mathrm{r},i}^{(x)} + \Delta k_{\mathrm{r},i}^{(x)} \tag{6-63}$$

式中，α_i 为每次的迭代增量；d_i 为迭代的搜索方向；$k_{\mathrm{r},i}^{(x)}$ 为迭代点 $x^{(i)}$ 处对应的

下垂系数取值；$k_{\mathrm{r},i}^{(x+1)}$ 为迭代点 $x^{(i+1)}$ 处对应的下垂系数取值；$\Delta k_{\mathrm{r},i}^{(x)}$ 为迭代点 $x^{(i)}$ 处对应的下垂系数增量，$\Delta k_{\mathrm{r},i}^{(x)}$ 取值如式(6-64)所示。

$$\Delta k_{\mathrm{r},i}^{(x)} = \alpha_i d_i = (\pm 10\% k_{\mathrm{r},i}^{(x)}) d_i \tag{6-64}$$

通过式(6-62)可得 $x^{(i+1)}$，重复上述迭代过程，直至 $\left\{x^{(i+1)}, i = 0,1,2,\cdots\right\}$ 最终逼近原问题近似约束最优点 x^*，此时下垂系数 $k_{\mathrm{r},i}^{(x+1)}(x = 0,1,2,\cdots)$ 随之逐渐逼近下垂系数最优解 $k_{\mathrm{r},i}^*$。

4) 系统参数更新

每次下垂系数迭代会造成系统潮流和相关参数对应发生改变，因此需要对系统参数进行更新。

5) 目标函数更新

利用 SQP 算法进行优化时，对目标函数进行泰勒展开，如式(6-65)所示：

$$W(k_\mathrm{r}) = W(k_{\mathrm{r},i}^{(x)}) + (\nabla W(k_{\mathrm{r},i}^{(x)}))^\mathrm{T} \cdot (\Delta k_{\mathrm{r},i})^\mathrm{T} \tag{6-65}$$

式中，$\nabla W(k_{\mathrm{r},i}^{(x)})$ 为下垂系数在第 x 步迭代的雅可比矩阵，雅可比矩阵元素求解如式(6-66)所示。

$$\begin{aligned}\frac{\partial W}{\partial k_{\mathrm{r},i}^{(x)}} = \sum_{s=1}^{N} \mu_s &\left\{ \sum_{m=1}^{J} L_m \frac{\partial \left[\sum\limits_{x(k_{\mathrm{r},i})>0} \left(x_r(k_{\mathrm{r},i}) \right)^3 \right]}{\partial k_{\mathrm{r},i}^{(x)}} + \sum_{m=1}^{J} L_m \frac{\partial \left[\sum\limits_{x(k_{\mathrm{r},i})>x_0} \left(x_h(k_{\mathrm{r},i}) - x_0 \right)^3 \right]}{\partial {k_{\mathrm{r},i}}^{(x)}} \right\} \\ &+ \sum_{m=1}^{J} L_m \frac{\partial \left[\sum\limits_{\xi(k_{\mathrm{r},i})<\xi_0} \frac{\left(\xi_0 - \xi_j(k_{\mathrm{r},i}) \right)^3}{\sqrt{x_j(k_{\mathrm{r},i})^2 + y_j(k_{\mathrm{r},i})^2}} \right]}{\partial {k_{\mathrm{r},i}}^{(x)}}\end{aligned} \tag{6-66}$$

将式(6-66)代入式(6-63)进行目标函数更新，通过 SQP 算法寻找目标函数最小值。

6) 迭代终止判断

通过迭代次数是否最大或者目标函数是否为零来判断是否可以终止迭代。

6.3.4　仿真验证

为了验证上述下垂系数协调优化结果的正确性，本节在仿真软件中搭建了如图 6-24 所示的直流微电网的仿真模型，外电路参数如表 6-5 所示。通过负荷和分布式电源出力变化分析直流微电网小扰动动态稳定性。

1. 负荷扰动对直流微电网的影响

采用图 6-24 所示的直流微电网模型，1s 时施加第一次小扰动，电阻性负荷切掉 40%；6s 时施加第二次小扰动，恒功率负荷增大到原来的 2 倍，10s 时仿真结束。

1) 负荷扰动优化过程分析

图 6-29 为迭代过程中下垂系数目标函数对数值的变化情况。前八次迭代的目标函数对数值变化较大，这是由所设定的子目标函数和初始下垂系数值共同决定的。当设置较大下垂系数初始值时，系统难以满足渐进稳定性指标，且子目标函数权重系数 L_1 明显大于 L_2，因此造成初始状态下 C_1 的取值较大进而造成 W 取值较大。随着迭代次数的增加，直流微电网小扰动逐渐趋于渐进稳定，此时 C_1 为 0，但 C_2、C_3 并不为 0，下垂系数继续进行迭代优化，但调节速度明显降低，随着下垂系数不断优化，目标函数值最后为 0，说明经优化后系统满足渐进稳定性、阻尼比和稳定裕度要求。

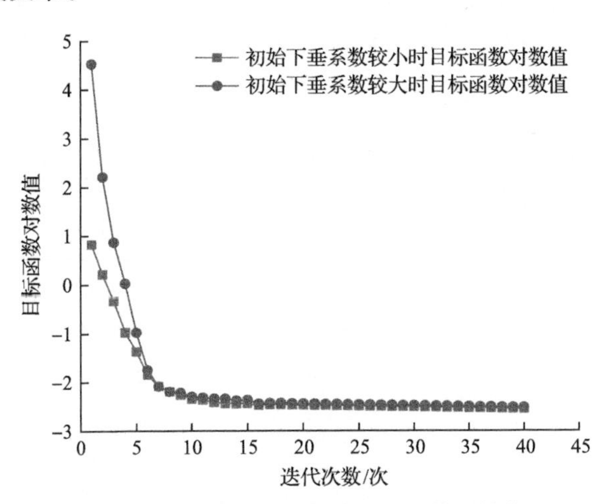

图 6-29　参数优化过程中目标函数对数值

同理，当设置较小下垂系数初始值时，系统满足渐进稳定性要求即 C_1 为 0，但 C_2 不为 0，即阻尼比不满足要求。由于子目标函数权重系数 L_1 明显大于 L_2，因此初次迭代后目标函数对数值明显小于初始下垂系数较大时的目标函数对数值，随着迭代次数的增加，目标函数值最后为 0，说明系统是渐进稳定的，同时阻尼比和稳定裕度也满足要求。

当每台储能换流器设置较小下垂系数(取值为 0.35)时，优化前后系统发生第一次和第二次小扰动时中、低频特征值分布图如图 6-30 所示。

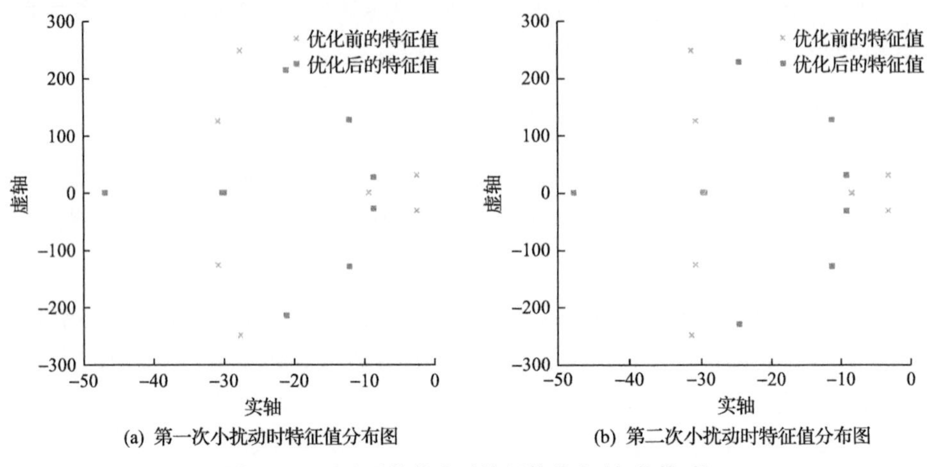

(a) 第一次小扰动时特征值分布图　(b) 第二次小扰动时特征值分布图

图 6-30　下垂系数较小时特征值分布(负荷扰动)

第一次和第二次小扰动特征值与系统阻尼比如表 6-7 所示。当施加第一次小扰动时系统最大实部特征值为–0.45+i31，施加第二次小扰动时系统最大实部特征值为–3+i32。虽然满足渐进稳定性要求，但系统第一次小扰动和第二次小扰动的最小阻尼比分别为 0.0145 和 0.0644，明显小于给定阻尼比，因此系统暂态过渡时间太长。

表 6-7　较小下垂系数优化前后系统阻尼比(负荷扰动)

特征值	第一次小扰动优化前系统阻尼比	第一次小扰动优化后系统阻尼比	第二次小扰动优化前系统阻尼比	第二次小扰动优化后系统阻尼比
λ_1、λ_2、λ_3	1	1	1	1
λ_4、λ_5	0.0767	0.1018	0.0953	0.1085
λ_6、λ_7	0.0145	0.3060	0.0644	0.2983
λ_8、λ_9、λ_{10}、λ_{11}	0.1010	0.2389	0.1010	0.2389
λ_{12}、λ_{13}	1	1	1	1
λ_{14}、λ_{15}、λ_{16}	1	1	1	1

当每台储能变流器设置较大下垂系数(取值为 1.37)时，优化前后系统发生第一次和第二次小扰动时中、低频特征值分布图如图 6-31 所示。系统阻尼比如表 6-8 所示，根据表 6-8 可知下垂系数经过优化后，对应的阻尼比满足要求。当发生第一次小扰动时，系统特征值为–0.93+i135，可判断此时系统虽稳定，但稳定裕度不

满足要求。当发生第二次小扰动时，系统存在正的特征值，为 13+i135，可以判断此时发生扰动时系统不稳定。

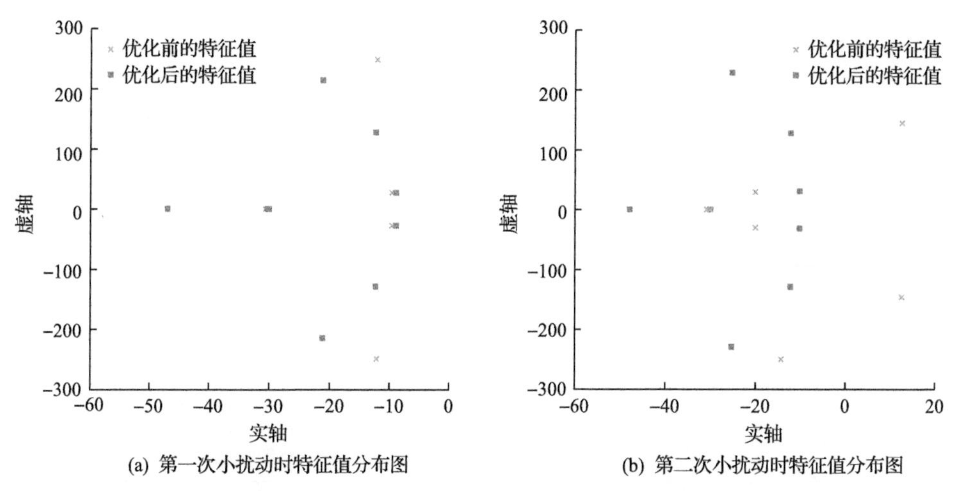

(a) 第一次小扰动时特征值分布图　(b) 第二次小扰动时特征值分布图

图 6-31　下垂系数较大时特征值分布(负荷扰动)

表 6-8　较大下垂系数优化前后系统阻尼比(负荷扰动)

特征值	第一次小扰动优化前系统阻尼比	第一次小扰动优化后系统阻尼比	第二次小扰动优化前系统阻尼比	第二次小扰动优化后系统阻尼比
λ_1、λ_2、λ_3	1	1	1	1
λ_4、λ_5	0.1481	0.1018	0.1559	0.1085
λ_6、λ_7	0.3363	0.3060	0.5547	0.2983
λ_8、λ_9、λ_{10}、λ_{11}	0.1074	0.1010	—	0.1010
λ_{12}、λ_{13}	1	1	1	1
λ_{14}、λ_{15}、λ_{16}	1	1	1	1

下垂系数经协调优化后，每台储能换流器取值为 0.88，系统特征值分布如图 6-31 所示，第一次小扰动和第二次小扰动后特征值全部分布在左半平面，可判断系统发生小扰动后稳定，且经过两次小扰动后系统最大实部特征值分别为–9+i28 和–10+i32，满足稳定裕度 x_0 要求，此外通过计算可得，此时系统最小阻尼比为 0.101，满足设定阻尼比要求，因此验证了优化算法的有效性。

2) 负荷扰动下垂系数仿真验证

在直流微电网中母线电压作为衡量系统功率平衡的唯一指标，因此选择直流母线电压 u_{dc} 作为判断直流微电网小扰动是否稳定的指标。当负荷发生扰动时直流母线电压变化如图 6-32 所示。

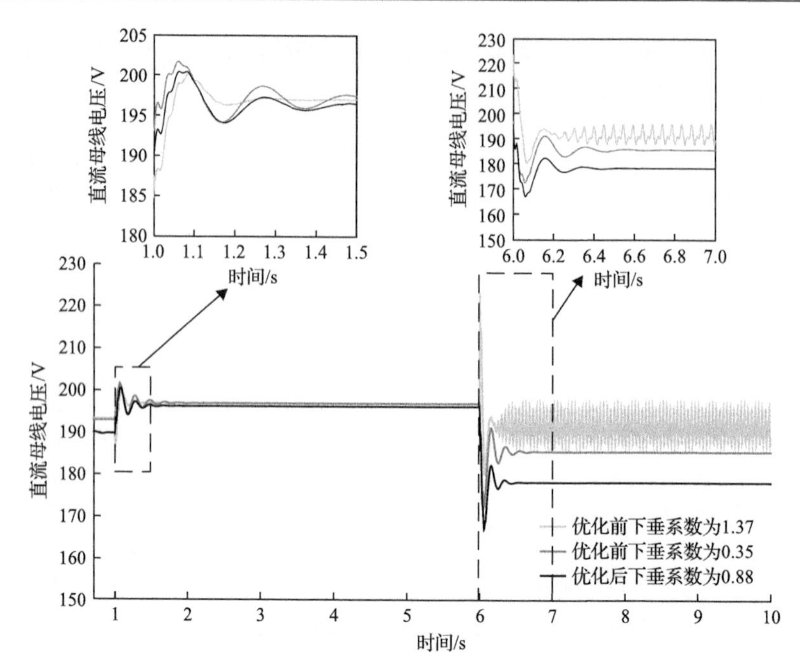

图 6-32　下垂系数优化前后的直流母线电压波形(负荷扰动)

根据图 6-32 可知，1s 时直流微电网电阻性负荷减小为原来的 40%，造成直流母线电压沿 I_{dc}-U_{dc} 下垂控制曲线升高，但在 6s 时随着恒功率负荷增大到原来的 2 倍，优化前设置较大下垂系数时，导致直流母线电压振荡发散，系统失稳；优化前设置较小下垂系数时，由于 I_{dc}-U_{dc} 下垂控制阻尼相对较弱，系统调节时间较长。而经优化后的下垂控制曲线在经过两次小扰动时，直流母线电压经过振荡后趋向稳定。经负荷扰动后的各下垂控制单元功率变化如图 6-33 所示。仿真结果验证了理论分析的正确性。

2. 光照扰动对直流微电网的影响

1s 时施加第一次小扰动，光照强度增大 25%；6s 时施加第二次小扰动，本次同时施加了两种小扰动，一是将光照强度增大 1/3，二是恒功率负荷减小到原来的 1/3，10s 时仿真结束。

1) 光照扰动优化过程分析

当光照强度发生变化，每台储能换流器设置较小下垂系数(取值为 0.78)时，优化前系统发生第一次和第二次小扰动时中、低频特征值分布图如图 6-34 所示。

设置较小下垂系数未优化时，施加第一次小扰动时系统最大实部特征值为 $-2+i31$，施加第二次小扰动时系统最大实部特征值为 $-3+i32$，虽然满足渐进稳定性和稳定裕度要求，但通过计算得出，系统第一次小扰动和第二次小扰动优化前

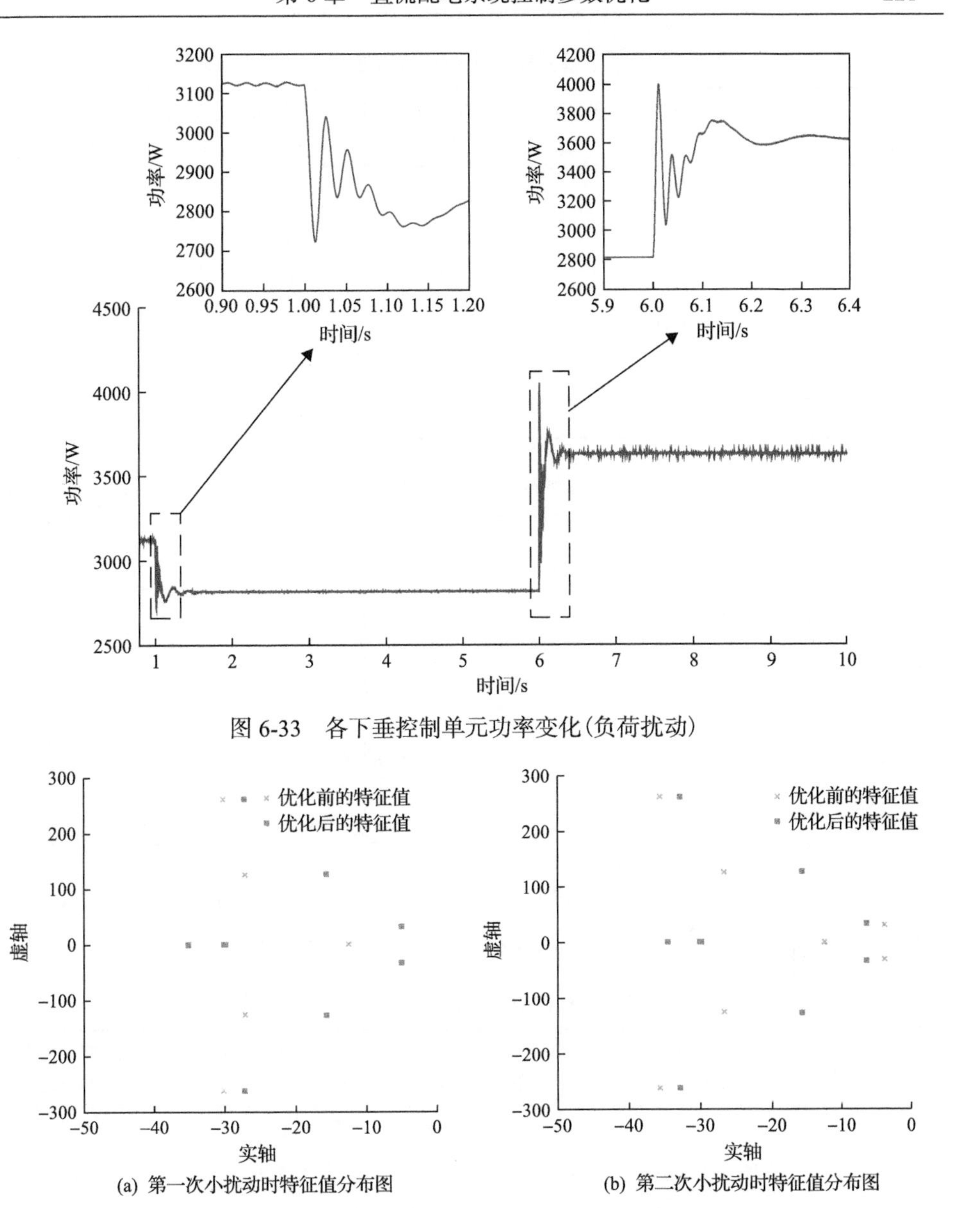

图 6-33　各下垂控制单元功率变化(负荷扰动)

(a) 第一次小扰动时特征值分布图

(b) 第二次小扰动时特征值分布图

图 6-34　下垂系数较小时特征值分布(光照扰动)

后系统阻尼比如表 6-9 所示，优化前系统阻尼比最小为 0.0644 和 0.0933，明显小于给定阻尼比，因此可判断初始状态下系统暂态过渡时间太长。

当每台储能换流器设置较大下垂系数(取值为 2.36)时，优化前系统发生第一次和第二次小扰动时中、低频特征值分布图如图 6-35 所示。系统阻尼比如表 6-10 所示，根据表 6-10 可知下垂系数过大时系统阻尼比满足要求。施加第一次小扰动时系统最大实部特征值为 8+i139，施加第二次小扰动时系统最大实部特征值为

表 6-9 较小下垂系数优化前后系统阻尼比(光照扰动)

特征值	第一次小扰动优化前系统阻尼比	第一次小扰动优化后系统阻尼比	第二次小扰动优化前系统阻尼比	第二次小扰动优化后系统阻尼比
λ_1、λ_2、λ_3	1	1	1	1
λ_4、λ_5	0.1025	0.1138	0.1250	0.1361
λ_6、λ_7	0.0644	0.1544	0.0933	0.1789
λ_8、λ_9、λ_{10}、λ_{11}	0.1250	0.2093	0.1250	0.2093
λ_{12}、λ_{13}	1	1	1	1
λ_{14}、λ_{15}、λ_{16}	1	1	1	1

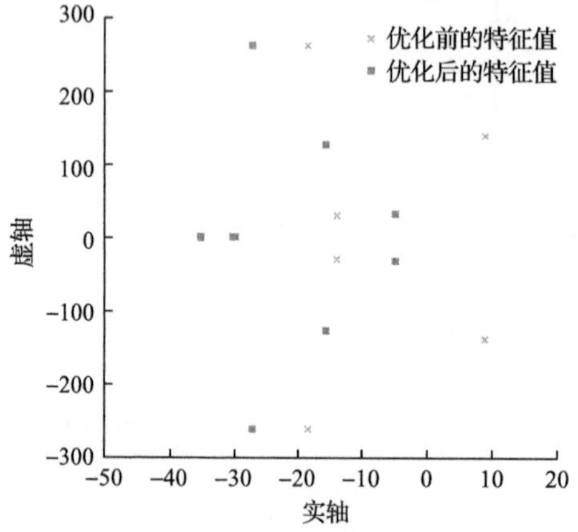

(a) 第一次小扰动时特征值分布图

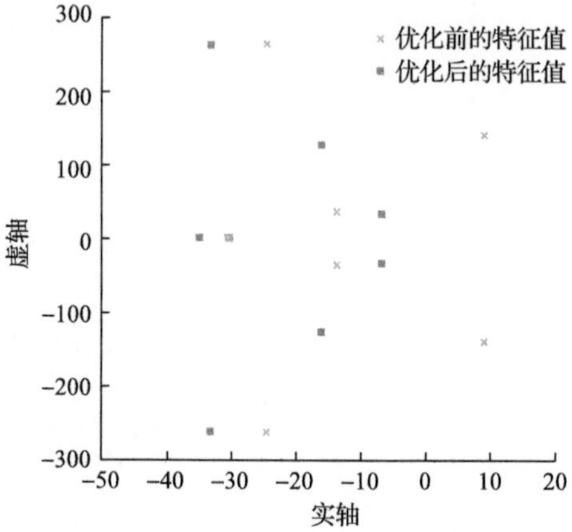

(b) 第二次小扰动时特征值分布图

图 6-35 下垂系数较大时特征值分布(光照扰动)

表 6-10 较大下垂系数优化前后系统阻尼比(光照扰动)

特征值	第一次小扰动优化前系统阻尼比	第一次小扰动优化后系统阻尼比	第二次小扰动优化前系统阻尼比	第二次小扰动优化后系统阻尼比
λ_1、λ_2、λ_3	1	1	1	1
λ_4、λ_5	0.1063	0.1025	0.1238	0.1220
λ_6、λ_7	0.4229	0.1544	0.3482	0.1789
λ_8、λ_9、λ_{10}、λ_{11}	—	0.1250	—	0.1250
λ_{12}、λ_{13}	1	1	1	1
λ_{14}、λ_{15}、λ_{16}	1	1	1	1

10+i141，系统存在正的特征值，可以判断施加第一次小扰动和第二次小扰动时系统不稳定。

下垂系数经协调优化后，每台储能换流器取值为 1.25 时，第一次小扰动和第二次小扰动后特征值全部分布在左半平面，可判断系统发生小扰动后稳定，且经过两次小扰动后系统最大实部特征值分别为–5+i32 和–6+i33，满足稳定裕度 x_0 要求，此外通过计算可得，此时系统最小阻尼比为 0.1025 和 0.125，满足设定阻尼比要求，因此验证了优化算法的有效性。

2) 光照扰动下垂系数仿真验证

选择直流母线电压 u_{dc} 作为判断直流微电网小扰动是否稳定的指标。直流母线电压变化如图 6-36 所示。

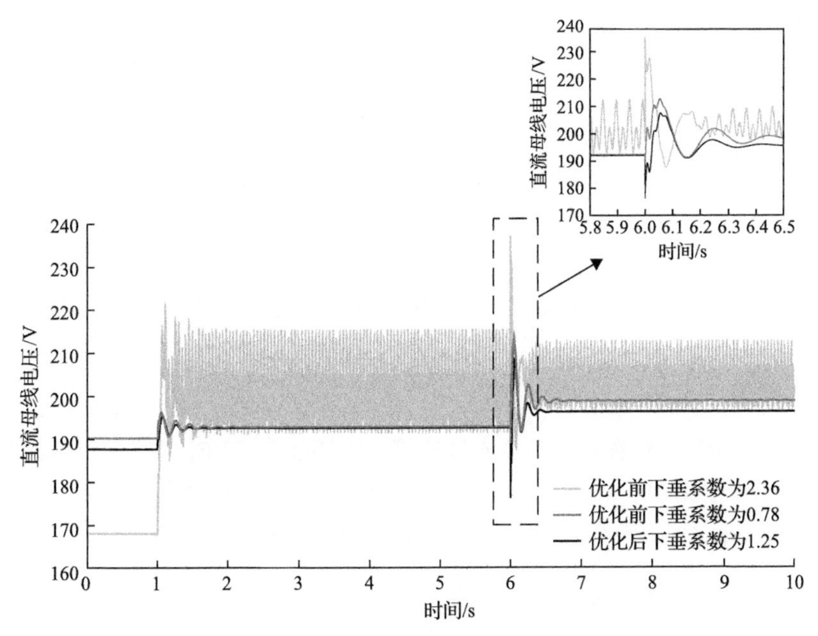

图 6-36　下垂系数优化前后的直流母线电压波形

根据图 6-36 可知，1s 时直流微电网光照强度增大 25%，在进行小扰动分析时，将光伏模块等效成一种输出功率为负的特殊型恒功率负荷，因此当光照强度增大时，系统总的恒功率负荷减小，造成直流母线电压沿 I_{dc}-U_{dc} 下垂控制曲线升高，但在 6s 时随着光照强度增大 1/3，且恒功率负荷此时减小到原来的 1/3，总体系统功率减小。优化前设置较大下垂系数，导致直流母线电压振荡发散，系统失稳；优化前设置较小下垂系数，由于 I_{dc}-U_{dc} 下垂控制阻尼相对较弱，系统调节时间较长。而经优化后的下垂控制曲线在经过两次小扰动时，直流母线电压经过振荡后趋向稳定。各分布式单元功率变化如图 6-37 所示。

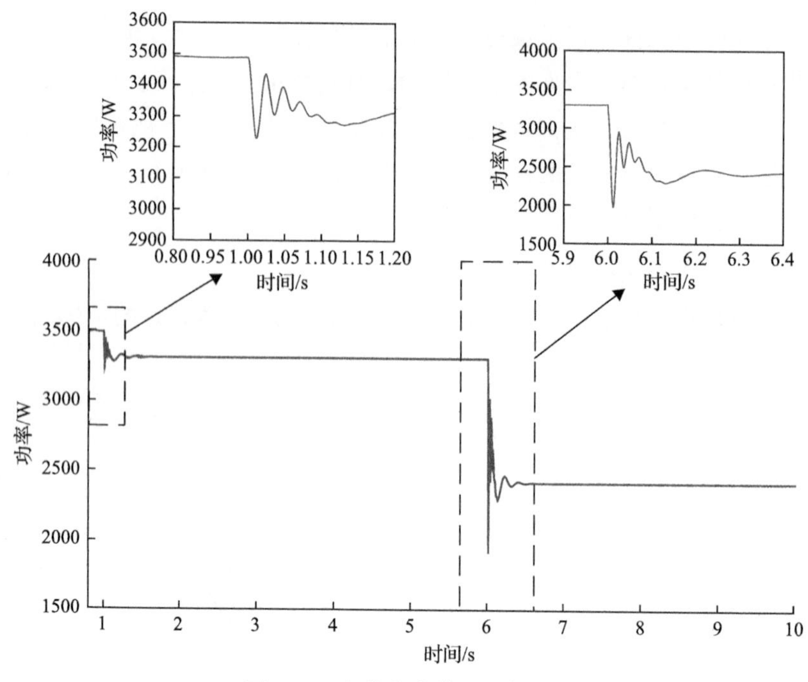

图 6-37　各分布式单元功率变化

6.3.5　实验平台验证

采用图 6-19 所示的实验平台通过连接 RT Box 在 PLECS 中搭建了如图 6-24 所示的直流微电网的仿真模型，实验系统参数与理论分析和仿真模型一致(表 6-5)，验证上述下垂系数协调优化结果以及仿真结果的正确性。

1. 负荷扰动对直流微电网的影响

图 6-38 所示测试结果为系统发生两次小扰动时下垂系数优化前后直流母线电压波形，设置系统发生两次小扰动，第一次小扰动设置为直流微电网电阻性负荷减小为原来的 40%；第二次小扰动设置为恒功率负荷增大到原来的 2 倍。

图 6-38(a)～(c)分别表示下垂系数优化前取值为 1.37 和 0.35、优化后取值为 0.88 的直流母线电压波形。根据扰动后的波形稳定程度和调节时间可以看出，下垂系数经优化后相比于初始较大下垂系数经小扰动后系统稳定性明显提升；相比于初始较小下垂系数系统响应速度明显加快，证明了所提优化方法理论和仿真的正确性和有效性。

2. 光照扰动对直流微电网影响

图 6-39 所示测试结果为直流微电网光伏模块发生两次小扰动时下垂系数优化

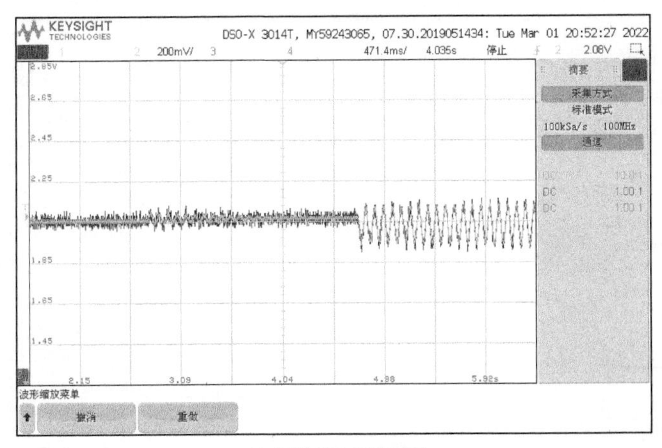

(a) 初始较大下垂系数

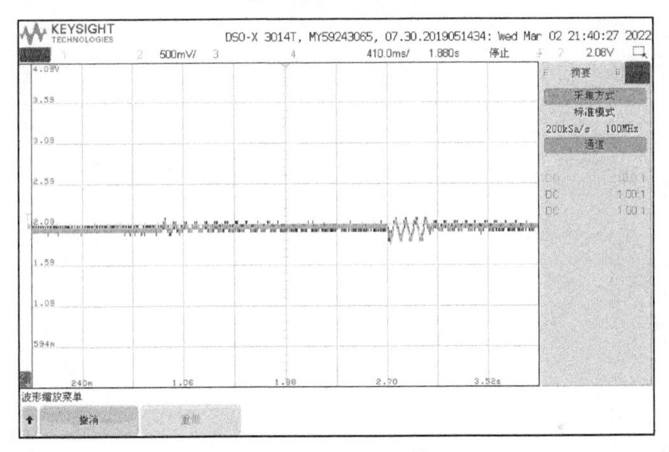

(b) 初始较小下垂系数

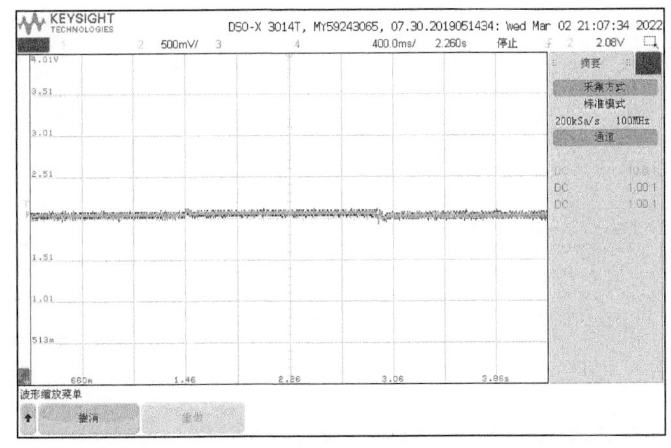

(c) 优化后下垂系数

图 6-38　负荷扰动下垂系数优化前后直流母线电压

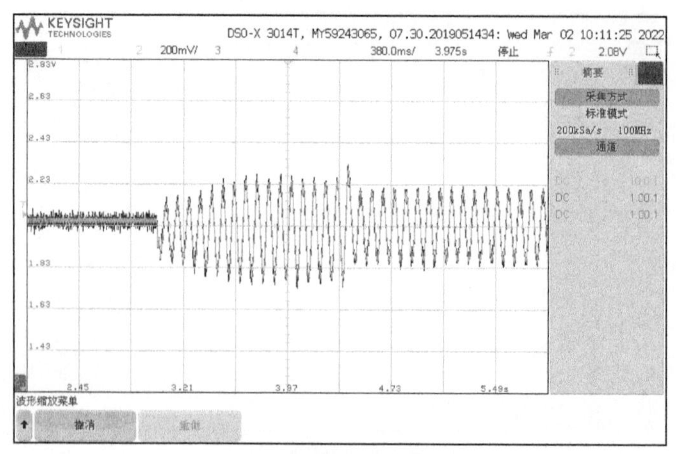

(a) 初始较大下垂系数

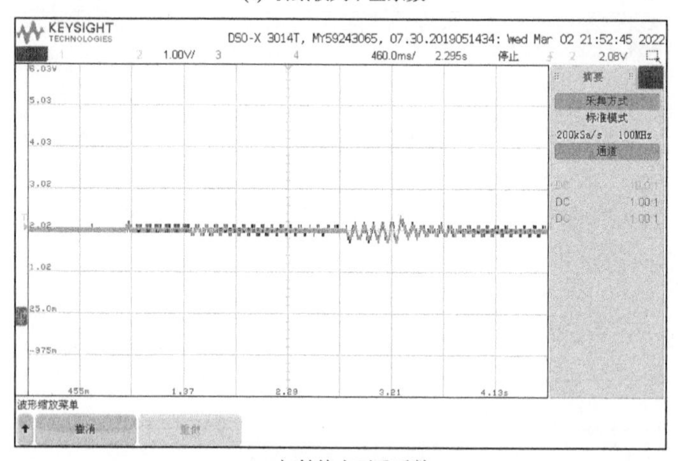

(b) 初始较小下垂系数

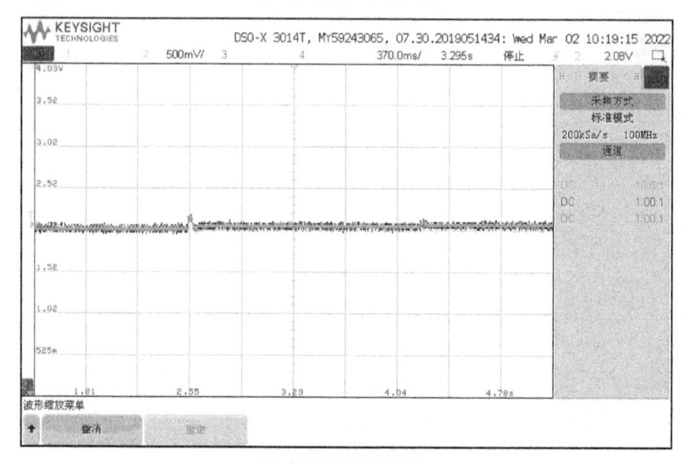

(c) 优化后下垂系数

图 6-39　光照扰动下垂系数优化前后直流母线电压

前后直流母线电压波形，第一次小扰动设置为直流微电网光照强度增大 25%；第二次小扰动设置光照强度增大 1/3，同时恒功率负荷减小到原来的 1/3。

图 6-39(a)～(c)分别表示下垂系数优化前取值为 2.36 和 0.78、优化后取值为 1.25 的直流母线电压波形。从图 6-39 可以看出，直流微电网在小扰动前系统稳定运行，光伏模块发生小扰动引起直流母线电压出现波动时，对下垂系数进行优化后系统阻尼比和稳定性明显提升，证明了所提优化方法的正确性和有效性。

6.4 本 章 小 结

本章对直流配电系统控制参数优化设计进行了介绍。

(1)介绍了基于解析关系的下垂系数优化设计方法，依据振荡频率自适应设计下垂系数，提高了直流配电系统稳定性。

(2)阐述了基于矩阵摄动理论的下垂系数优化方法，建立了综合考虑小扰动渐进稳定性、阻尼比和稳定裕度等的优化目标函数，在提升系统的稳定性的同时，能够增强系统的阻尼特性，提高系统稳定裕度。

参 考 文 献

[1] 李琰. 基于矩阵摄动理论的微电网小扰动稳定性分析[D]. 天津: 天津大学, 2013.

[2] 张兴. PWM 整流器及其控制策略的研究[D]. 合肥: 合肥工业大学, 2003.

[3] Guang Z Y, Peng K, Xi D L, et al. A reduced-order model for high-frequency oscillation mechanism analysis of droop control based flexible DC distribution system[J]. International Journal of Electrical Power & Energy Systems, 2021, 130: 1-12.

[4] 赵学深, 彭克, 张新慧, 等. 多端柔性直流配电系统下垂控制动态特性分析[J]. 电力系统自动化, 2018, 43(2): 89-96.

[5] 姚广增, 彭克, 李海荣, 等. 柔性直流配电系统高频振荡降阶模型与机理分析[J]. 电力系统自动化, 2020, 44(20): 29-46.

[6] 朱晓荣, 谢志云, 荆树志. 直流微电网虚拟惯性控制及其稳定性分析[J]. 电网技术, 2017, 41(12): 3884-3893.

[7] 王琳, 彭克, 刘磊, 等. 基于综合附加阻尼的直流配电系统稳定性提升方法[J]. 电力自动化设备, 2020, 40(4): 191-196.

[8] 中华人民共和国国家质量监督检验检疫总局, 中国国家标准化管理委员会. 中低压直流配电电压导则: GB/T 35727—2017[S]. 北京: 中国标准出版社.

[9] 赵晓利. 基于矩阵摄动理论的微电网稳定与优化控制研究[D]. 沈阳: 东北大学, 2017.

[10] 刘盈杞, 彭克, 张新慧, 等. 基于摄动理论的直流微电网下垂系数优化[J]. 电力系统自动化, 2022, 46(23): 94-101.